职业教育机械类专业"互联网+"新形态教材

中望 CAD 机械绘图实用教程

主　编　王　姬　方意琦

副主编　林吉波

参　编　何涨斌　应钏钏　范小伟
　　　　左贤忠　贾冰琼

机械工业出版社

本书所用版本为中望CAD机械版2024，采用项目任务式结构编写。主要内容包括中望CAD机械版2024工作界面设置、平面图形绘制、尺寸标注、零件图绘制、装配图绘制、图形打印与发布、三维实体建模等7部分。在编写安排上，充分考虑了职业学校学生的学习特点，将每个项目中所要讲述的知识点按由浅入深的顺序合理地分配在每个子任务中，力求做到图文并茂、形象直观、简明扼要、通俗易懂，使学习者跟随书中的操作步骤，即可在完成学习任务的同时学会各种命令的使用方法；并在每个任务的知识拓展中详细介绍了部分命令的其余使用方法，使学习者能更加全面地了解知识点。

本书配有丰富的数字化资源，包括所有案例的源文件、微视频（以二维码形式呈现）和电子课件等全套数字资源及一定数量的练习题，方便教师备课、学生自学。本书可以作为职业院校和社会培训机构的教材，也可以作为中望CAD机械版2024初学者及技术人员的自学用书。

图书在版编目（CIP）数据

中望CAD机械绘图实用教程／王姬，方意琦主编.
北京：机械工业出版社，2025. 4. -- （职业教育机械类
专业"互联网+"新形态教材）. -- ISBN 978-7-111
-78236-0

Ⅰ. TH126

中国国家版本馆CIP数据核字第2025884UC8号

机械工业出版社（北京市百万庄大街22号　邮政编码100037）
策划编辑：汪光灿　　　　　　责任编辑：汪光灿　安桂芳
责任校对：张爱妮　李　杉　　封面设计：陈　沛
责任印制：邓　博
北京中科印刷有限公司印刷
2025年7月第1版第1次印刷
184mm×260mm · 14.75印张 · 363千字
标准书号：ISBN 978-7-111-78236-0
定价：48.50元

电话服务　　　　　　　　　网络服务
客服电话：010-88361066　　机　工　官　网：www.cmpbook.com
　　　　　010-88379833　　机　工　官　博：weibo.com/cmp1952
　　　　　010-68326294　　金　书　网：www.golden-book.com
封底无防伪标均为盗版　　机工教育服务网：www.cmpedu.com

前言

中望 CAD 软件是国内自主开发的 CAD 软件，自推出以来，深受广大用户的欢迎。中望 CAD 机械版主要用于机械类专业的二维制图，兼有基础的三维造型功能，广泛应用于制造业和工程设计等领域。中望 CAD 的操作界面、操作习惯、命令、快捷键等与 AutoCAD 基本保持一致，便于设计人员操作。同时，中望 CAD 直接采用 DWG 作为内部工作文件格式，完全兼容 AutoCAD 的文件格式，让图样交互畅通无阻。

本书主要介绍中望 CAD 机械版 2024 的使用，以常用绘图命令为主线，结合设计经验，选择合适的载体，让使用者在学习过程中，通过完成不同学习任务来学会使用各种绘图命令。通过知识拓展和任务拓展来全面了解命令、巩固命令，从而熟练掌握中望 CAD 软件的操作流程与方法。中望 CAD 机械版的大部分内容也适用于中望 CAD 其他版本。

本书以项目式教学为编写体例，共分为 7 个项目，内容全面，实例典型，每个项目下又有若干个任务。本书的主要特点如下：

1) 在编写理念上，根据职业院校学生的培养目标及认知特点，打破了传统的理论—实践—再理论的认知规律，代之以实践—理论—再实践的新认知规律，突出"做中学、学后再做"的职业教育理念。

2) 充分突出以能力为本位，采用项目引领的方式，以任务驱动和知识补充的形式组织教学内容，结构清晰，从易到难，循序渐进，实现理论与实践的有机统一。

3) 本书配套电子课件、二维码资源，除了可以作为学校的教学用书，还可以作为相关专业技术工人的培训、自学教材。

本书由王姬、方意琦担任主编，林吉波担任副主编，何涨斌、应钏钏、范小伟、左贤忠、贾冰琼参与编写。

由于编者水平有限，书中难免有错漏之处，敬请读者批评指正。

编　者

二维码索引

（续）

（续）

（续）

序号	项目	名称	命令	二维码	页码
25	项目七	创建无刷电机前端外转体	拉伸 EXT 旋转 REV 面域 REG 圆角 F		186
26		创建航空杯	扫掠 SWEEP 抽壳 SOLIDEDIT		195

目　录

项目一

中望CAD机械版 2024工作界面设置

项目描述

中望 CAD 机械版是一款国产 CAD 设计软件，是由广州中望龙腾软件股份有限公司基于中望 CAD 平台开发的面向制造业的二维专业绘图软件，并在 2001 年推出了第一个版本。中望 CAD 机械版兼容普遍使用的 AutoCAD，在界面、功能、操作习惯、命令方式、文件格式上与 AutoCAD 基本一致。中望 CAD 机械版的图样注释和零件图库符合国家标准，其智能化的功能保证了图样绘制快速、准确。中望 CAD 机械版功能强大，操作简便、快捷，在学校和企业中得到了广泛的应用。本书将基于"中望 CAD 机械版 2024"软件平台组织编写内容。

项目简介

本项目由 4 个任务组成，分别为软件安装、工作界面、文件管理、设置绘图环境，通过下表这些任务来认识中望 CAD 机械版，为快速掌握中望 CAD 机械版 2024 软件打好基础。

任务名称	相关命令	命令缩写或快捷键
任务一　软件安装	—	—
任务二　工作界面		
任务三　文件管理	新建文件	〈Ctrl+N〉键
	打开文件	〈Ctrl+O〉键
	保存文件	〈Ctrl+S〉键
	另存为文件	〈Ctrl+Shift+S〉键
任务四　设置绘图环境	选项	OP

任务一　软件安装

任务要求

完成中望 CAD 机械版 2024 的安装。

任务分析

双击中望CAD机械版2024安装包，选择安装位置，查看并同意终端用户授权协议，然后完成安装。

任务实施

步骤1：双击中望CAD机械版2024安装包，系统弹出如图1-1所示的安装路径选择界面。中望CAD机械版2024主程序默认安装在C盘。若需要更改安装路径，建议仅修改盘符即可，盘符后面的目录位置维持原样，如图1-2所示。

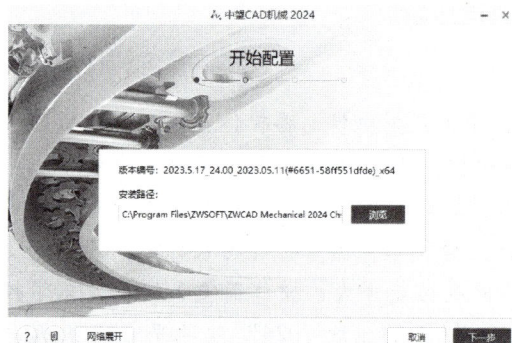

图1-1 安装路径选择界面

图1-2 安装路径从C盘更改到D盘

步骤2：单击"下一步"按钮，进入"终端用户授权协议"，如图1-3所示。按照提示向下滑动查看全文，然后单击"同意并安装"按钮，如图1-4所示。

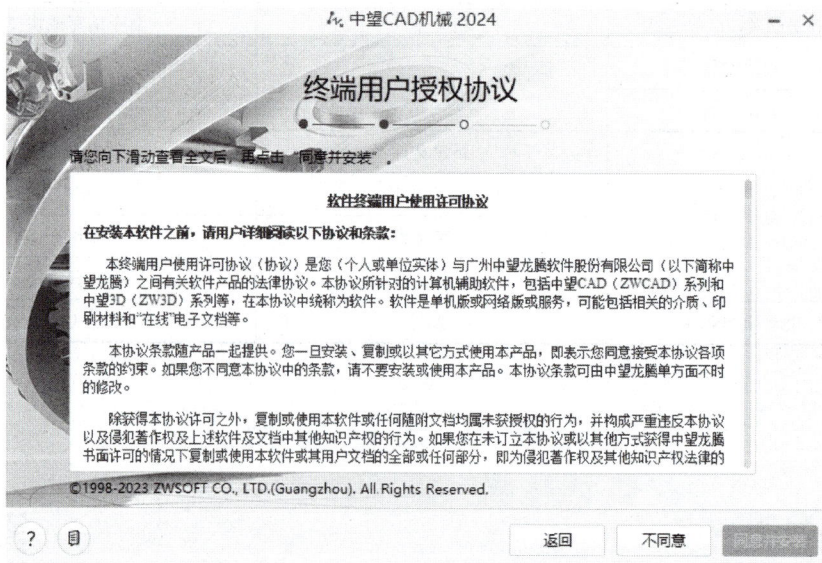

图1-3 终端用户授权协议

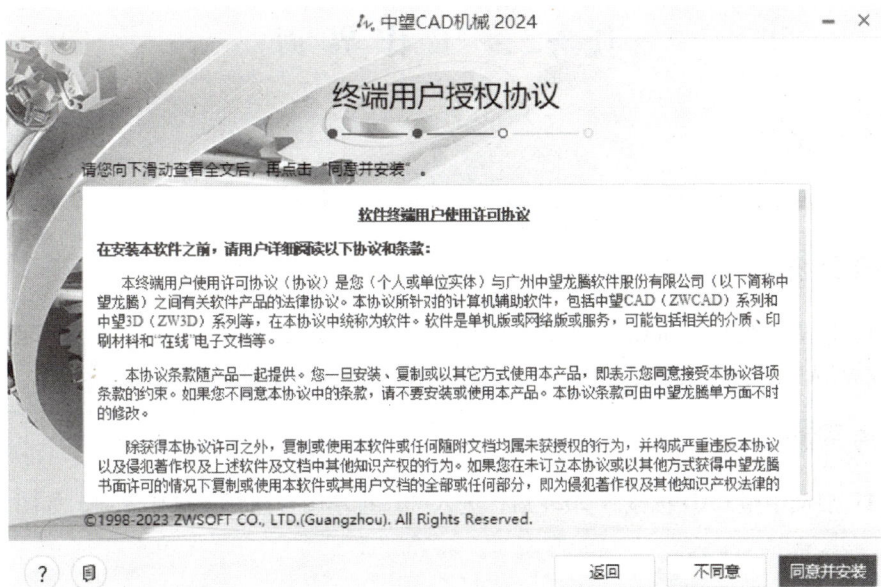

图 1-4 同意终端用户授权协议

步骤 3：单击"同意并安装"按钮后，即开始安装，如图 1-5 所示，在界面的下边会提示安装进程。安装完成之后单击"完成"按钮，即完成中望 CAD 机械版 2024 的安装，如图 1-6 所示。

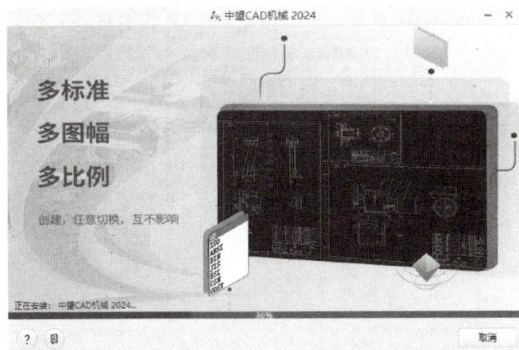

图 1-5 正在安装

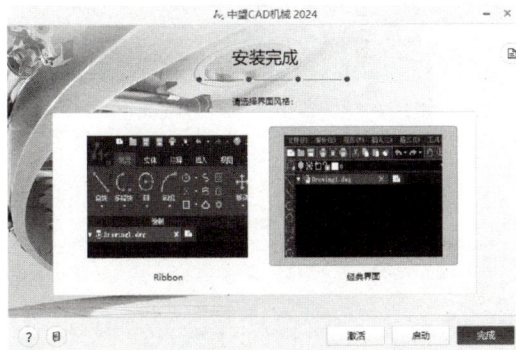

图 1-6 安装完成

📖 **知识拓展**

请不要将中望 CAD 机械版 2024 安装在中文目录下。如果安装路径中有中文，则在进行 PDF 虚拟打印时，可能会出现"未配置任何打印机"的错误提示。

💼 **任务拓展**

将中望 CAD 机械版 2024 安装在 E 盘中。

任务二　工作界面

任务要求

切换"二维草图与注释"界面与"ZWCAD 经典"界面。

任务分析

中望 CAD 机械版与 AutoCAD 类似，中望 CAD 机械版 2024 提供了"二维草图与注释"界面与"ZWCAD 经典"界面，用户可以根据使用习惯进行切换。

任务实施

步骤 1：启动中望 CAD 机械版 2024 后，进入"二维草图与注释"操作界面，如图 1-7 所示。

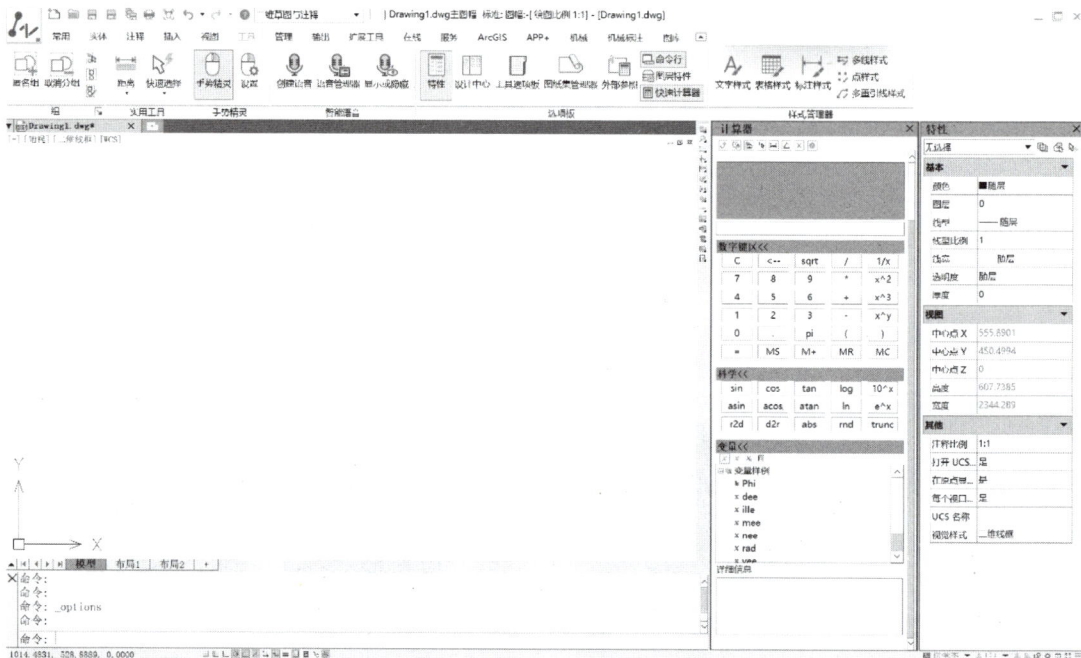

图 1-7　"二维草图与注释"操作界面

步骤 2：单击界面右下角的齿轮图标 ⚙，在弹出的菜单中选择"ZWCAD 经典"模式，如图 1-8 所示。即可切换到"ZWCAD 经典"界面，如图 1-9 所示。

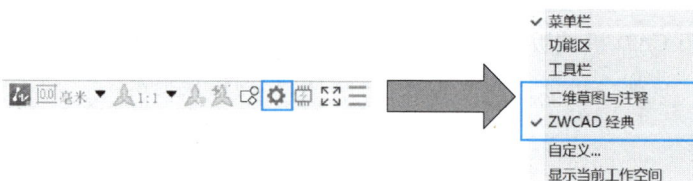

图 1-8　界面切换

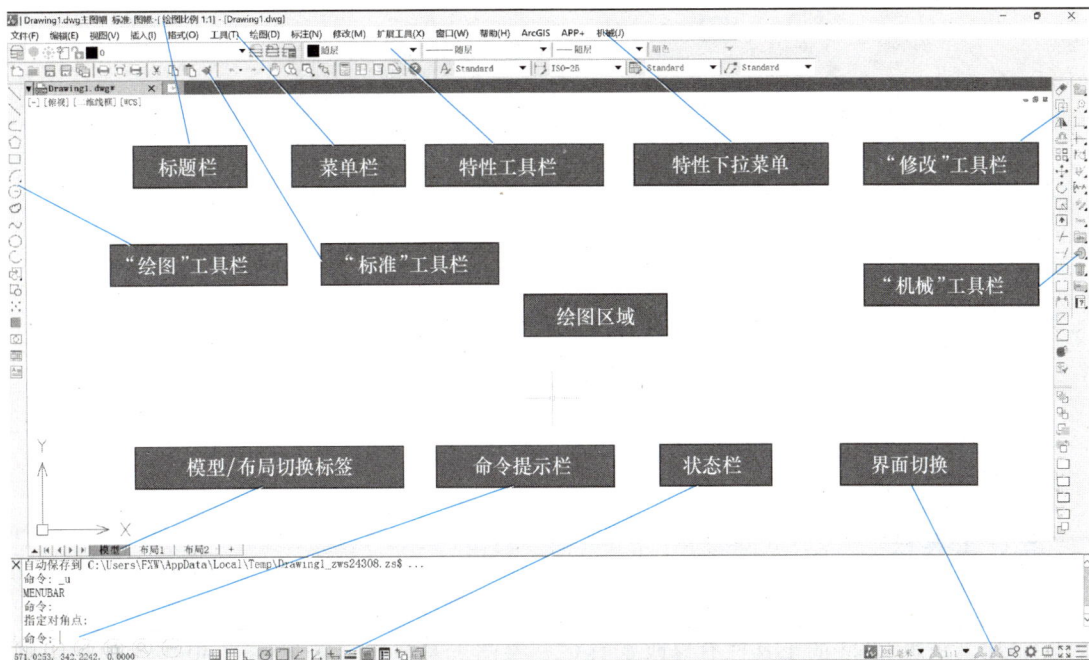

图 1-9 "ZWCAD 经典"界面

"ZWCAD 经典"界面主要由标题栏、菜单栏、工具栏、绘图区域、命令提示栏、状态栏等组成。

🔖 知识拓展

一、标题栏

标题栏用于显示当前正在运行的程序及文件名，如图 1-10 所示。此外，单击标题栏最右端的按钮，可以最小化、最大化或者关闭程序窗口。

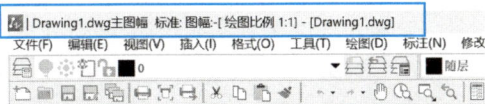

图 1-10 标题栏

二、菜单栏

中望 CAD 机械版 2024 的菜单栏包括"文件""编辑""视图""插入""格式""工具""绘图""机械"等 15 个菜单项，包括了中望 CAD 机械版 2024 的绝大多数命令。其中，"机械"下拉菜单为中望 CAD 机械版 2024 最具特色的菜单。单击菜单栏中的菜单项，即可弹出其下拉菜单，用户可以通过单击下拉菜单中的命令来执行相应的操作，如图 1-11 所示。

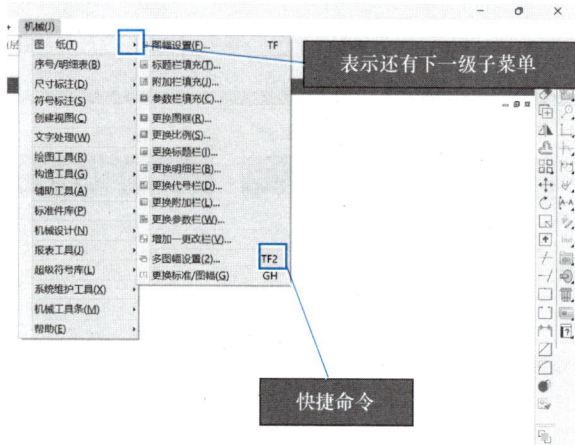

图1-11 "机械"下拉菜单

三、工具栏

工具栏是操作命令的快捷工具图标集合，是进行图形绘制和编辑不可缺少的快捷工具。中望CAD机械版2024的工具栏有修改工具栏、绘图工具栏等，共提供了40多个快捷工具按钮，单击某一按钮，便可以启动相应的命令。图1-12所示为"修改"工具栏。

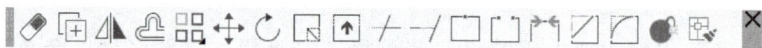

图1-12 "修改"工具栏

四、命令提示栏

命令提示栏又称为命令提示窗口，位于绘图区域的下方，是人机交互信息的窗口。用户在命令行上通过键盘输入命令的名称和参数，命令行会显示当前执行命令的提示信息。例如，在命令行中输入"L"并按〈Enter〉键，此时命令行将提示指定直线的第一点，如图1-13所示。

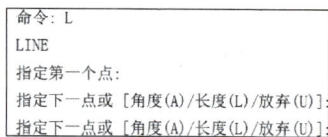

命令: L
LINE
指定第一个点:
指定下一点或 [角度(A)/长度(L)/放弃(U)]:
指定下一点或 [角度(A)/长度(L)/放弃(U)]:

图1-13 命令提示栏

五、状态栏

状态栏位于绘图区域的正下方，如图1-14所示。状态栏左侧的一组即时数字反映了当前十字光标在绘图区中的位置坐标，而紧挨着坐标数字的是一组模式按钮，用户可通过单击按钮的方式打开或者关闭相应的功能。用户可将光标指针停留在相应的按钮上，通过出现的提示了解该模式按钮的功能和开关状态。

图1-14 状态栏

六、绘图区域

绘图区域位于界面的中央位置，所占区域最大，是人机交互的主窗口，显示用户的所有图形信息。

七、鼠标的基本操作

鼠标是绘图工作中使用频率最高的一种工具。若能灵活地发挥鼠标各个键的功能，将大大地提高绘图效率。

左键：一般作为拾取键，主要用来选择菜单、工具按钮和目标对象，以及在绘图过程中指定点的位置等。

滚轮：直接滚动鼠标滚轮，可放大或者缩小视图；如果按住滚轮并移动鼠标，则可平移视图。双击滚轮，可最大化显示绘图区域内所有的图线。

右键：在中望 CAD 机械版 2024 窗口的大部分区域单击鼠标右键，都会弹出快捷菜单。在执行编辑命令时，如果系统提示选择对象，此时单击鼠标左键可选择对象，单击鼠标右键可结束对象选择。

📎 任务拓展

调整工具栏位置和自定义工具栏。

任务三　文件管理

🗒 任务要求

掌握文件管理的基本操作方法。

📄 任务分析

新建文件、打开文件、保存文件、另存为文件和关闭文件。

📋 任务实施

步骤 1：新建文件。

操作方式：①命令行：NEW；②键盘：〈Ctrl+N〉；③菜单栏："文件"→"新建"。

执行以上任一个命令后，系统会弹出如图 1-15 所示的"选择样板文件"对话框。选择合适的样板文件类型后单击"打开"按钮，即完成文件的新建。

文件类型说明：图形样板（.dwt）文件是标准的样板文件；图形（.dwg）文件是普通的样板文件；标准（.dws）文件是包含标准图层、标注样式、线型和文字样式的样板文件。

步骤 2：打开文件。

操作方式：①命令行：OPEN；②键盘：〈Ctrl+O〉；③菜单栏："文件"→"打开"。

执行以上任一个命令后，系统会弹出如图 1-16 所示的"选择文件"对话框。选择需要打开的文件名和文件类型后单击"打开"按钮，即可打开文件。文件类型说明：DXF（.dxf）文件是用文本形式存储的图形文件。

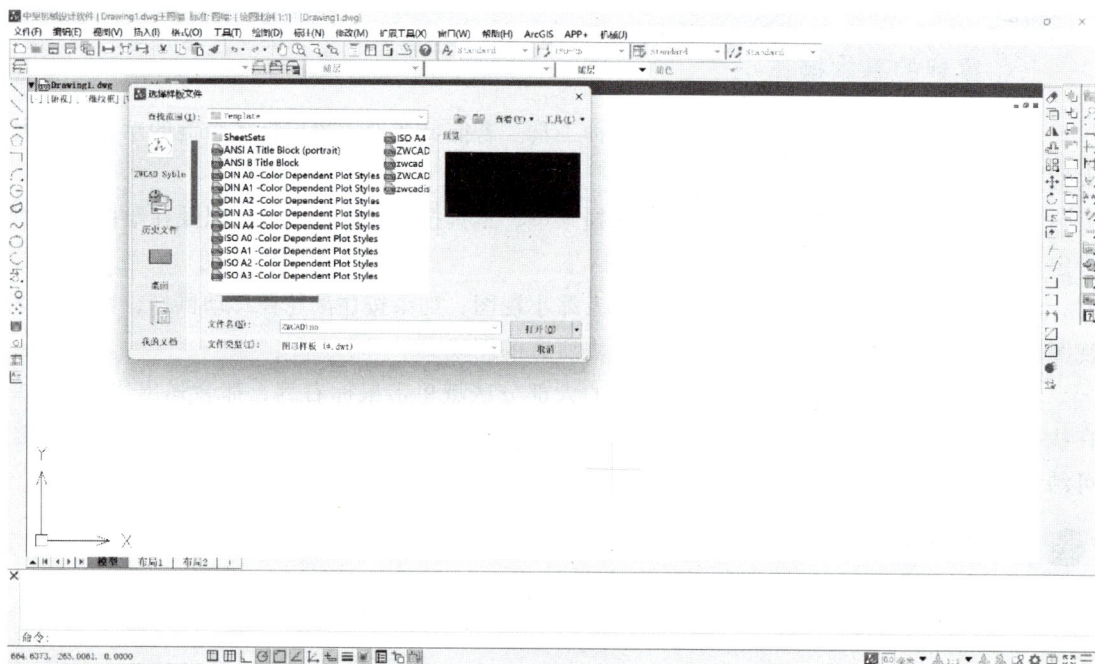

图 1-15 "选择样板文件"对话框

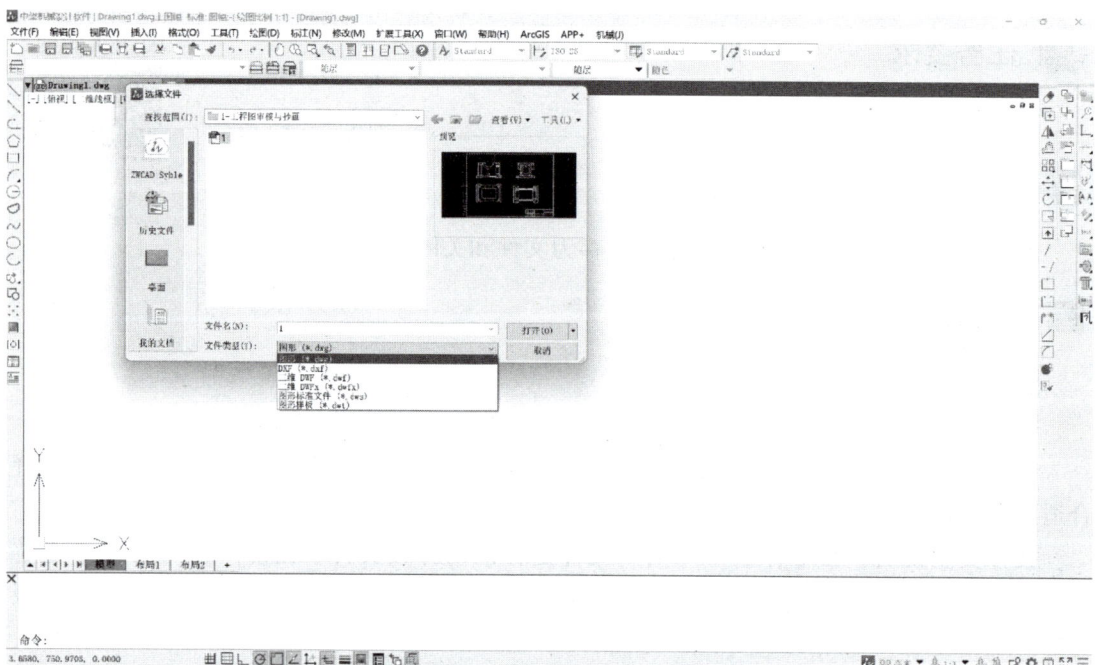

图 1-16 "选择文件"对话框

步骤 3：保存文件。

操作方式：①命令行：SAVE；②键盘：〈Ctrl+S〉；③菜单栏："文件"→"保存"

执行以上任一个命令后，系统会弹出如图 1-17 所示的"图形另存为"对话框。指定保存文件的路径，输入保存文件的文件名，并选择文件类型与版本然后单击"保存"按钮即完成文件的保存。

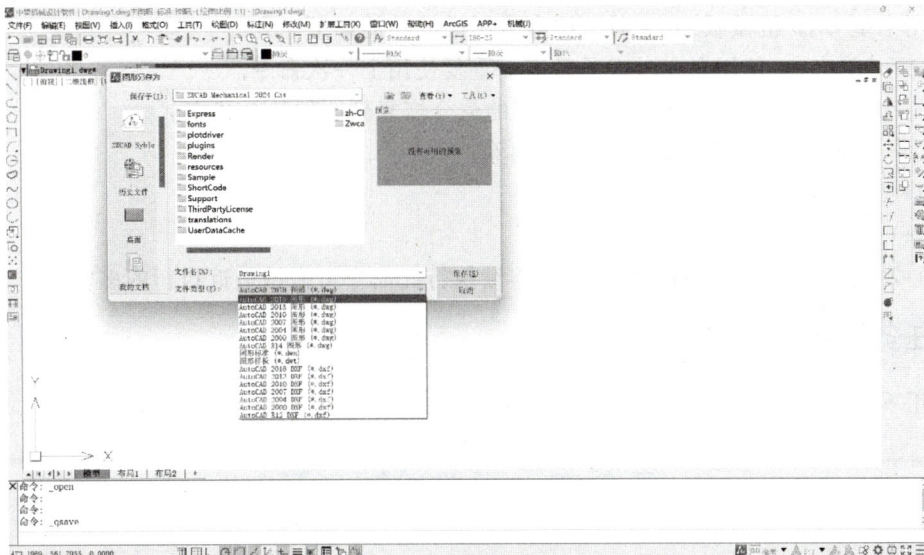

图 1-17　"图形另存为"对话框

步骤 4：另存为文件。

操作方式：①命令行：SAVEAS；②键盘：〈Ctrl+Shift+S〉；③菜单栏："文件"→"另存为"。

单击"文件"→"另存为"命令，如图 1-18 所示，可打开"图形另存为"对话框（图 1-17）。指定保存文件的路径，输入文件名，选择文件类型与版本后单击"保存"按钮即可。

步骤 5：关闭文件。

操作方式：①命令行：QUIT；②菜单栏："文件"→"关闭"。

执行以上任一个命令后，若用户对图形所做的修改没有保存，则会出现如图 1-19 所示的"系统警告"对话框；若对图形所做的修改已经保存，则直接关闭。

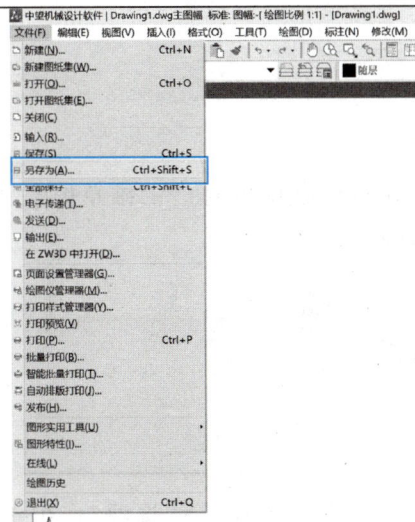

图 1-18　"文件"→"另存为"命令

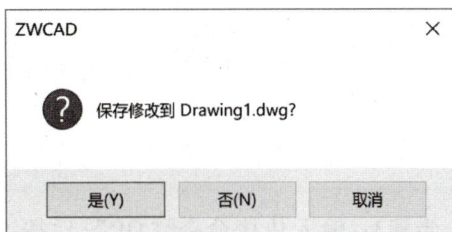

图 1-19　"系统警告"对话框

📗 知识拓展

使用中望 CAD 机械版 2024 时，键盘常用键的功能如下。

Space（空格）：使用命令时表示确定；重复使用上一次命令。

Esc：退出或者取消。随时将正在操作的命令恢复到原始待命状态。

Delete：删除键。对选择的图线进行删除。

Ctrl+C：复制至剪贴板。

Ctrl+V：粘贴。

Ctrl+Z：撤销最近执行的一步操作，连续执行此命令可撤销最近执行的多步操作。

💼 任务拓展

使用不同方法新建文件、打开文件、保存文件和关闭文件。

任务四　设置绘图环境

🗂 任务要求

自定义选项设置，调整绘图环境。

📄 任务分析

切换符合自己设计风格的界面，自定义工具栏，设置基本绘图环境。

📋 任务实施

步骤 1：启动中望 CAD 机械版 2024 后，系统将在"二维草图与注释"工作空间中自动创建一个名称为"Drawing1.dwg"的文件，如图 1-20 所示。

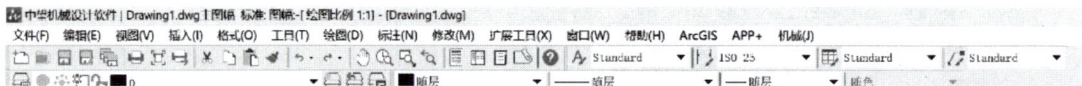

图 1-20　"Drawing1.dwg"文件

步骤 2：单击右下角的齿轮按钮，在弹出的选择对话框中可对"二维草图与注释""ZWCAD 经典"两种界面进行任意切换，如图 1-21 所示。

图 1-21　切换两种界面

步骤3：输入快捷命令"OP"后按〈Enter〉键或单击"工具"→"选项"，在弹出的"选项"对话框中进行下列设置：

1）自动保存间隔时间的设置，如图 1-22 所示。

2）自动保存文件位置的设置，如图 1-23 所示。

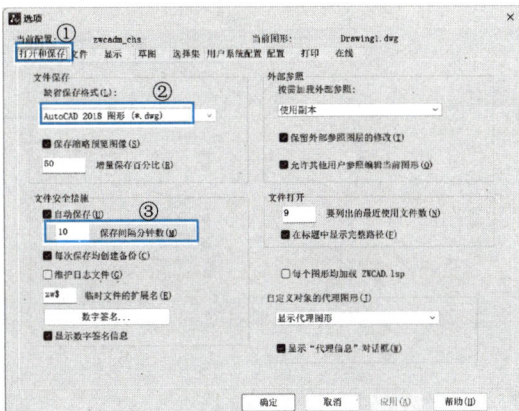

图 1-22　自动保存间隔时间的设置

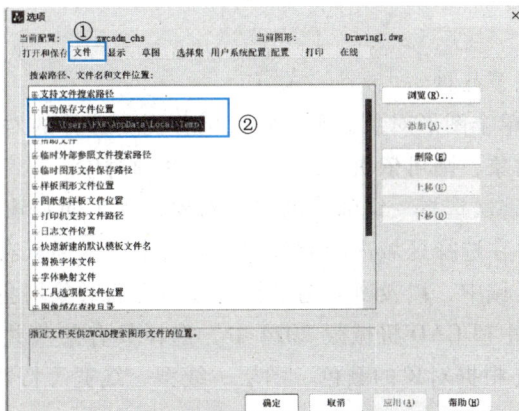

图 1-23　自动保存文件位置的设置

3）绘图区背景颜色的设置，如图 1-24 所示。

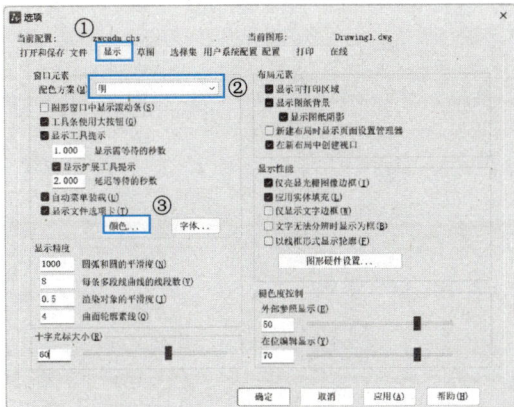

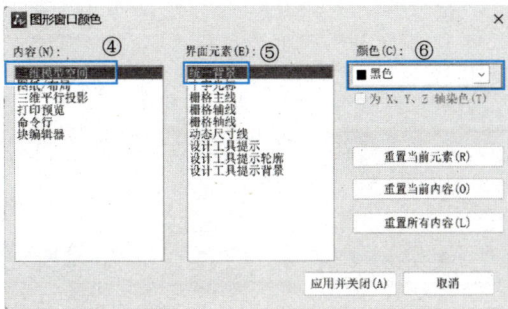

图 1-24　绘图区背景颜色的设置

4）十字光标的设置，如图 1-25 所示。

5）拾取框的设置，如图 1-26 所示。

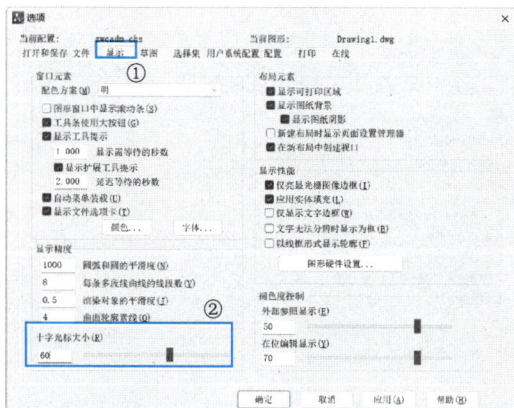

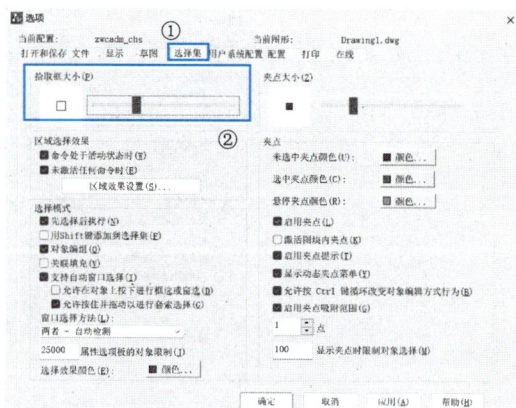

图 1-25　十字光标的设置　　　　　　　　图 1-26　拾取框的设置

知识拓展

图形的选择方法有以下几种。

1）单选：若要选择单个图形对象，则可将光标移到要选择的对象上，然后单击鼠标左键；若要选择多个图形对象，则可依次连续单击要选择的对象。

2）窗选：如果希望一次选择一组邻近的多个对象，则可使用窗选。鼠标从左向右拖出选择窗口，此时完全包含在选择区域内的对象均会被选中。鼠标从右向左拖出选择窗口，此时所有完全包含在选择区域中，以及所有与选择区域相交的对象均会被选中。

3）快速选择法：在中望 CAD 机械版 2024 中，选择具有某些共同特性的对象时，可以使用"快速选择"方式，根据对象的颜色、图层、线型、线宽等特性和类型来创建选择集。

任务拓展

自己设计界面风格，自定义工具栏，设置基本绘图环境。

平面图形绘制

项目描述

本项目主要学习平面图形的绘制，我们将图形绘制及编辑命令分配在项目的各个小任务中，通过完成任务来学会使用对应的 CAD 绘图命令。通过本项目的学习，你将学会使用"绘图工具栏""修改工具栏"中常用的绘图命令，能完成简单平面图形的绘制。

项目简介

本项目由 6 个任务组成，分别为绘制等分模板、绘制瓢虫、绘制写字板、绘制单车、绘制果汁杯、绘制火车头。这些任务所包含的命令及缩写见下表。

任务名称	相关命令	命令缩写	任务名称	相关命令	命令缩写
任务一 绘制等分模板	点	PO	任务四 绘制单车	缩放	SC
	直线	L		复制	CO
	定数等分	DIV		圆环	DO
	延伸	EX		正多边形	POL
	修剪	TR		线型比例	LTS
任务二 绘制瓢虫	圆	C	任务五 绘制果汁杯	椭圆	EL
	圆弧	A		镜像	MI
	图案填充	H		环型阵列	AR
	打断	BR		移动	M
	删除	E		旋转	RO
任务三 绘制写字板	矩形	JX	任务六 绘制火车头	倒角	DJ
	倒圆	DY		对称画线	DC
	分解	X		相贯线	XG
	偏移	O		孔阵	KZ
	中心线	ZX		单孔	DK

任务一　绘制等分模板

任务要求

按照图示尺寸 1：1 绘制图 2-1 所示的等分模板，尺寸不需要标注。

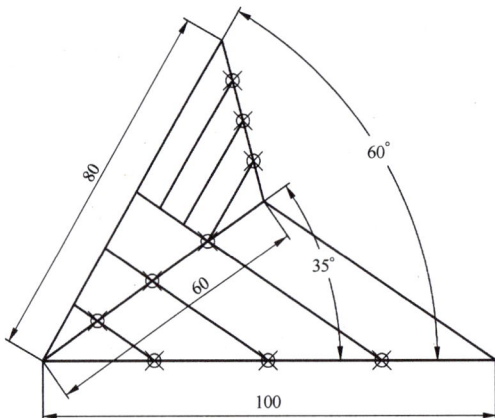

图 2-1　等分模板

任务分析

等分模板由点和直线组成，需要用到"点""直线""定数等分"等绘图命令绘制图线，通过"删除""修剪"等编辑命令完成图形的绘制。

任务实施

步骤 1：启动中望 CAD 机械版 2024。

步骤 2：设置图形界限为 297mm×210mm。

步骤 3：在命令行输入"ZWMCHGLAYER"，按〈Enter〉键，调用中望 CAD 机械版 2024 中的图层，将图层中"1 轮廓实线层"的线宽调整为 0.5mm，如图 2-2 所示。

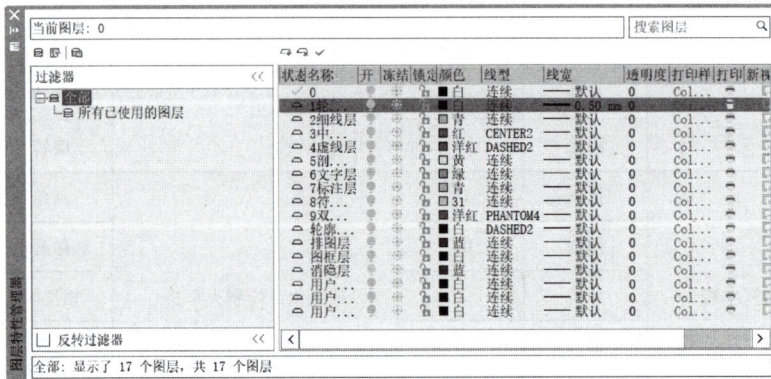

图 2-2　图层设置

步骤4：单击"绘图"工具栏中的"直线"图标按钮 ，或在命令行输入"L"绘制水平线，长度为100mm，绘图结果如图2-3所示。

图2-3　绘制水平线

命令行文本参考：

```
命令:LINE
指定第一个点:                               //任意指定一点
指定下一点或[角度(A)/长度(L)/放弃(U)]:100    //输入长度100mm
```

步骤5：继续单击"绘图"工具栏中的"直线"图标按钮 （按〈Enter〉键继续执行"直线"命令），或在命令行输入"L"，选择"长度+角度"方式绘制直线，输入长度60mm，输入角度35°；用同样的方法绘制第二条角度线，长度80mm，角度60°，绘图结果如图2-4所示。

图2-4　绘制角度线

命令行文本参考：

```
命令:LINE
指定第一个点:
指定下一点或[角度(A)/长度(L)/放弃(U)]:L    //选择"长度+角度"方式绘制直线
指定长度:60                                //输入角度线长度
指定角度:35                                //输入角度线角度
命令:LINE
指定第一个点:
指定下一点或[角度(A)/长度(L)/放弃(U)]:L    //选择"长度+角度"方式绘制直线
指定长度:80                                //输入角度线长度
指定角度:60                                //输入角度线角度
```

步骤6：单击"绘图"工具栏中的"直线"图标按钮 ，通过捕捉直线的3个端点绘制如图2-5所示两条蓝色直线。

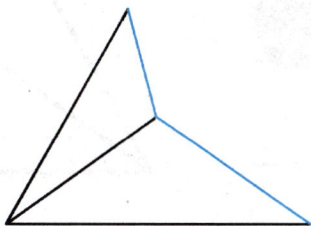

图2-5　捕捉3个端点绘制直线

步骤 7：单击"绘图"工具栏中的"点"图标按钮 ▦，或在命令行输入"PO"，设置点样式如图 2-6 所示。在"点样式"对话框中选择 ⊠ 样式，单击"确定"按钮完成点样式的设置。

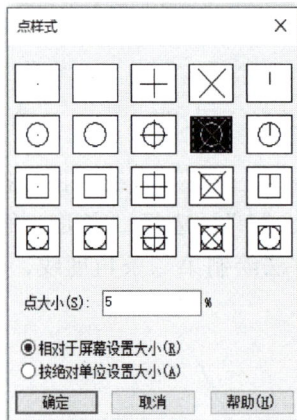

图 2-6 "点样式"对话框

命令行文本参考：

命令：_point	
指定点定位或[设置(S)/多次(M)]:_m	//设置多次
指定点定位或[设置(S)]:S	//设置点样式

步骤 8：单击"绘图"→"点"→"定数等分"命令（图 2-7），或在命令行输入"DIV"执行"定数等分"命令，选取需要分割的直线，输入线段分段数 4，绘图结果如图 2-8 所示。

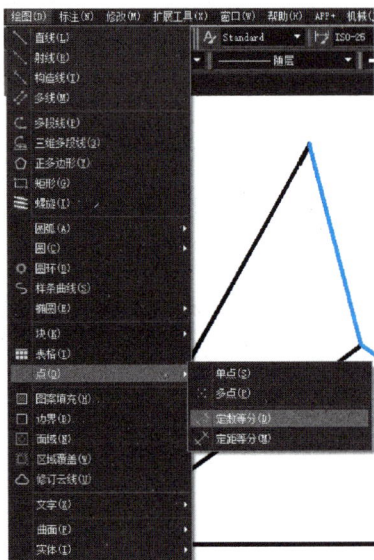

图 2-7 定数等分

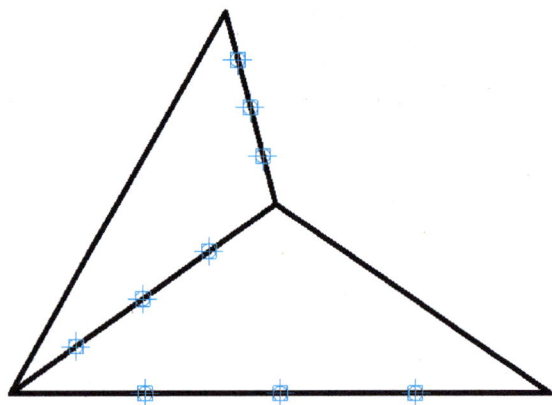

图 2-8 线段分段

命令行文本参考：

> 命令：_DIVIDE
> 选取分割对象：　　　　　　　　　　　　　　　　　//选择分割直线
> 输入分段数或［块（B）］：4　　　　　　　　　　　　//输入线段分段数

步骤9：单击"绘图"工具栏中的"直线"图标按钮■，通过捕捉两点绘制如图2-9所示3条蓝色直线。

步骤10：单击"修改"工具栏中的"延伸"图标按钮━⁄，或在命令行输入"EX"执行"延伸"命令，将步骤9中的3条蓝色线延伸，延伸结果如图2-10所示。

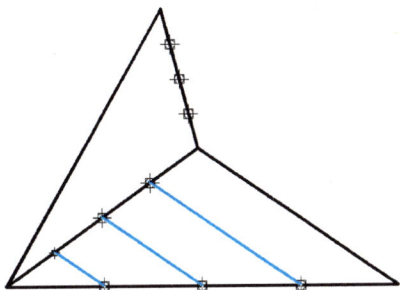

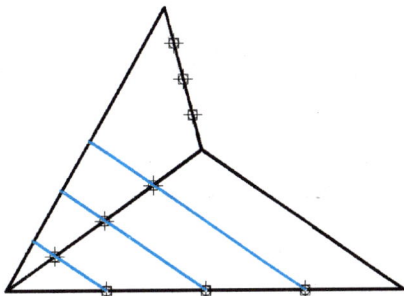

图2-9　绘制直线　　　　　　　　　　　图2-10　延伸直线

命令行文本参考：

> 命令：EX
> EXTEND
> 当前设置：投影模式＝UCS，边延伸模式＝不延伸（N）
> 选取边界对象作延伸＜回车全选＞：　　　　　　//按〈Enter〉键全选所有直线作为边界对象
> 选择要延伸的对象，或按住Shift键选择要修剪的对象，或［边缘模式（E）/围栏（F）/窗交（C）/投影（P）/放弃（U）］：　　　　　　//选需要延伸的直线
> 选择要延伸的对象，或按住Shift键选择要修剪的对象，或［边缘模式（E）/围栏（F）/窗交（C）/投影（P）/放弃（U）］：　　　　　　//选需要延伸的直线
> 选择要延伸的对象，或按住Shift键选择要修剪的对象，或［边缘模式（E）/围栏（F）/窗交（C）/投影（P）/放弃（U）］：　　　　　　//选需要延伸的直线

步骤11：单击"绘图"工具栏中的"直线"图标按钮■，通过捕捉两点绘制如图2-11所示3条蓝色直线。

步骤12：单击"修改"工具栏中的"修剪"图标按钮━或在命令行输入"TR"，使用"修剪"工具修剪多余的直线，如图2-12所示。

命令行文本参考：

> 命令：_trim
> 当前设置：投影模式＝UCS，边延伸模式＝不延伸（N）
> 选择剪切边…
> 选择对象或〈全选〉：　　　　　　　　　　//按〈Enter〉键全选所有直线作为修剪
> 边界

选择要修剪的实体,或按住 Shift 键选择要延伸的实体,或[边缘模式(E)/围栏(F)/窗交(C)/投影(P)/删除(R)/放弃(U)]:   //选需要修剪的直线

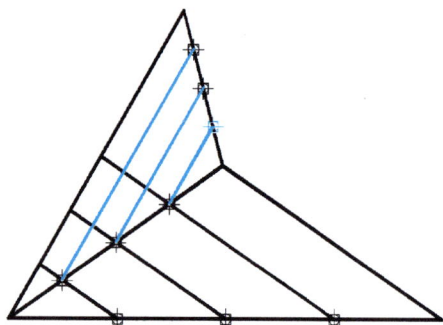

选择要修剪的实体,或按住 Shift 键选择要延伸的实体,或[边缘模式(E)/围栏(F)/窗交(C)/投影(P)/删除(R)/放弃(U)]:   //选需要修剪的直线

选择要修剪的实体,或按住 Shift 键选择要延伸的实体,或[边缘模式(E)/围栏(F)/窗交(C)/投影(P)/删除(R)/放弃(U)]:   //选需要修剪的直线

图 2-11   绘制直线   图 2-12   修剪直线

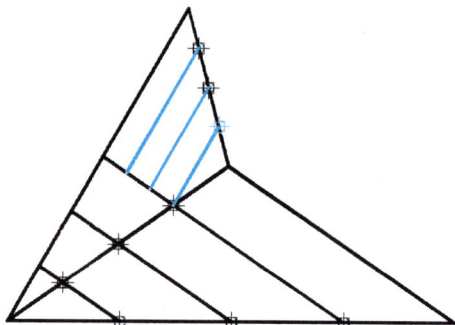

知识拓展

一、绝对坐标

绝对坐标基于 UCS 原点（0，0），这是 X 轴和 Y 轴的交点。已知点坐标的精确的 X 和 Y 值时，使用绝对坐标。进行动态输入时，可以使用 "#" 前缀指定绝对坐标。如果是在命令行而不是工具栏提示中输入坐标，可以不使用 "#" 前缀。例如，输入 "4，5" 指定一点，此点在 X 轴方向距离原点 4 个单位，在 Y 轴方向距离原点 5 个单位。

绘制一条线段：从 X 值为-2，Y 值为 1 的地方开始，到端点（3，2）结束。在命令行提示中输入以下信息：

```
命令:LINE
起点:-2,1
下一点:3,2
```

使用绝对坐标绘制的线段如图 2-13 所示。

二、相对坐标

相对坐标是基于上一输入点的坐标。如果知道某点与前一点的位置关系，可以使用相对坐标。指定相对坐标时，要在坐标前面添加一个 "@" 符号。例如，输入 "@2，3" 指定一点，此点沿 X 轴方向距离上一指定点有 2 个单位，沿 Y 轴方向距离上一指定点有 3 个单位。

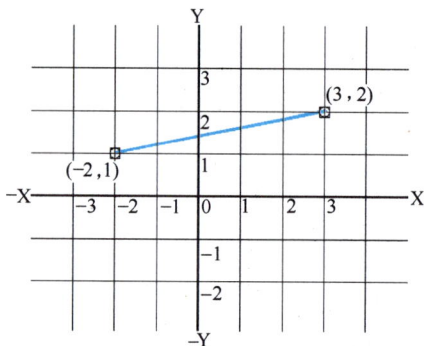

图 2-13   使用绝对坐标绘制的线段

绘制一个三角形的 3 条边。第一条边是一条线段，从绝对坐标（-2，1）开始，到沿 X 轴方向 5 个单位，沿 Y 轴方向 1 个单位的位置结束。第二条边也是一条线段，从第一条线段的终点开始，到沿-X 轴方向 2 个单位，沿 Y 轴方向 1 个单位的位置结束。最后一条边使用相对坐标回到起点。

```
命令:LINE
起点:-2,1
下一点:@5,1
下一点:@-2,1
下一点:@-3,-2
```

使用相对坐标绘制的三角形如图 2-14 所示。

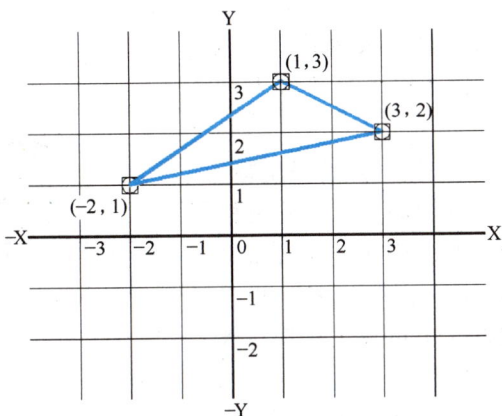

图 2-14　使用相对坐标绘制的三角形

三、极坐标

创建对象时，可以使用绝对极坐标或相对极坐标（距离和角度）定位点。使用极坐标指定一点时，要输入以角括号"<"分隔的距离和角度。默认的角度变化方向如图 2-15 所示。默认情况下，角度按逆时针方向增大，按顺时针方向减小，顺时针方向的角度为负值。例如，输入"1<315"和"1<-45"代表相同的点。可以使用"UNITS"命令改变当前图形的角度约定。

1. 绝对极坐标

输入绝对极坐标（二维）的步骤如下：

1）在提示输入点时，使用以下格式在工具栏提示中输入坐标："#距离<角度"。

2）如果禁用了"动态输入"，使用以下格式在命令行中输入坐标："距离<角度"。

绝对极坐标从 UCS 原点（0，0）开始测量，此原点是 X 轴和 Y 轴的交点。当知道点的准确距离和角度坐标时，即可使用绝对极坐标。动态输入时，可以使用"#"前缀指定绝

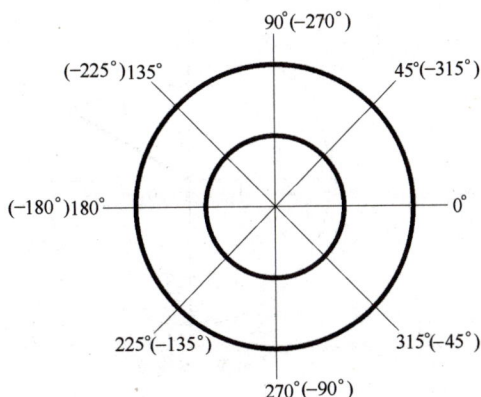

图 2-15　默认的角度变化方向

对极坐标。如果在命令行而不是工具栏提示中输入坐标，可以不使用"#"前缀。例如，输入"3<45"指定一点，此点距离原点有 3 个单位，并且与 X 轴成 45°角。

下面使用绝对极坐标来绘制 3 条线段，它们使用默认的角度方向设置。在命令行中输入以下信息：

```
命令:LINE
起点:0,0
下一点:3<130
下一点:4<40
下一点:2<270
```

使用绝对极坐标绘制线段的效果如图 2-16 所示。

2. 相对极坐标

输入相对极坐标（二维）的步骤如下：

1）在提示输入点时，使用以下格式输入坐标："@ 距离<角度"。

2）相对极坐标是基于上一输入点的极坐标。如果知道某点与前一点的位置关系，可以使用相对极坐标。指定相对极坐标时，要在坐标前面添加一个"@"符号。例如，输入"@3<30"指定一点，此点距离上一指定点 3 个单位，并且与 X 轴成 30°角。

下面使用相对极坐标来绘制 3 条线段。在每个示例中，线段都是从标有上一点的位置开始。在命令行输入以下信息：

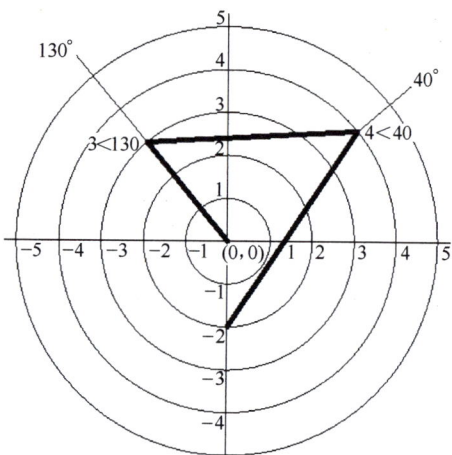

图 2-16　使用绝对极坐标绘制线段的效果

```
命令:LINE
起点:0,0
下一点:@ 3<30
下一点:@ 1<290
```

使用相对极坐标绘制线段的效果如图 2-17 所示。

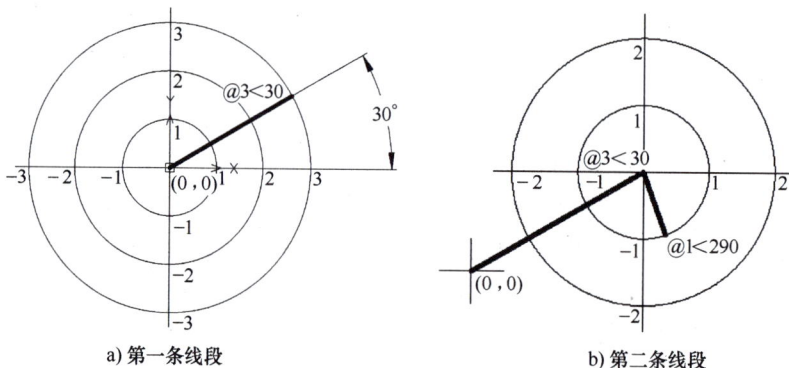

a) 第一条线段　　　　　　　　b) 第二条线段

图 2-17　使用相对极坐标绘制线段的效果

四、点

1. 功能

按要求设置不同的点样式，可以直接绘制，也可以使用定数等分（DIVIDE）和定距等分（MEASURE）命令按等分数或距离沿直线、圆弧和多段线绘制多个点。

2. 命令调用

命令行：POINT（缩写：PO）

菜单："绘图"→"点"

图标："绘图"工具栏中的"点"图标按钮 ▨

3. 格式

```
命令:PO
POINT
指定点定位或[设置(S)/多次(M)]:S                    //设置点样式
指定点定位或[设置(S)/多次(M)]:                      //指定端点
```

4. 说明

（1）直接拾取点

1）单点只输入一个点，多点可输入多个点。

2）点在"点样式"对话框中共有 20 种，可直接选择点样式。

（2）定数等分 ▨ 定数等分是在指定线（直线、圆弧、多线段和样条曲线）上，按给出的等分段数设置等分点，在每一个等分点上放置一个点对象或图块，如图 2-8 所示。等分数范围为 2~32767。

"定数等分"命令的调用方法：单击菜单栏中的"绘图"→"点"→"定数等分"命令，或在命令窗口中输入"DIVIDE"或"DIV"。

（3）定距等分 ▨ 定距等分是按指定的长度将指定直线、圆弧、多线段或样条曲线进行测量，并在每个定距等分点上放置点或图块。与定数等分不同的是，定距等分不一定将对象等分，即最后一段通常不为指定的距离。图 2-18 所示为将一条长为 100mm 的线段按距离 14mm 进行定距等分。

"定距等分"命令的调用方法：单击菜单栏中的"绘图"→"点"→"定距等分"命令，或在命令窗口中输入"MEASURE"或"ME"。

图 2-18　定距等分

五、直线

1. 功能

绘制直线段、折线段或闭合多边形，其中每一线段均是一个单独的对象。

2. 命令调用

命令行：LINE（缩写：L）

菜单:"绘图"→"直线"

图标:"绘图"工具栏中的"直线"图标按钮

3. 格式

命令:LINE

指定第一个点:

指定下一点或[角度(A)/长度(L)/放弃(U)]:L   //选择"长度+角度"方式绘制直线

指定长度:60   //输入长度

指定角度:35   //输入角度

4. 说明

"直线"命令的选项介绍如下:

1)角度(A):指的是直线段与当前 UCS 的 X 轴之间的角度。

2)长度(L):指的是两点间直线的距离。

3)放弃(U):撤销最近绘制的一条直线段。在命令行中输入"U",按〈Enter〉键,则重新指定新的终点。

4)闭合(C):将第一条直线段的起点和最后一条直线段的终点连接起来,形成一个封闭区域。

5)终点:按〈Enter〉键后,命令行默认最后一点为终点,无论该二维线段是否闭合。

六、延伸

1. 功能

用于将对象的一个端点或两个端点延伸到另一个对象上。

2. 命令调用

命令行:EXTEND(缩写:EX)

菜单:"修改"→"延伸"

图标:"修改"工具栏中的"延伸"图标按钮

3. 格式

命令:EX

EXTEND

选取边界对象作延伸〈回车全选〉:   //按〈Enter〉键全选所有直线作为边界对象

选择要延伸的实体,或按住 Shift 键选择要修剪的实体,或[边缘模式(E)/围栏(F)/窗交(C)/投影(P)/放弃(U)]:   //选需要延伸的直线

4. 说明

如图 2-19 所示,练习使用"延伸"命令。

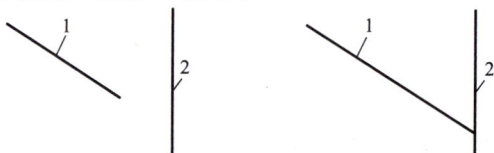

a) 拾取直线2为边界线   b) 延伸后的结果

图 2-19 延伸

命令:EX

EXTEND

选取边界对象作延伸〈回车全选〉:

找到 1 个　　　　　　　　　//选定边界边,按〈Enter〉键确认。如图 2-19a 所示,拾取直线 2 为边界边

选取边界对象作延伸〈回车全选〉:

选择要延伸的对象,或按住 Shift 键选择要修剪的对象,或[边缘模式(E)/围栏(F)/窗交(C)/投影(P)/放弃(U)]:

找到 1 个　　　　　　　　　//选择延伸边直线 1。延伸后的结果如图 2-19b 所示

七、修剪

1. 功能

用于沿指定边界修剪选定的对象。

2. 命令调用

命令行:TRIM（缩写：TR）

菜单:"修改"→"修剪"

图标:"修改"工具栏中的"修剪"图标按钮

3. 格式

命令:TR

TRIM

当前设置:投影模式=UCS,边延伸模式=不延伸(N)

选择剪切边 ...

选择对象或〈全选〉:　　　　　　　　　　　　//按〈Enter〉键全选所有直线作为修剪边界

选择要修剪的实体,或按住 Shift 键选择要延伸的实体,或[边缘模式(E)/围栏(F)/窗交(C)/投影(P)/删除(R)/放弃(U)]:　　　　　　　//在多余直线要修剪处单击

选择要修剪的实体,或按住 Shift 键选择要延伸的实体,或[边缘模式(E)/围栏(F)/窗交(C)/投影(P)/删除(R)/放弃(U)]:　　　　　　　//按〈Enter〉键确认并退出命令

4. 说明

1）在进行修剪时,首先选择修剪边界,选择完修剪边界后右击或按〈Enter〉键,否则程序将不执行下一步,仍然等待输入修剪边界直到按〈Enter〉键为止。

2）同一对象既可以是剪切边,又可以是被剪切边。

3）可用窗交方式选择修剪对象。

任务拓展

绘制图 2-20~图 2-22 所示平面图形。

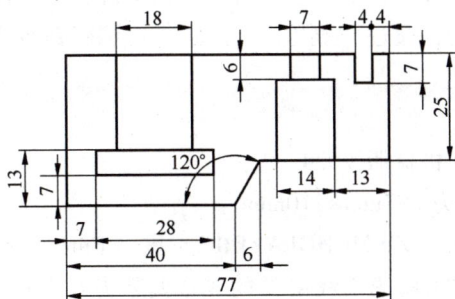

图 2-20　任务拓展图 1

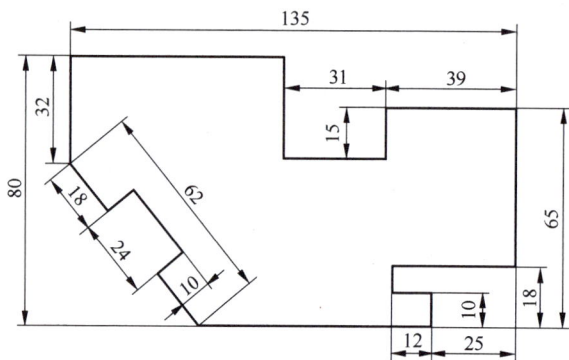

图 2-21　任务拓展图 2

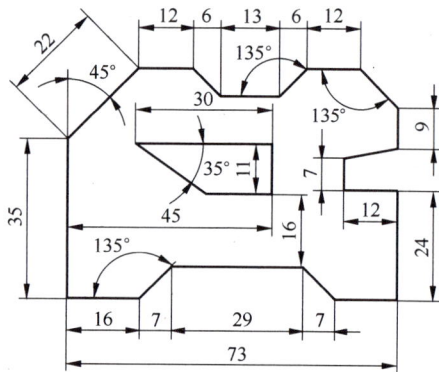

图 2-22　任务拓展图 3

任务二　绘制瓢虫

任务要求

按照图示尺寸 1∶1 绘制图 2-23 所示的瓢虫图形，尺寸不需要标注。

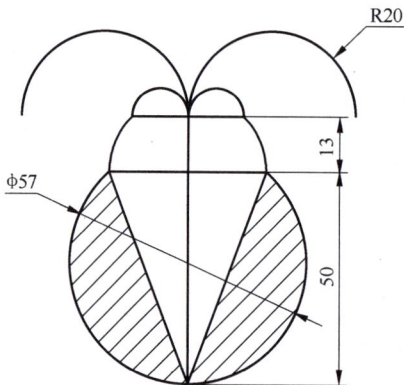

图 2-23　瓢虫图形

任务分析

瓢虫图形由圆、直线、圆弧和填充图案组成，需要用到"圆""直线""圆弧""图案填充"等绘图命令绘制图线，通过"删除""打断"等编辑命令完成图形的绘制。

任务实施

步骤 1：启动中望 CAD 机械版 2024。

步骤 2：设置图形界限为 297mm×210mm。

步骤 3：在命令行输入"ZWMCHGLAYER"，按〈Enter〉键，调用中望 CAD 机械版 2024 中的图层，将图层中"1 轮廓实线层"的线宽调整为 0.5mm，如图 2-24 所示。

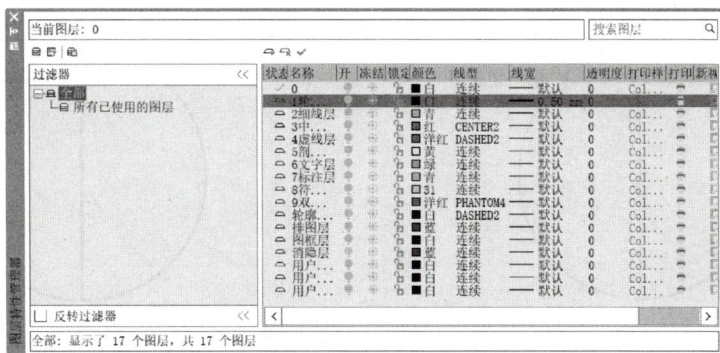

图 2-24　图层设置

步骤 4：单击"绘图"工具栏中的"圆"图标按钮，或在命令行输入"C"绘制圆，半径为 28.5mm，如图 2-25 所示。

命令行文本参考：

命令：CIRCLE
指定圆的圆心或［三点（3P）/两点（2P）/切点、切点、半径（T）］：　　　//任意指定一点为圆心
指定圆的半径或［直径（D）］〈28.5000〉：28.5　　　　　　　　　　//输入半径 28.5mm

步骤 5：单击"绘图"工具栏中的"直线"图标按钮，或在命令行输入"L"，绘制如图 2-26 所示蓝色竖直直线，长度为 50mm。

命令行文本参考：

命令：LINE
指定第一个点：　　　　　　　　　　　　　//单击圆的下象限点作为第一点
指定下一点或［角度（A）/长度（L）/放弃（U）］：50　　//输入长度 50mm

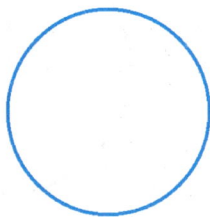

图 2-25　绘制圆

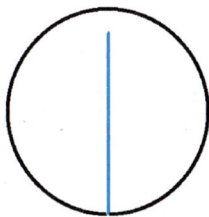

图 2-26　绘制长度为 50mm 的竖直直线

步骤 6：单击"绘图"工具栏中的"直线"图标按钮，通过捕捉经过步骤 5 中绘制直线的"端点"的水平线与圆的两个"交点"绘制直线，绘制结果如图 2-27 中蓝色直线。

步骤 7：单击"修改"工具栏中的"打断"图标按钮，或在命令行输入"BR"，选取切断对象为图 2-28 所示的蓝色圆弧。按〈F〉键切换到指定第一切断点，然后单击选择"第一切断点"和"第二切断点"，如图 2-28 所示，完成圆的打

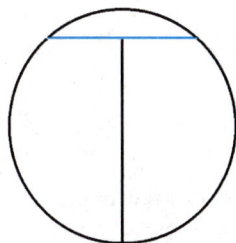

图 2-27　捕捉两点绘制直线

断，打断结果如图 2-29 所示。

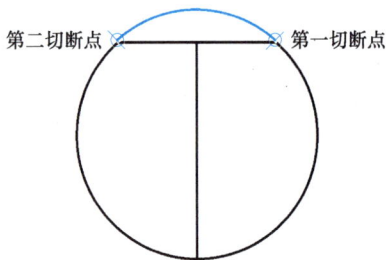

图 2-28　第一切断点和第二切断点　　　　图 2-29　打断后的图形

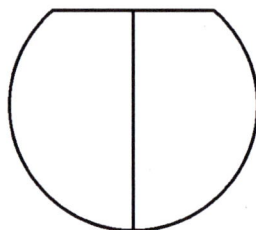

命令行文本参考：

命令:BREAK	
选取切断对象：	//单击图 2-28 所示蓝色圆弧
指定第二切断点或[第一切断点(F)]:F	//切换到指定第一切断点
指定第一切断点：	//单击图 2-28 所示第一切断点
指定第二切断点：	//单击图 2-28 所示第二切断点

步骤 8：单击"绘图"工具栏中的"直线"图标按钮，或在命令行输入"L"，绘制如图 2-30 所示蓝色竖直直线，长度为 13mm。

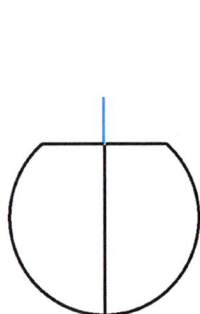

步骤 9：单击"绘图"工具栏中的"圆弧"图标按钮，按〈C〉键切换到捕捉圆弧圆心，按图 2-31 所示捕捉圆弧圆心、圆弧起点、圆弧端点绘制如图 2-32 所示的蓝色圆弧。

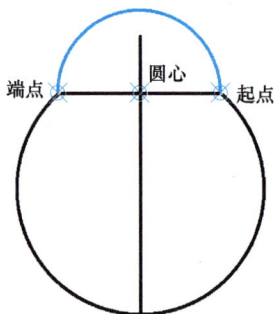

图 2-30　绘制长度为　　　图 2-31　圆弧圆心、起点、端点　　　图 2-32　绘制圆弧

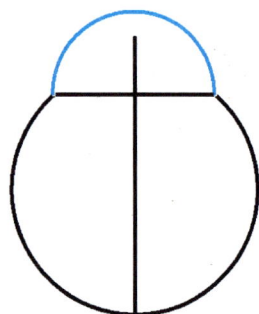

13mm 竖直直线

命令行文本参考：

命令:_arc	
指定圆弧的起点或[圆心(C)]:C	//指定圆心+圆弧起点+圆弧端点画圆弧
指定圆弧的圆心：	//单击图 2-31 所示圆心
指定圆弧的起点：	//单击图 2-31 所示起点
指定圆弧的端点(按住 Ctrl 键以切换方向)或[角度(A)/弦长(L)]:	//单击图 2-31 所示端点

步骤 10：单击"绘图"工具栏中的"直线"图标按钮，或在命令行输入"L"，通过捕捉经过步骤 8 中绘制直线的"端点"的水平线与圆弧的两个"交点"绘制直线，绘制结果如图 2-33 中蓝色直线。

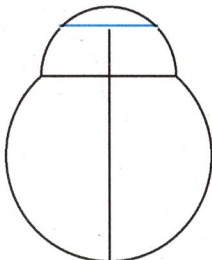

步骤 11：单击"修改"工具栏中的"打断"图标按钮，或在命令行输入"BR"，选取切断对象为图 2-34 所示的蓝色圆弧。按〈F〉键切换到指定第一切断点，然后单击选择"第一切断点"和"第二切断点"，如图 2-34 所示，完成圆弧的打断，打断结果如图 2-35 所示。

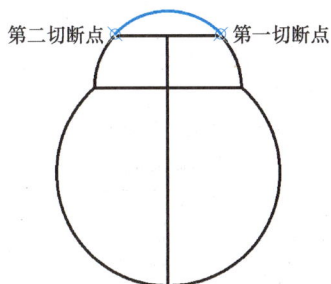

图 2-33　捕捉两点绘制直线

图 2-34　第一切断点和第二切断点

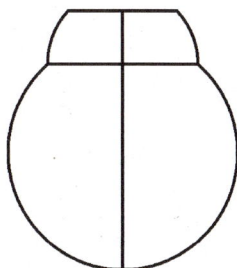

图 2-35　打断后的图样

步骤 12：单击"绘图"工具栏中的"圆弧"图标按钮，或在命令行输入"A"，然后按〈C〉键切换到捕捉圆弧圆心，通过捕捉圆弧圆心、圆弧起点、圆弧端点绘制如图 2-36 中蓝色圆弧。以同样的方法绘制左侧圆弧，绘图结果如图 2-37 所示。

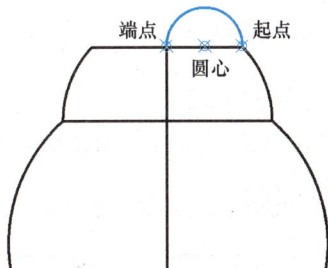

图 2-36　绘制圆弧

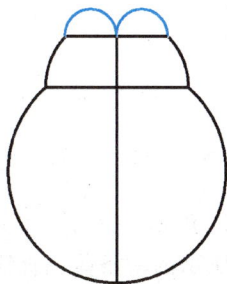

图 2-37　绘制第二条圆弧

步骤 13：单击"绘图"工具栏中的"直线"图标按钮，或在命令行输入"L"，绘制水平直线，长度 40mm，如图 2-38 所示蓝色直线。

步骤 14：单击"绘图"工具栏中的"圆弧"图标按钮，或在命令行输入"A"，然后按〈C〉键切换到捕捉圆弧圆心，通过捕捉圆弧圆心、圆弧起点、圆弧端点绘制如图 2-39 所示半径 20mm 的蓝色圆弧。以同样的方法绘制左侧半径为 20mm 的圆弧，如图 2-40 所示。

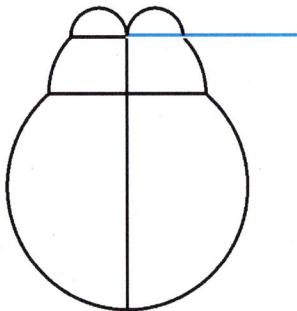

图 2-38　绘制水平直线

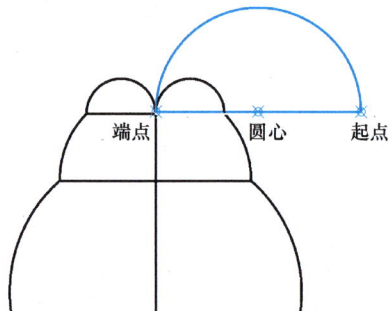

图 2-39　绘制右侧半径为 20mm 的圆弧

步骤 15：单击"修改"工具栏中的"删除"图标按钮，或在命令行输入"E"，单击选择步骤 14 中的两条水平线，按〈Enter〉键或〈Space〉键确认删除对象，进行删除操作，删除结果如图 2-41 所示。

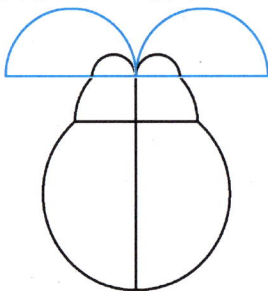

图 2-40　绘制左侧半径为 20mm 的圆弧

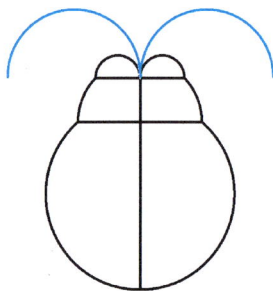

图 2-41　删除直线

命令行文本参考：

命令:_erase	
选择对象:	//单击选择删除对象
找到 1 个	
选择对象:	//单击选择删除对象
找到 1 个,总计 2 个	//按〈Space〉键或〈Enter〉键确定删除对象

步骤 16：单击"绘图"工具栏中的"直线"图标按钮，或在命令行输入"L"，绘制如图 2-42 所示的两条蓝色直线。

步骤 17：单击"修改"工具栏中的"图案填充"图标按钮，或在命令行输入"H"，系统弹出"填充"对话框，如图 2-43 所示。在对话框中的"图案"下拉列表框中选择"ANSI31"，在"角度"下拉列表框中选择"0"，在"比例"下拉列表框中选择"1"。

在"边界"选项中，单击"添加：拾取点"按钮，然后单击需要填充图案的区域，完成图案的填充，如图 2-44 所示。

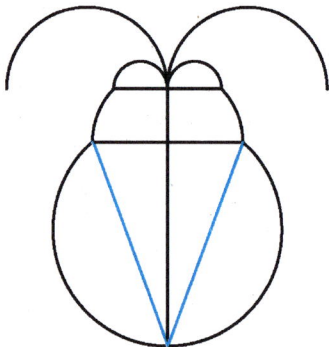

图 2-42　绘制两条直线

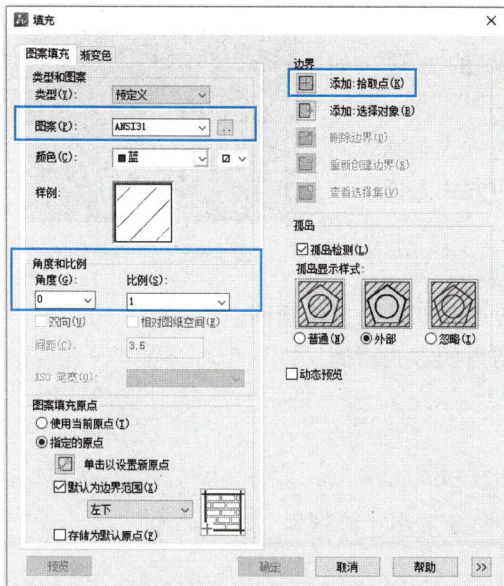

图 2-43　"填充"对话框

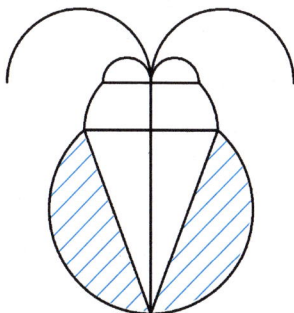

图 2-44　完成图案填充

命令行文本参考：

命令：BH
BHATCH
拾取内部点或[选择对象(S)/删除边界(B)]：　　　　　　　　　　//拾取内部点
正在选择所有可见对象 …
正在分析所选数据 …
拾取内部点或[选择对象(S)/删除边界(B)/放弃(U)]：　　　　　//拾取内部点
正在选择所有可见对象 …
正在分析所选数据 …
拾取内部点或[选择对象(S)/删除边界(B)/放弃(U)]：

知识拓展

一、圆

1. 功能

用于绘制圆，既可通过指定圆心、半径或圆周上的点创建圆，也可创建与对象相切的圆。

2. 命令调用

命令行：CIRCLE（缩写：C）

菜单："绘图"→"圆"

图标："绘图"工具栏中的"圆"图标按钮

3. 格式

命令：CIRCLE
指定圆的圆心或[三点(3P)/两点(2P)/切点、切点、半径(T)]：　//指定圆心
指定圆的半径或[直径(D)]：　　　　　　　　　　　　　　　//指定圆的半径

4. 说明

在下拉菜单画圆的命令中列出了 6 种画圆的方法，如图 2-45 所示。

1）圆心、半径（R）：通过指定圆心和半径的方式画圆。

2）圆心、直径（D）：通过指定圆心和直径的方式画圆。

3）两点（2）：通过指定圆的两个端点画圆。

4）三点（3）：通过给出圆上的三个点来画圆。

5）相切、相切、半径（T）：通过给出两个切点和半径的方式画圆。

6）相切、相切、相切（A）：通过给出三个切点的方式画圆。

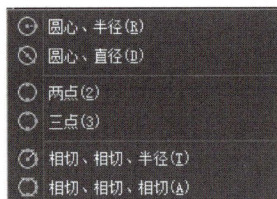

图 2-45 圆的画法

二、圆弧

1. 功能

圆弧是工程制图中常用的对象之一，"圆弧"命令常用于画圆弧。

2. 命令调用

命令行：ARC（缩写：A）

菜单："绘图"→"圆弧"

图标："绘图"工具栏中的"圆弧"图标按钮

3. 格式

```
命令:A
ARC
指定圆弧的起点或[圆心(C)]：            //指定起点
指定圆弧的第二个点或[圆心(C)/端点(E)]：  //指定第二点
指定圆弧的端点：                        //指定端点
```

4. 说明

在绘制圆弧时，一般还是先画圆，再修剪得到所需圆弧。在"圆弧"命令的下拉菜单中，按给出圆弧的条件与顺序的不同，列出了 11 种画圆弧的方法，如图 2-46 所示。

1）三点（P）：通过给出三个点画弧。

2）起点、圆心、端点（S）：通过给出起点、圆心和端点的方式画弧。

3）起点、圆心、角度（T）：通过给出起点、圆心和圆弧角度的方式画弧。

4）起点、圆心、长度（A）：通过给出起点、圆心和弦长的方式画弧。

5）起点、端点、角度（N）：通过给出起点、端点和圆弧角度的方式画弧。

图 2-46 圆弧的画法

6）起点、端点、方向（D）：通过给出起点、端点和起点切向的方式画弧。

7）起点、端点、半径（R）：通过给出起点、端点和半径的方式画弧。

8）圆心、起点、端点（C）：通过给出圆心、起点和端点的方式画弧。

9）圆心、起点、角度（E）：通过给出圆心、起点和圆弧角度的方式画弧。

10）圆心、起点、长度（L）：通过给出圆心、起点和弦长的方式画弧。

11）继续（O）：与上一线段相切，继续画圆弧段，仅提供端点即可。

三、打断

1. 功能

用于删除对象的一部分或将一个对象分成两部分。

2. 命令调用

命令行：BREAK（缩写：BR）

菜单："修改"→"打断"

图标："修改"工具栏中的"打断"图标按钮

3. 格式

```
命令:BR
BREAK
选取切断对象:
指定第二切断点或[第一切断点(F)]:F          //切换到指定第一切断点
指定第一切断点:                          //指定第一切断点
指定第二切断点:                          //指定第二切断点
```

4. 说明

1）如果需要在一点上将对象打断，则应使第一切断点和第二切断点重合，此时仅输入
"@"即可。

2）在封闭的对象上进行打断时，打断部分按逆时针方向从第一点到第二点断开。

3）在拾取打断点时，可以将对象捕捉关闭，以免影响非捕捉点的拾取。

四、图案填充

1. 功能

对已有图案填充的对象，可以修改图案类型和图案特性参数等。

2. 命令调用

命令名：BHATCH（缩写：BH）

菜单："修改"→"对象"→"图案填充（H）"

图标："绘图"工具栏中的"图案填充"图标按钮

3. 格式

```
命令:BH
BHATCH
拾取内部点或[选择对象(S)/删除边界(B)]:                    //拾取内部点
正在选择所有可见对象…
正在分析所选数据…
拾取内部点或[选择对象(S)/删除边界(B)/放弃(U)]:            //拾取内部点
正在选择所有可见对象…
正在分析所选数据…
拾取内部点或[选择对象(S)/删除边界(B)/放弃(U)]:
```

4. 说明

1）利用"图案填充"和"渐变色"标签，可对已有图案填充进行修改。

2）若需要改变图案类型，可单击下拉箭头选择填充图案；也可以单击"图案"下拉列表框后面的按钮 ·· ，打开"填充图案选项板"对话框，通过预览图像，选择需要的图案来进行填充，如图2-47所示。

3）改变图案角度和比例。当角度值为15°、45°和90°时，剖面线将沿逆时针方向转动到新的位置，它们与X轴的夹角分别为75°、135°和90°，如图2-48所示；图2-49所示为剖面线的缩放比例为1.0、2.0、0.5时的情况。

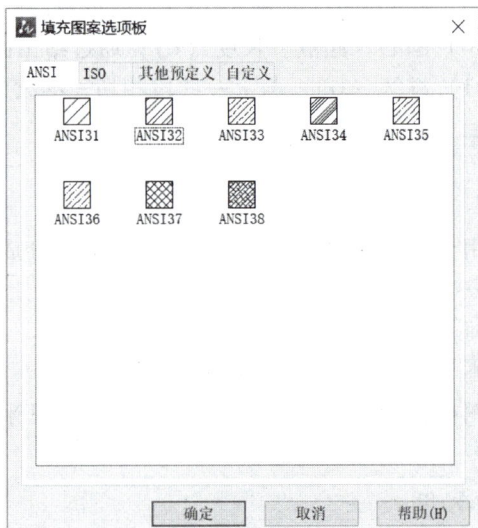

图 2-47　不同填充图案

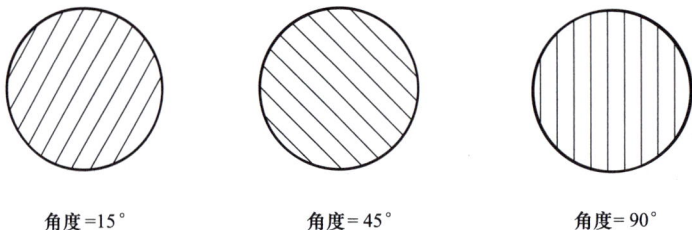

角度＝15°　　　　　　　角度＝45°　　　　　　　角度＝90°

图 2-48　不同角度图案填充

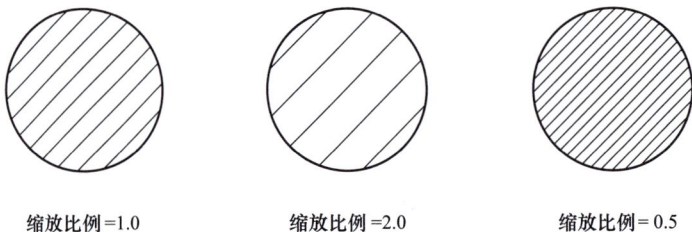

缩放比例＝1.0　　　　　缩放比例＝2.0　　　　　缩放比例＝0.5

图 2-49　不同比例图案填充

五、删除

1. 功能

用于删除选中的单个或多个对象，在所有的修改命令中，此命令可能是使用最频繁的命令之一。

2. 命令调用

命令行：ERASE（缩写：E）

菜单："修改"→"删除"

图标："修改"工具栏中的"删除"图标按钮

3. 格式

命令:E	
ERASE	
选择对象:	//单击选择删除对象
找到 1 个	
选择对象:	//单击选择删除对象
找到 1 个,总计 2 个	//按〈Space〉键或〈Enter〉键确定删除对象

4. 说明

操作时,可以先输入"删除"命令,再选择要删除的对象。或者先在未激活任何命令的状态下选择对象使之亮显,然后按下面任一方法完成删除操作:

1) 单击修改工具栏中的"删除"图标按钮;

2) 按〈Delete〉键。

3) 单击鼠标右键,在弹出的快捷菜单中单击"删除"命令。

4) 使用"Oops"命令,可以恢复最后一次使用"删除"命令删除的对象。如果要连续向前恢复被删除的对象,则需要使用"取消"命令(Undo)。

任务拓展

绘制图 2-50~图 2-52 所示的平面图形。

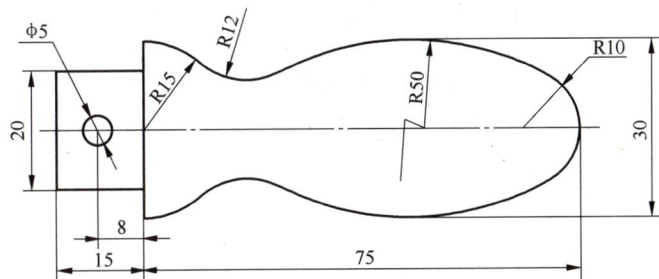

图 2-50 任务拓展图 1

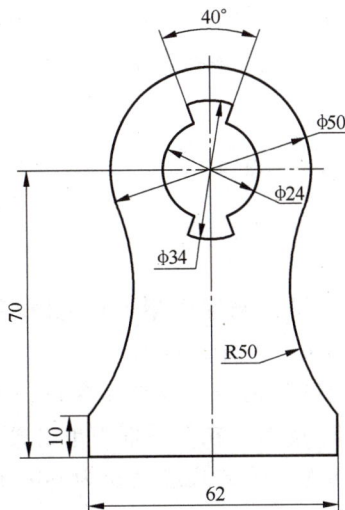

图 2-51 任务拓展图 2

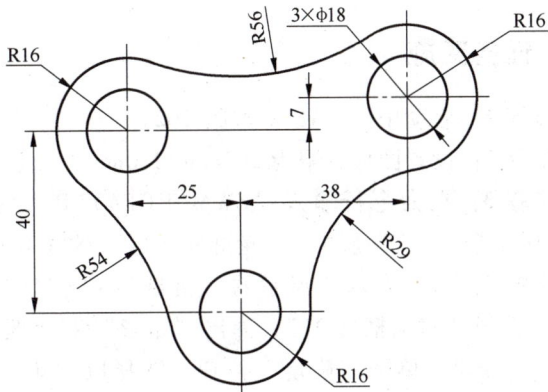

图 2-52 任务拓展图 3

任务三　绘制写字板

任务要求

按照图示尺寸1∶1绘制图2-53所示的写字板图形，尺寸不需要标注。

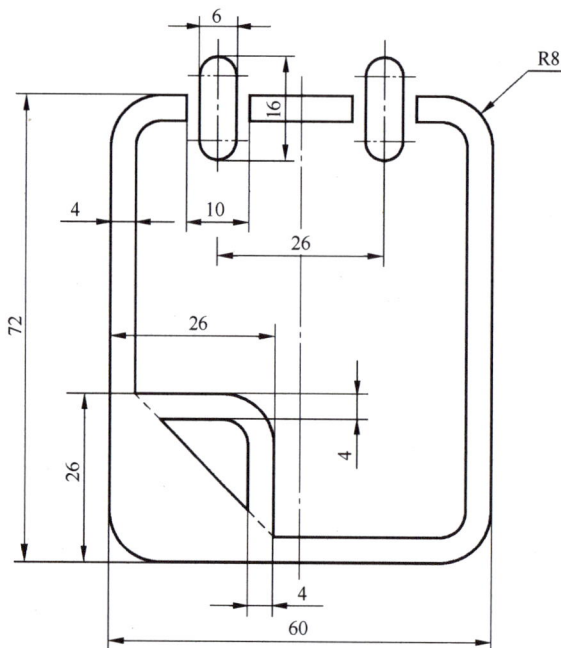

图 2-53　写字板图形

任务分析

写字板图形由矩形、圆角、圆和直线组成，需要用到"圆""直线""矩形""倒圆""中心线"等绘图命令绘制图线，通过"修剪""偏移""分解"等编辑命令完成图形的绘制。

任务实施

步骤 1：启动中望 CAD 机械版 2024。

步骤 2：设置图形界限为 297mm×210mm。

步骤 3：在命令行输入"ZWMCHGLAYER"，按〈Enter〉键，调用中望 CAD 机械版 2024 中的图层，将图层中"1 轮廓实线层"的线宽调整为 0.5mm，如图 2-54 所示。

步骤 4：单击图 2-55 所示的"机械"→"绘图工具"→"矩形"命令，或在命令行输入"JX"，选择"对话框（D）"，弹出"矩形"对话框，如图 2-56 所示。在对话框中单击第 1 行第 2 列按钮，单击"确定"按钮，选择以"矩形中心+长+宽"的方式绘制长为 60mm、宽为 72mm 的矩形，如图 2-57 所示。

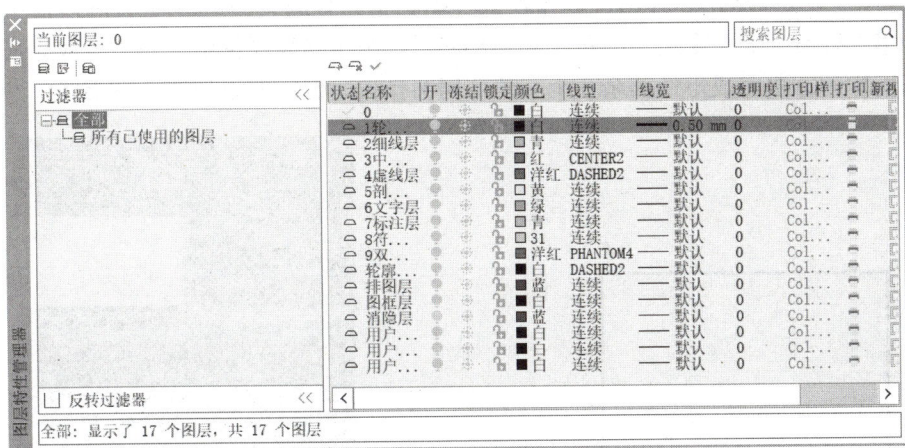

图 2-54 图层设置

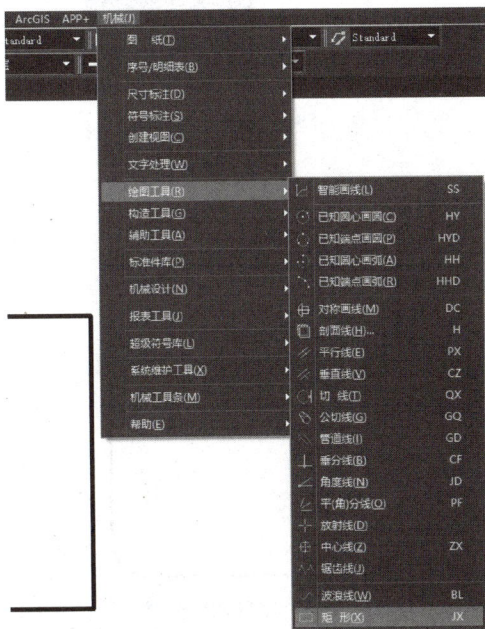

图 2-55 "矩形"命令

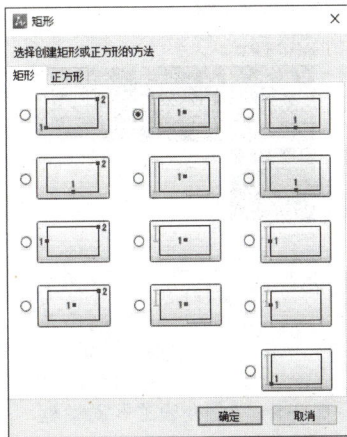

图 2-56 "矩形"对话框

命令行文本参考：

命令:JX 或 ZWMRECTANGLE

＊＊ 角点 ＊＊

指定第一个角点或［角点(R)/基础(B)/高度(H)/中心点(C)/倒角(M)/圆角(F)/中心线(L)/对话框(D)］:D

指定中心点： //任意指定一点为矩形中心定位点

指定整个基准:60 //长度 60mm

指定全高:72 //宽度 72mm

步骤 5：单击图 2-58 所示的"机械"→"构造工具"→"倒圆"命令，或在命令行输入

"DY",选择"设置（S）",弹出"圆角设置"对话框,如图 2-59 所示。在对话框中选择圆角类型为第 1 行第 3 个,输入"圆角尺寸"8mm,单击选择需要倒圆的两条直线完成倒圆操作。使用同样的方法完成矩形其余 3 个直角的倒圆操作,倒圆效果如图 2-60 所示。

图 2-57 绘制矩形

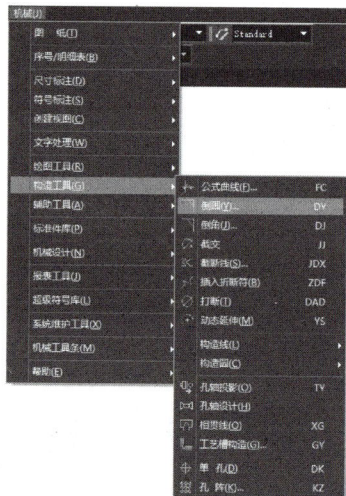

图 2-58 "倒圆"命令

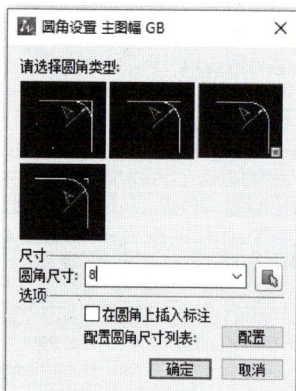

图 2-59 "圆角设置"对话框

图 2-60 矩形倒圆效果

命令行文本参考:

```
命令:DY
ZWMFILLETAC
(类型:双边)(标注模式:关) 当前圆角半径 = 8
选择第一个对象或[多段线(P)/设置(S)/多个(M)/添加标注(D)]〈设置〉:S
                                        //输入"S"进入圆角设置
(类型:双边)(标注模式:关) 当前圆角半径 = 8    //输入圆角半径 8mm
选择第一个对象或[多段线(P)/设置(S)/多个(M)/添加标注(D)]〈设置〉:
                                        //单击选择第一条直线
选择第二个对象或〈按回车键切换到倒角功能〉:     //单击选择第二条直线
```

步骤6：单击图2-61所示的"机械"→"绘图工具"→"中心线"命令，或在命令行输入"ZX"，选择"单条中心线（S）"，单击选择图2-62所示的起点、终止点绘制中心线。

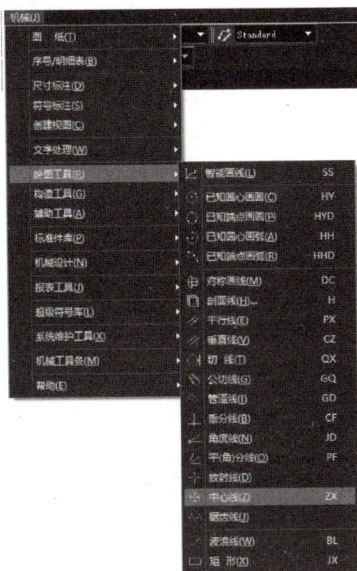

图2-61 "中心线"命令

图2-62 绘制中心线

命令行文本参考：

命令:ZX
ZWMCENTERLINE
默认的出头长度=3.00
选择线、圆、弧、椭圆、多段线或［中心点（C）/单条中心线（S）/批量增加中心线选择圆、弧、椭圆（B）/
同排（R）/设置出头长度（E）］〈批量增加（B）〉:S   //输入"S"选择单条中心线
确定起点位置: //单击选择起点
确定终止点: //单击选择终止点

步骤7：单击"修改"工具栏中的"偏移"图标按钮🔳，或在命令行输入"O"，指定偏移距离4mm；单击选取偏移对象为图2-62所示的黑色图形，然后单击黑色图形内部任一点，完成向内偏移距离4mm的蓝色图形，偏移结果如图2-63所示。

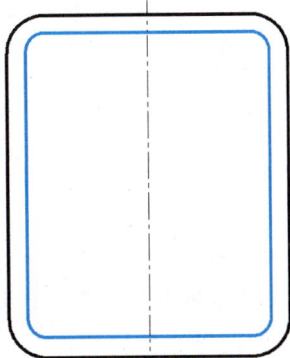

图2-63 偏移图形

命令行文本参考：

命令：O
OFFSET
指定偏移距离或[通过(T)/擦除(E)/图层(L)]〈2.0000〉:4   //输入偏移距离4mm
选择要偏移的对象或[放弃(U)/退出(E)]〈退出〉:   //单击选择偏移对象
指定目标点或[退出(E)/多个(M)/放弃(U)]〈退出〉:   //单击选择矩形内任意点

步骤8：单击"修改"工具栏中的"偏移"图标按钮，或在命令行输入"O"，指定偏移距离13mm；单击选取偏移对象为图2-63所示的黑色中心线，然后单击黑色中心线左侧任一点，完成向左偏移距离13mm的蓝色中心线。使用同样的方法绘制向右偏移13mm的蓝色中心线，偏移结果如图2-64所示。

步骤9：单击修改工具栏中的"修剪"图标按钮，或在命令行输入"TR"，使用"修剪"工具修剪多余的中心线，如图2-65所示。

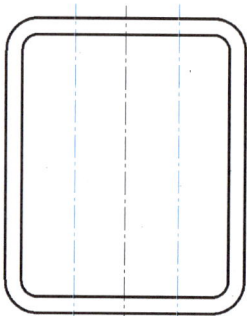

图 2-64　偏移中心线

图 2-65　修剪中心线

步骤10：单击"机械"→"绘图工具"→"矩形"命令，或在命令行输入"JX"，选择"对话框（D）"，在弹出的对话框中选择第1行第2列，以"矩形中心+长+宽"的方式绘制矩形，单击选择"中点"为矩形中心，绘制长为6mm、宽为16mm的矩形，如图2-66所示。使用同样的方法绘制第二个矩形，绘图结果如图2-67所示。

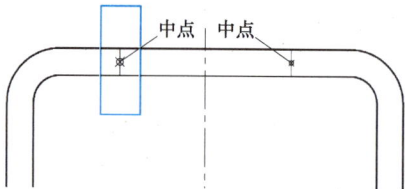

图 2-66　绘制第一个矩形

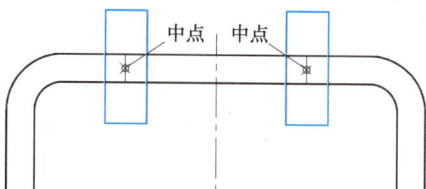

图 2-67　绘制第二个矩形

步骤11：单击"机械"→"构造工具"→"倒圆"命令，或在命令行输入"DY"，选择"设置（S）"，在弹出的对话框中选择圆角类型为第1行第3个，输入"圆角尺寸"3mm，如图2-68所示，单击选择需要倒圆的两条直线完成倒圆操作。使用同样的方法完成两个矩形的其余7个直角的倒圆操作，倒圆效果如图2-69所示。

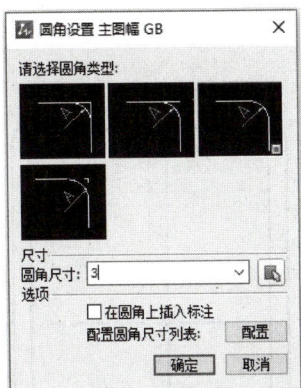

图 2-68　"圆角设置"对话框

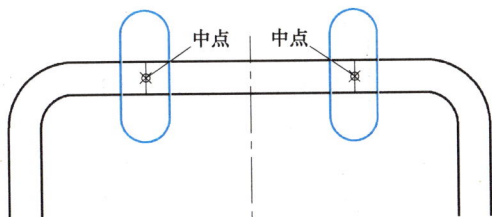

图 2-69　矩形倒圆效果

步骤 12：单击"修改"工具栏中的"分解"图标按钮，或在命令行输入"X"，单击图 2-69 所示的蓝色图形进行分解操作。

步骤 13：单击"机械"→"绘图工具"→"中心线"命令，或在命令行输入"ZX"，单击选择图 2-69 所示的 4 条蓝色圆弧，绘制中心线，绘图结果如图 2-70 所示。

步骤 14：单击"修改"工具栏中的"分解"图标按钮，或在命令行输入"X"，单击图 2-71 所示的蓝色图形进行分解操作。

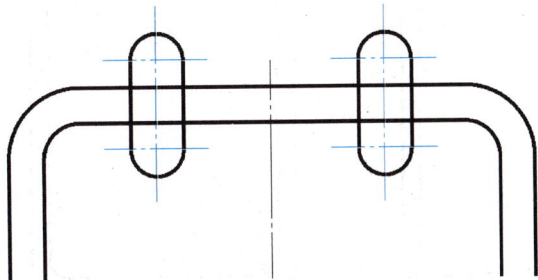

图 2-70　绘制圆弧中心线

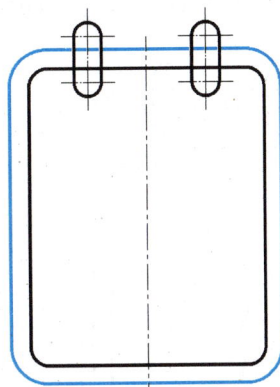

图 2-71　分解图形

命令行文本参考：

```
命令:X
EXPLODE
选择对象：                          //选择分解对象
找到 1 个
选择对象：                          //按〈Space〉键或〈Enter〉键确
                                      定对象
```

步骤 15：单击"修改"工具栏中的"偏移"图标按钮，或在命令行输入"O"，指定偏移距离 26mm，单击选取偏移对象为图 2-72 所示的蓝色直线，分别向右和向上偏移

26mm，偏移结果如图2-73所示。

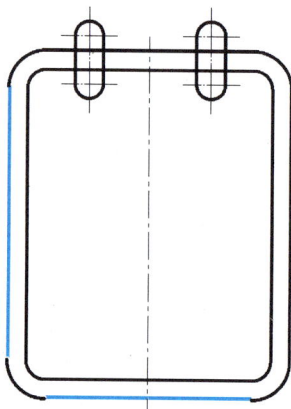

图2-72　选取偏移对象

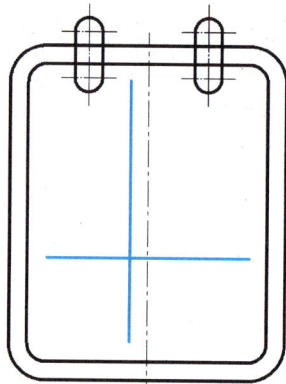

图2-73　偏移直线

步骤16：单击"机械"→"构造工具"→"倒圆"命令，或在命令行输入"DY"，选择"设置（S）"，在弹出的对话框中选择圆角类型为第1行第3个，输入"圆角尺寸"为8mm，单击选择需要倒圆的两条直线完成倒圆操作，倒圆效果如图2-74所示。

步骤17：单击"修改"工具栏中的"延伸"图标按钮，将图2-75所示的两条蓝色线延伸，延伸结果如图2-76所示。

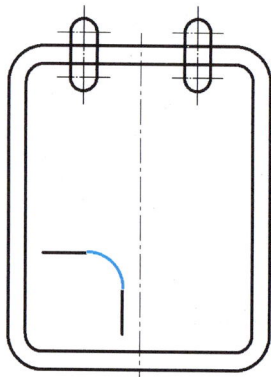

图2-74　倒圆效果

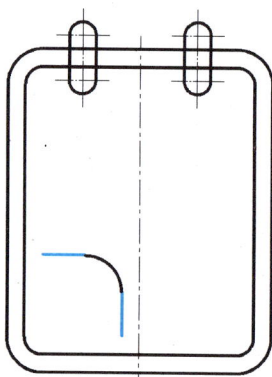

图2-75　选取延伸对象

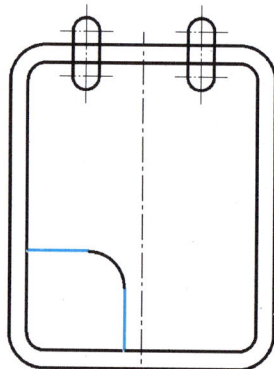

图2-76　延伸直线

步骤18：单击"修改"工具栏中的"修剪"图标按钮，或在命令行输入"TR"，使用"修剪"工具修剪多余的直线，修剪结果如图2-77所示。

步骤19：单击"绘图"工具栏中的"直线"图标按钮，或在命令行输入"L"，绘制两点直线，并将所绘制的直线切换到"4虚线层"，绘图结果如图2-78所示。

步骤20：单击"修改"工具栏中的"偏移"图标按钮，或在命令行输入"O"，指定偏移距离4mm，单击选取偏移对象为图2-79所示的蓝色线段，向外偏移，偏移结果如图2-80所示。

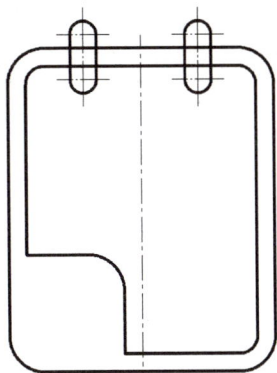

图 2-77　修剪直线

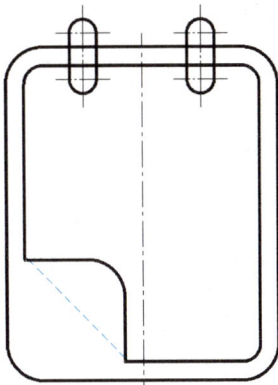

图 2-78　绘制虚线

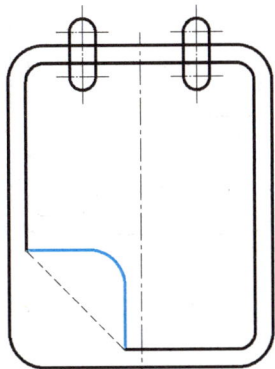

图 2-79　选取偏移对象

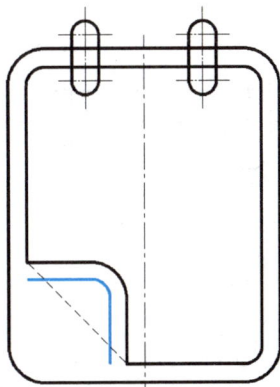

图 2-80　偏移结果

步骤 21：单击"修改"工具栏中的"修剪"图标按钮，或在命令行输入"TR"，使用"修剪"工具修剪多余的直线，修剪结果如图 2-81 所示。

步骤 22：单击"绘图"工具栏中的"直线"图标按钮，或在命令行输入"L"，绘制两点直线，绘图结果如图 2-82 所示。

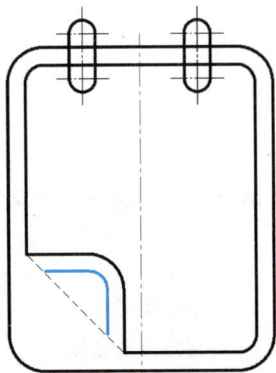

图 2-81　修剪直线

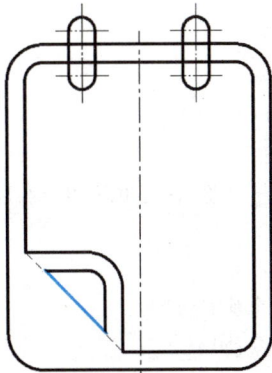

图 2-82　绘制直线

步骤 23：单击"修改"工具栏中的"偏移"图标按钮 ，或在命令行输入"O"，指定偏移距离 2mm，单击选取偏移对象为图 2-83 所示的蓝色线段，向左和向右偏移直线，偏移结果如图 2-84 所示。

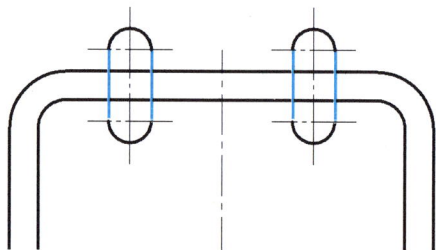

步骤 24：单击"修改"工具栏中的"修剪"图标按钮 ，或在命令行输入"TR"，使用"修剪"工具修剪多余的直线，修剪结果如图 2-85 所示。

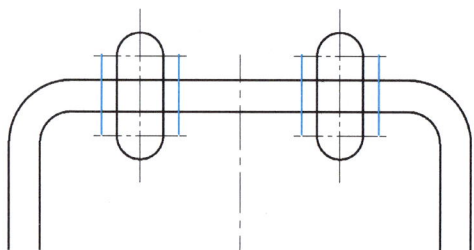

图 2-83　选取偏移对象

图 2-84　偏移结果

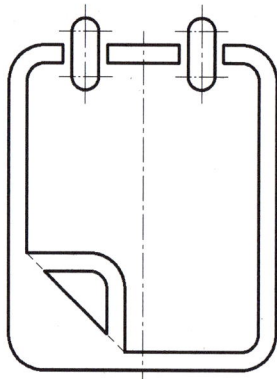

图 2-85　修剪直线

知识拓展

一、矩形

1. 功能

画矩形，可带倒角、圆角等。

2. 命令调用

命令行：ZWMRECTANGLE（缩写：JX）

菜单："机械"→"绘图工具"→"矩形"

3. 格式

```
命令:JX
ZWMRECTANGLE
＊＊角点＊＊
指定第一个角点或[角点(R)/基础(B)/高度(H)/中心点(C)/倒角(M)/圆角(F)/中心线(L)/对话框(D)]:D        //对话框(D)
指定中心点：                                              //指定矩形中心点
指定整个基准:60                                           //指定矩形长度
指定全高:50                                               //指定矩形宽度
```

4. 说明

画矩形的命令中列出了 8 种画矩形的方法：

1）角点（R）：通过指定另一个角点绘制矩形。

2）基础（B）：以长度方向中心点为基准，对称绘制矩形。

3）高度（H）：以高度方向中心点为基准，对称绘制矩形。

4）中心点（C）：以矩形中心为基准点，对称绘制矩形。

5）倒角（M）：可设置倒角长度，绘制带倒角的矩形。

6）圆角（F）：可设置圆角半径，绘制带圆角的矩形。

7）中心线（L）：可绘制带中心线的矩形。

8）对话框（D）：打开对话框，可设置矩形绘制方式。

二、倒圆

1. 功能

在直线、圆弧或圆间按指定半径作圆角。

2. 命令调用

命令行：ZWMFILLETAC（缩写：DY）

菜单："机械"→"构造工具"→"倒圆"

3. 格式

```
命令:DY
ZWMFILLETAC
(类型:双边)(标注模式:关) 当前圆角半径=8
选择第一个对象或[多段线(P)/设置(S)/多个(M)/添加标注(D)]〈设置〉:S      //输入"S"进入圆角设置
(类型:双边)(标注模式:关) 当前圆角半径=8                          //输入圆角半径为 8mm
选择第一个对象或[多段线(P)/设置(S)/多个(M)/添加标注(D)]〈设置〉:    //单击选择第一条直线
选择第二个对象或〈按回车键切换到倒角功能〉:                        //单击选择第二条直线
```

4. 说明

1）圆角尺寸可以直接输入，也可以通过单击 ![icon] 从实际图样中选取，还可以单击"配置"按钮从列表中选取一个值，如图 2-86 所示。

2）可以在圆角处添加尺寸标注。

三、分解

1. 功能

用于将组合对象如矩形、多边形、多段线、块以及图案填充等拆分为单一个体。

2. 命令调用

命令行：EXPLODE（缩写：X）

菜单："修改"→"分解"

图标："修改"工具栏中的"分解"图标按钮 ![icon]

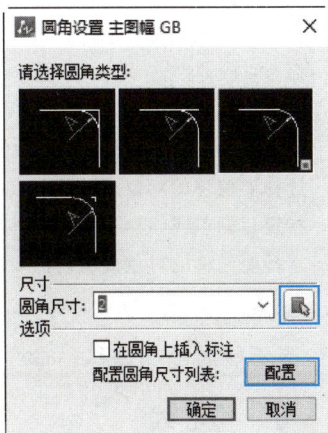

图 2-86　"圆角设置"对话框

3. 格式

```
命令:X
EXPLODE
选择对象:                              //选择分解对象
找到 1 个
选择对象:                              //按〈Space〉键或〈Enter〉键确
                                       定对象
```

4. 说明

对不同的对象，具有不同的分解后效果。

1）多边形：分解为组成图形的一条条直线。

2）块：对具有相同 X、Y、Z 比例插入的块，分解为其组成成员；对带属性的块分解后将丢失属性值，显示其相应的属性标记。

3）二维多段线：带有宽度特性的多段线被分解后，将转换为宽度为 0 的直线和圆弧。

4）尺寸：分解为段落文本（mtext）、直线、点等。

5）图案填充：分解为组成图案的一条条直线。

四、偏移

1. 功能

画出指定对象的偏移，即等距线。直线的等距线为平行等长线段，圆弧的等距线为同心圆，并保持圆心角相同。

2. 命令调用

命令行：OFFSET（缩写：O）

菜单："修改"→"偏移"

图标："修改"工具栏中的"偏移"图标按钮

3. 格式

```
命令:O
OFFSET
指定偏移距离或[通过(T)/擦除(E)/图层(L)]〈通过〉:4        //指定偏移距离
选择要偏移的对象或[放弃(U)/退出(E)]〈退出〉:             //选择偏移的对象
指定目标点或[退出(E)/多个(M)/放弃(U)]〈退出〉:           //指定偏移的方向
选择要偏移的对象或[放弃(U)/退出(E)]〈退出〉:*取消*        //按〈Space〉键退出指令
```

4. 说明

点不能通过"偏移"命令偏移。

五、中心线

1. 功能

绘制圆、圆弧、椭圆、两条平行线间和矩形等图形的中心线。

2. 命令调用

命令行：ZWMCENTERLINE（缩写：ZX）

菜单："机械"→"绘图工具"→"中心线"

3. 格式

命令：ZX

ZWMCENTERLINE

默认的出头长度=3.00

选择线、圆、弧、椭圆、多段线或［中心点（C）/单条中心线（S）/批量增加中心线选择圆、弧、椭圆（B）/同排（R）/设置出头长度（E）］〈批量增加（B）〉：　　　　　　　　　　　　　//选择对象

选择线、圆、弧、椭圆、多段线或［中心点（C）/单条中心线（S）/批量增加中心线选择圆、弧、椭圆（B）/同排（R）/设置出头长度（E）］〈批量增加（B）〉：　　　　　　　　　　　　　//选择对象

4. 说明

调用"中心线"命令后，会出现提示"选择线、圆、弧、椭圆、多段线或［中心点（C）/单条中心线（S）/批量增加中心线选择圆、弧、椭圆（B）/同排（R）/设置出头长度（E）］〈批量增加（B）〉:"，其中各项含义如下：

1）中心点（C）：选择中心点位置，绘制交叉中心线。

2）单条中心线（S）：绘制单条中心线。

3）批量增加中心线圆、弧、椭圆（B）：批量增加中心线，即选择多个目标自动绘制各自目标的中心线。

4）同排（R）：选择同一排的圆或圆弧，绘制的结果为中心线沿着排列方向贯穿所有实体。

5）设置出头长度（E）：设置中心线在目标外的长度。

任务拓展

绘制图2-87~图2-89所示的平面图形。

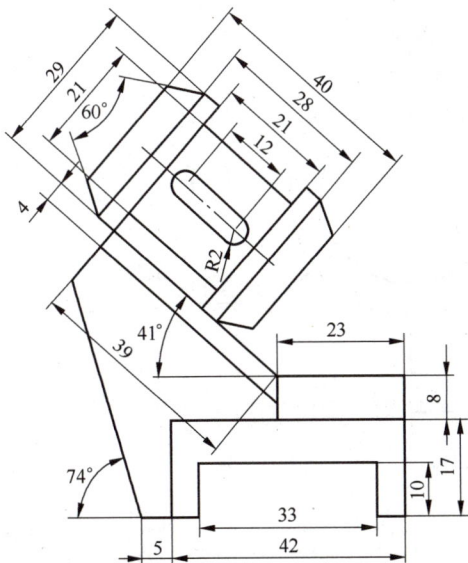

图2-87　任务拓展图1

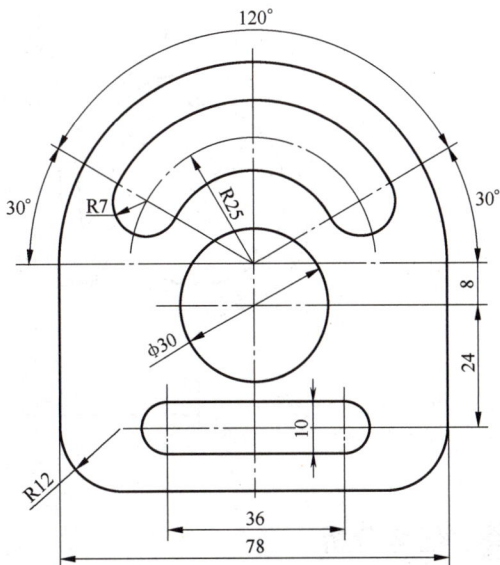

图2-88　任务拓展图2

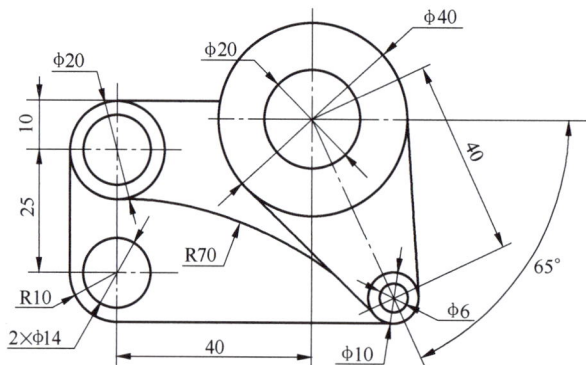

图 2-89　任务拓展图 3

任务四　绘制单车

任务要求

按照图示尺寸 1∶1 绘制图 2-90 所示的单车图形，尺寸不需要标注。

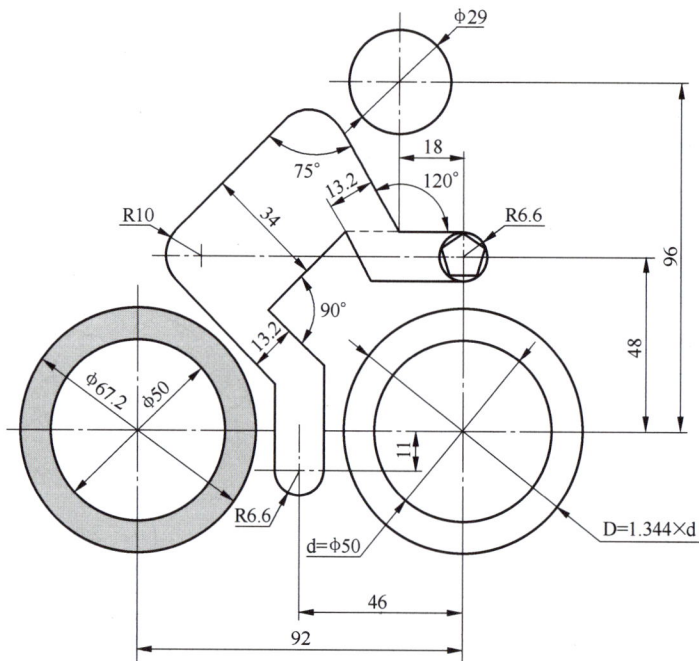

图 2-90　单车图形

任务分析

单车图形由圆环、圆角、圆、多边形和直线组成，需要用到"圆环""直线""圆""倒圆""中心线"和"正多边形"等绘图命令绘制图线，通过"修剪""偏移""缩放"

"复制"等编辑命令完成图形的绘制。

任务实施

步骤1：启动中望 CAD 机械版 2024。

步骤2：设置图形界限为 297mm×210mm。

步骤3：在命令行输入"ZWMCHGLAYER"，按〈Enter〉键，调用中望 CAD 机械版 2024 中的图层，将图层中"1 轮廓实线层"的线宽调整为 0.5mm，如图 2-91 所示。

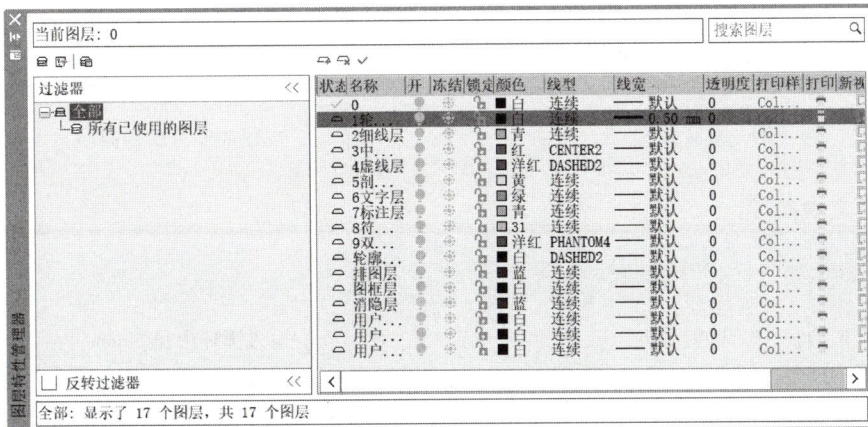

图 2-91　图层设置

步骤4：单击"绘图"工具栏中的"圆"图标按钮⊙，或在命令行输入"C"绘制圆，半径 25mm，如图 2-92 所示。

步骤5：单击"修改"工具栏中的"缩放"图标按钮▪，或在命令行输入"SC"，单击选择 R25 圆为对象，选取圆的圆心为缩放中心点，指定缩放比例为 1.344，复制得到第二个圆，如图 2-93 所示。

图 2-92　绘制圆

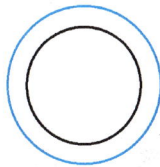

图 2-93　缩放圆

命令行文本参考：

命令:SC	
SCALE	
选择对象:	//选择圆为对象
找到 1 个	
选择对象:	
指定基点:	//指定圆心为缩放中心
指定缩放比例或[复制(C)/参照(R)]〈1〉:C	//复制
指定缩放比例或[复制(C)/参照(R)]〈1〉:1.344	//指定缩放比例为 1.344

步骤6：单击"绘图"工具栏中的"直线"图标按钮 ，或在命令行输入"L"，绘制如图 2-94 所示蓝色水平直线，长度为 92mm。

步骤7：单击"绘图"→"圆环"命令，或在命令行输入"DO"，输入圆环内径 50mm，输入圆环外径 67.2mm，单击选取直线左侧端点为圆环中心点，绘制如图 2-95 所示蓝色圆环。

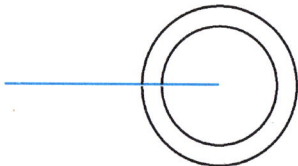

图 2-94　绘制直线

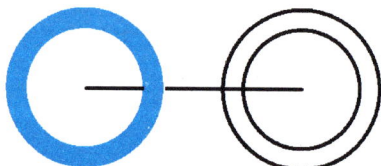

图 2-95　绘制圆环

命令行文本参考：

命令:DO	
DONUT	
指定圆环的内径〈0.5000〉:50	//输入圆环内径 50mm
指定圆环的外径〈1.0000〉:67.2	//输入圆环外径 67.2mm
指定圆环的中心点或〈退出〉:	//指定圆环中心点
指定圆环的中心点或〈退出〉:∗取消∗	//按〈Esc〉键退出命令

步骤8：选取步骤 6 中绘制的蓝色水平线，按〈Delete〉键删除直线。

步骤9：单击"机械"→"绘图工具"→"中心线"命令，或在命令行输入"ZX"，单击选择图 2-96 所示的两个圆，绘制中心线，如图 2-97 所示。

步骤10：单击"修改"工具栏中的"复制"图标按钮 ，或在命令行输入"CO"，单击选择图 2-97 所示的两条中心线，以圆的圆心为基点复制到圆环的圆心处，复制结果如图 2-98 所示。

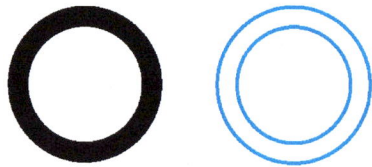

图 2-96　选取对象

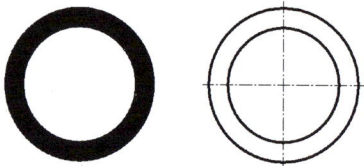

图 2-97　绘制中心线

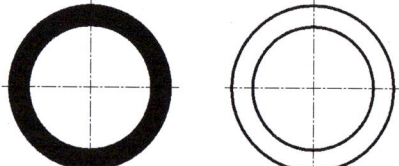

图 2-98　复制中心线

命令行文本参考：

命令:CO	
COPY	
选择对象:	//选取步骤 9 中绘制的两条中心线

指定对角点：

找到 2 个

选择对象：

当前设置:复制模式=多个

指定基点或[位移(D)/模式(O)]〈位移〉：　　　　　　　　//指定圆的圆心为复制基点

指定第二个点或[阵列(A)/等距(E)/等分(I)/沿线(P)]〈使用第一点当做位移〉：

　　　　　　　　　　　　　　　　　　　　　　　　//指定第二个点完成复制

指定第二个点或[阵列(A)/退出(X)/放弃(U)]〈退出〉：＊取消＊　//按〈Esc〉键退出命令

步骤 11：单击"绘图"工具栏中的"直线"图标按钮，或在命令行输入"L"，绘制长度为 96mm 竖直向上的直线和长度为 18mm 水平向左的直线，绘图结果如图 2-99 所示。再使用"直线"工具绘制长度为 11mm 竖直向下的直线和长度为 46mm 水平向左的直线，绘图结果如图 2-100 所示。

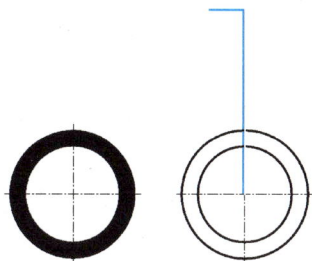

图 2-99　绘制 96mm 和 18mm
的两条定位直线

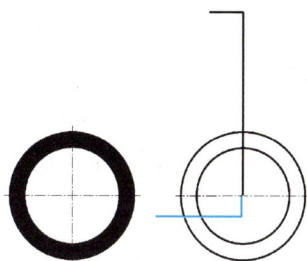

图 2-100　绘制 11mm 和 46mm
的两条定位直线

步骤 12：单击"绘图"工具栏中的"圆"图标按钮，或在命令行输入"C"绘制两个圆，下侧圆半径为 6.6mm，上侧圆直径为 29mm，绘图结果如图 2-101 所示。

步骤 13：单击"修改"工具栏中的"偏移"图标按钮，或在命令行输入"O"，指定偏移距离 48mm，单击选取偏移对象为图 2-102 所示蓝色水平中心线，向上偏移 48mm，偏移结果如图 2-103 所示。

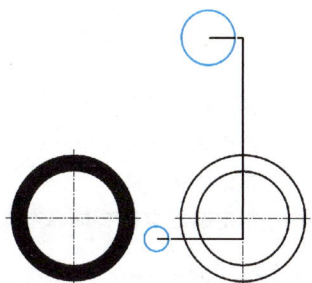

图 2-101　绘制两个圆

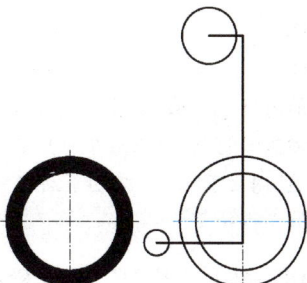

图 2-102　偏移对象

步骤 14：单击"绘图"工具栏中的"圆"图标按钮，或在命令行输入"C"绘制，半径为 6.6mm，绘图结果如图 2-104 所示。

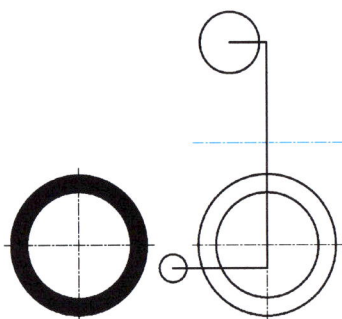

图 2-103　偏移直线

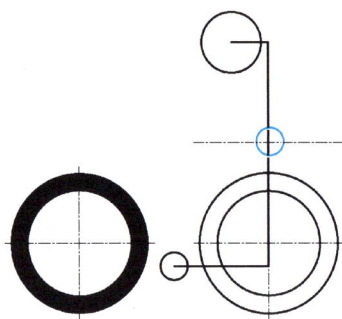

图 2-104　绘制圆

步骤 15：选取步骤 11 和步骤 13 中绘制的辅助定位直线，按〈Delete〉键删除，删除结果如图 2-105 所示。

步骤 16：单击"机械"→"绘图工具"→"中心线"命令，或在命令行输入"ZX"，绘制中心线，如图 2-106 所示。

步骤 17：单击"绘图"工具栏中的"正多边形"图标按钮，或在命令行输入"POL"，绘制正多边形。指定正多边形的中心点为步骤 14 中绘制圆的圆心，输入正多边形边数为 5，指定正多边形内接于圆，绘图结果如图 2-107 所示。

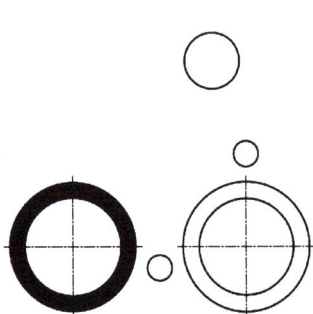

图 2-105　删除辅助定位直线

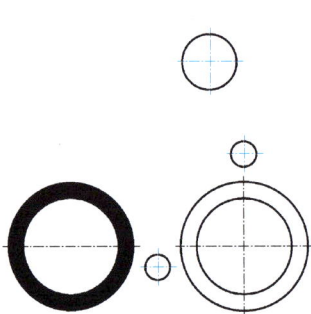

图 2-106　绘制中心线

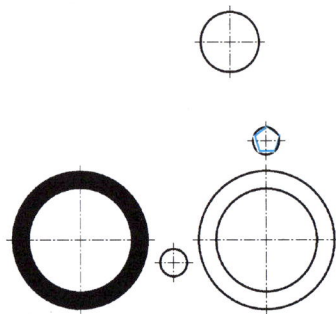

图 2-107　绘制多边形

命令行文本参考：

命令:POL	
POLYGON	
输入边的数目〈5〉或[多个(M)/线宽(W)]:5	//输入边的数目为 5
指定正多边形的中心点或[边(E)]:	//指定正多边形的中心点为圆心
输入选项[内接于圆(I)/外切于圆(C)]〈外切于圆〉:I	//指定内接于圆
指定圆的半径:6.6	//指定圆的半径 6.6mm

步骤 18：单击"绘图"工具栏中的"直线"图标按钮，或在命令行输入"L"，绘制直线，长度自定义，绘图结果如图 2-108 所示。

步骤 19：单击"修改"工具栏中的"延伸"图标按钮，或在命令行输入"EX"，将图 2-109 中的蓝色中心线延伸，延伸结果如图 2-110 所示。

步骤 20：单击"绘图"工具栏中的"直线"图标按钮，或在命令行输入"L"，选择"长度+角度"方式绘制直线，长度自定义，输入角度120°，绘图结果如图2-111所示。

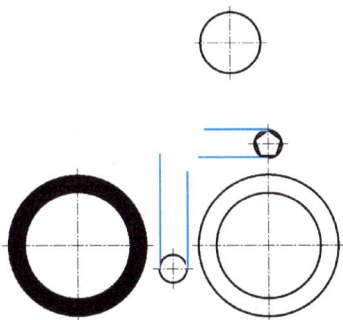

图2-108　绘制直线

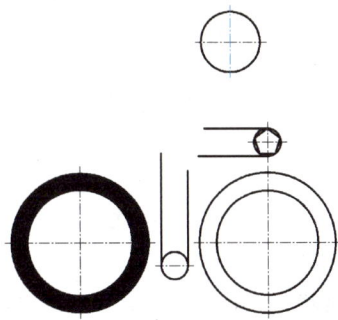

图2-109　选择蓝色中心线

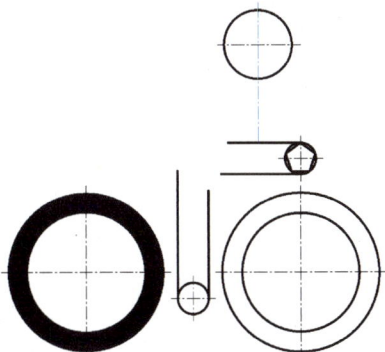

图2-110　延伸中心线

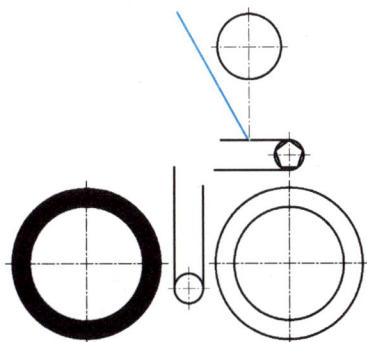

图2-111　绘制120°角度线

步骤21：单击"修改"工具栏中的"偏移"图标按钮![icon]，或在命令行输入"O"，指定偏移距离13.2mm，单击选取偏移对象为图2-111所示蓝色直线，偏移方向向左，偏移结果如图2-112所示。

步骤22：分别单击"修改"工具栏中的"延伸"图标按钮![icon]和"修剪"图标按钮![icon]，或在命令行分别输入"EX"和"TR"，延伸和修剪直线，修改结果如图2-113所示。

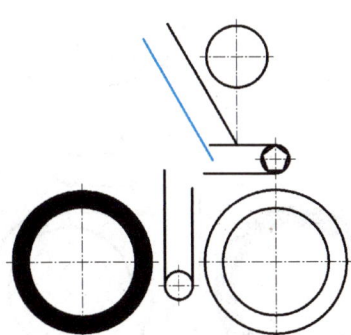

图2-112　偏移直线

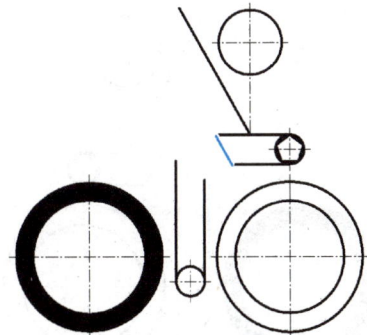

图2-113　延伸和修剪直线

步骤23：单击"修改"工具栏中的"打断"图标按钮![icon]，或在命令行输入"BR"，选取切断对象为图 2-114 所示的蓝色直线，然后单击选择"第一切断点"和"第二切断点"，这里两个切断点重合如图 2-114 所示，完成直线的打断，并将打断后的直线切换到"4 虚线层"，绘图结果如图 2-115 所示。

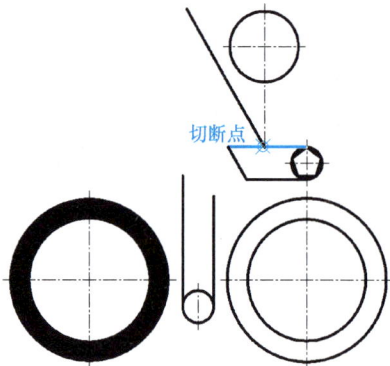

图 2-114　切断点

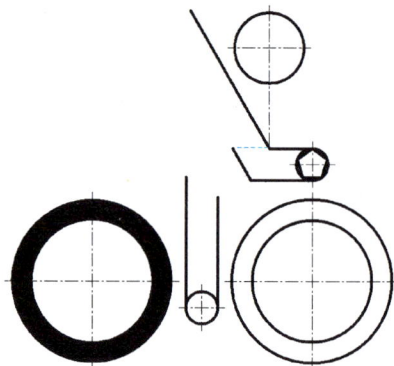

图 2-115　切换图层

命令行文本参考：

```
命令:BR
BREAK
选取切断对象                                    //单击选取切断对象
指定第二切断点或[第一切断点(F)]:F               //第一切断点(F)
指定第一切断点：                                //指定第一切断点
指定第二切断点：                                //指定第二切断点和第一切断点相同
```

步骤 24：单击"绘图"工具栏中的"直线"图标按钮，或在命令行输入"L"，选择"长度+角度"方式绘制直线，长度自定义，输入角度-135°，绘图结果如图 2-116 所示。

步骤 25：单击"修改"工具栏中的"偏移"图标按钮，或在命令行输入"O"，指定偏移距离 34mm，单击选取偏移对象为图 2-116 所示蓝色直线，偏移方向向上，偏移结果如图 2-117 所示。

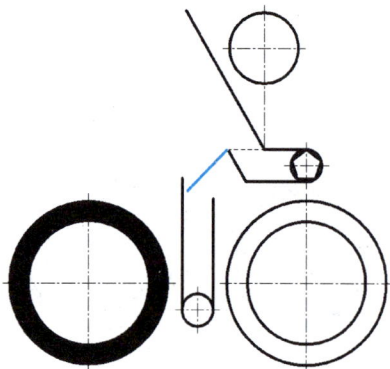

图 2-116　绘制-135°角度线

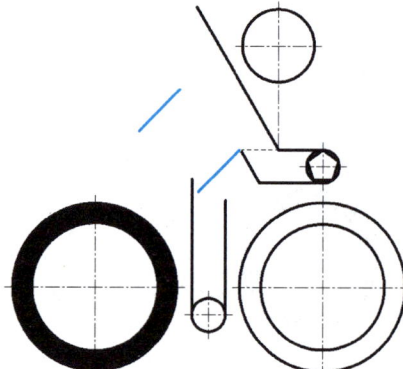

图 2-117　偏移直线

步骤 26：分别单击"修改"工具栏中的"延伸"图标按钮 ⊣ 和"修剪"图标按钮 ⊥ ，或在命令行分别输入"EX"和"TR"，延伸和修剪直线，修改结果如图 2-118 所示。

步骤 27：单击"绘图"工具栏中的"直线"图标按钮 ，或在命令行输入"L"，选择"长度+角度"方式绘制直线，长度自定义，输入角度−45°，绘图结果如图 2-119 所示。

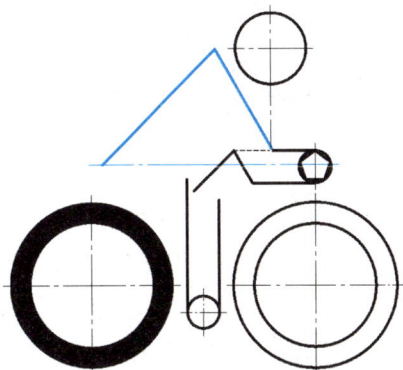

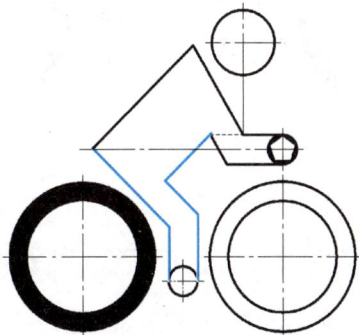

图 2-118　延伸和修剪直线　　　　图 2-119　绘制 45°角度线

步骤 28：单击"修改"工具栏中的"偏移"图标按钮 ，或在命令行输入"O"，指定偏移距离 13.2mm，单击选取偏移对象为图 2-119 所示蓝色直线，偏移方向向上，偏移结果如图 2-120 所示。

步骤 29：分别单击"修改"工具栏中的"延伸"图标按钮 ⊣ 和"修剪"图标按钮 ⊥ ，或在命令行分别输入"EX"和"TR"，延伸和修剪直线，修改结果如图 2-121 所示。

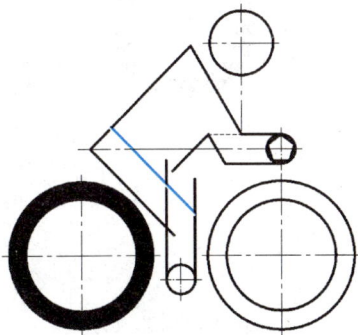

图 2-120　偏移直线　　　　图 2-121　延伸和修剪直线

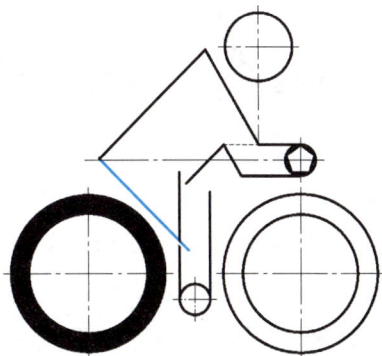

步骤 30：单击"机械"→"构造工具"→"倒圆"命令，或在命令行输入"DY"，选择"设置（S）"，在弹出的对话框中选择圆角类型为第 1 行第 3 个，输入圆角尺寸 10mm，单击选择需要完成倒圆的 4 条直线完成倒圆操作，倒圆效果如图 2-122 所示。

步骤 31：单击"机械"→"绘图工具"→"中心线"命令，或在命令行输入"ZX"，绘制中心线，如图 2-123 所示。

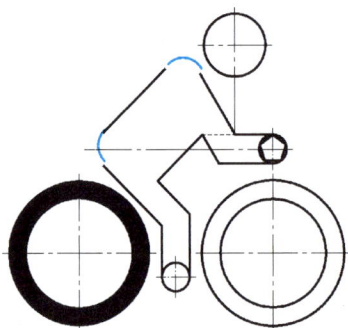

图 2-122　倒圆效果

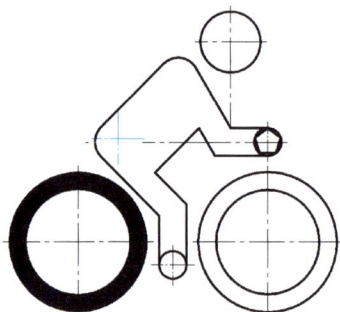

图 2-123　绘制中心线

步骤 32：单击"修改"工具栏中的"缩放"图标按钮 ，或在命令行输入"SC"，单击选择步骤 31 所绘制中心线为对象，选取圆弧的圆心为缩放中心点，指定缩放比例为 0.3，缩放结果如图 2-124 所示。

步骤 33：单击"修改"工具栏中的"修剪"图标按钮 ，或在命令行输入"TR"，修剪圆，修剪结果如图 2-125 所示。

步骤 34：在命令行输入"LTS"，修改线型比例，输入新值为 0.3，完成中心线线型比例调整，绘图结果如图 2-126 所示。

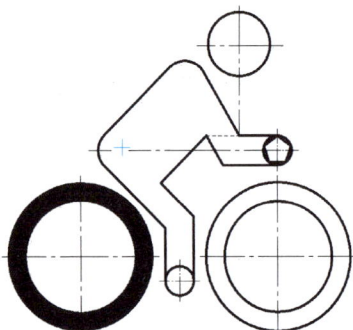

图 2-124　缩放中心线

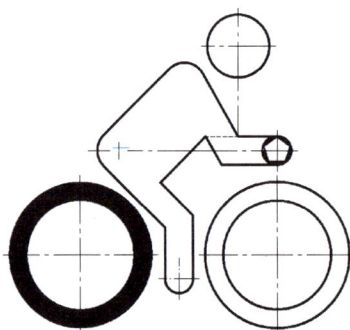

图 2-125　修剪线段

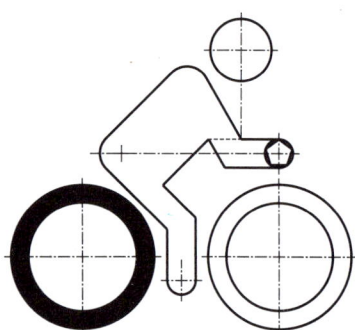

图 2-126　设置图形线型比例

命令行文本参考：

```
命令:LTS
LTSCALE
输入 LTSCALE 的新值〈0.5000〉:0.3                    //输入比例新值为 0.3
```

知识拓展

一、缩放

1. 功能

用于修改选择的对象或整个图形的大小。对象在放大或缩小时，其 X、Y、Z 三个方向保持相同的放大或缩小倍数。若要放大一个对象，缩放比例应大于 1；若要缩小一个对象，缩放比例应在 0 至 1 之间。

2. 命令调用

命令行：SCALE（缩写：SC）

菜单："修改"→"缩放"

图标："修改"工具栏中的"缩放"图标按钮

3. 格式

命令:SC
SCALE
选择对象：   //选择对象
指定基点：   //指定基点
指定缩放比例或[复制（C）/参照（R）]〈1〉： //指定缩放比例

4. 说明

基点可以是图形中的任意点，如果基点位于对象上，则该点成为对象比例缩放的固定点。

二、复制

1. 功能

复制选定对象，可做多重复制。

2. 命令调用

命令行：COPY（缩写：CO、CP）

菜单："修改"→"复制"

图标："修改"工具栏中的"复制"图标按钮

3. 格式

命令:CO
COPY
选择对象：   //选择对象
找到 1 个
选择对象：
当前设置:复制模式＝多个
指定基点或[位移（D）/模式（O）]〈位移〉： //指定基点
指定第二个点或[阵列（A）/等距（E）/等分（I）/沿线（P）]〈使用第一点当做位移〉： //指定第二个点
指定第二个点或[阵列（A）/退出（X）/放弃（U）]〈退出〉：＊取消＊

4. 说明

命令提示中各项含义如下：

1）基点：通过基点和放置点来定义一个矢量，用于指示复制的对象移动的距离和方向。

2）位移（D）：指定复制对象相对于原对象的距离和方向的矢量。使用位移进行复制的方式为单个模式。

3）模式（O）：设置对象复制的模式。复制模式为单个或多个。当设置为多个模式时，可复制多个副本，按〈Enter〉键结束复制。

4）指定第二个点：通过指定第二个点来确定复制对象移动的距离和方向。

5）阵列（A）：通过阵列的方式来复制选定对象。此阵列为单行简单阵列，创建复杂阵列时可参考"ARRAY"命令。

6）等距（E）：按照相等距离沿直线复制选定的对象。

7）等分（I）：在指定距离内等距离复制选定的对象。

8）沿线（P）：沿指定路径来复制选定对象。如果创建较复杂的路径阵列则可参考"ARRAYPATH"命令。

三、圆环

1. 功能

绘制圆环。

2. 命令调用

命令行：DONUT（缩写：DO）

菜单："绘图"→"圆环"

3. 格式

```
命令:DO
DONUT
指定圆环的内径〈0.5000〉：                          //输入圆环内径
指定圆环的外径〈1.0000〉：                          //输入圆环外径
指定圆环的中心点或〈退出〉：                         //指定圆环中心点
指定圆环的中心点或〈退出〉：*取消*                   //按〈Esc〉键退出命令
```

4. 说明

指定圆环的内圆直径时，若内径值设为 0，绘制的对象将成为填充圆。

指定圆环的外圆直径时，若外径值小于内径值，则圆环的内外径交换。

四、正多边形

1. 功能

用于绘制正多边形，正多边形由首尾相接的等长多段线组成。

2. 命令调用

命令行：POLYGON（缩写名：POL）

菜单："绘图"→"正多边形"

图标："绘图"工具栏中的"正多边形"图标按钮

3. 格式

```
命令:POL
POLYGON
输入边的数目〈5〉或［多个(M)/线宽(W)］:5              //输入边的数目
指定正多边形的中心点或［边(E)］：                    //指定正多边形的中心点为圆心
输入选项［内接于圆(I)/外切于圆(C)］〈外切于圆〉:I      //内接于圆(I)
指定圆的半径:6.6                                    //指定圆的半径为 6.6mm
```

4. 说明

命令提示中各项含义如下：

1）输入边的数目：指定正多边形的边数，边数的取值范围为 3～1024 之间的所有整数。

2）中心点：指定正多边形的中心点。通过指定正多边形的中心点、外接圆或内切圆的半径来绘制正多边形。

3）内接于圆（I）：绘制的正多边形内接于圆，正多边形的各个顶点都位于圆上，如图 2-127 所示。

4）外切于圆（C）：绘制的正多边形外切于圆，正多边形的各条边都与圆相切，如图 2-128 所示。

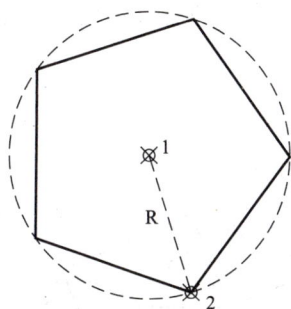

图 2-127 内接于圆

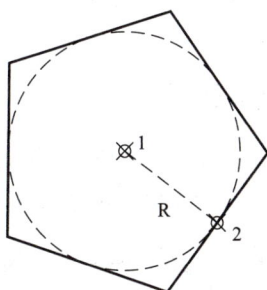

图 2-128 外切于圆

5）指定圆的半径：指定内切圆或外接圆的半径。对于内切圆，圆的半径即正多边形中心到其边的距离；对于外接圆，圆的半径即正多边形中心到其顶点的距离。

6）边（E）：指定第一条边的两个端点，程序将自动按逆时针方向创建正多边形，如图 2-129 所示。

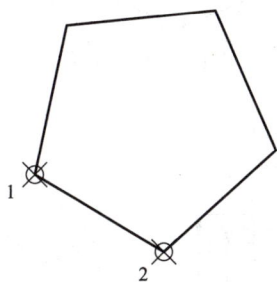

图 2-129 指定"边"创建正多边形

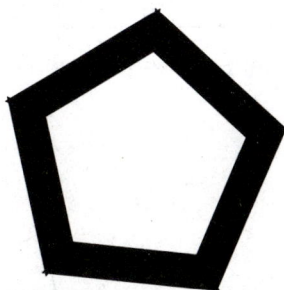

图 2-130 指定"线宽"创建正多边形

7）多个（M）：通过指定正多边形的中心点，可以连续绘制多个正多边形对象，直到按〈Enter〉键结束。

8）线宽（W）：正多边形对象由多段线对象构成，可指定正多边形的线宽，如图 2-130 所示。

五、线型比例

1. 功能

设置当前图形中所有线型的比例系数。

2. 命令调用

命令行：LTSCALE（缩写：LTS）

菜单：此功能在菜单栏中无菜单。

图标：此功能在"修改"工具栏中无快捷图标。

3. 格式

命令:LTS

LTSCALE

输入 LTSCALE 的新值〈0.5000〉:0.3   //输入比例新值

4. 说明

"LTSCALE"命令对线型比例的修改将影响当前图形文件中的所有对象，会导致图形重生成。

📁 任务拓展

绘制图 2-131～图 2-133 所示的平面图形。

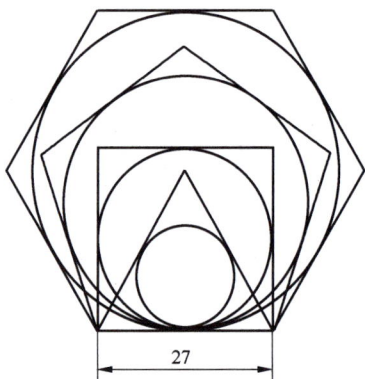

图 2-131　任务拓展图 1

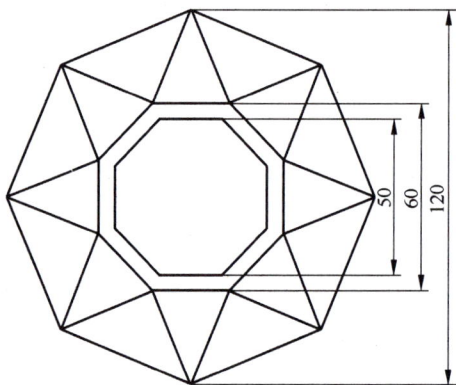

图 2-132　任务拓展图 2

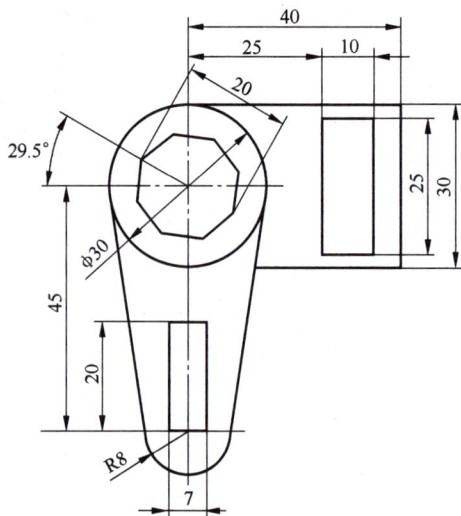

图 2-133　任务拓展图 3

任务五　绘制果汁杯

任务要求

按照图示尺寸 1∶1 绘制图 2-134 所示的果汁杯图形，尺寸不需要标注。

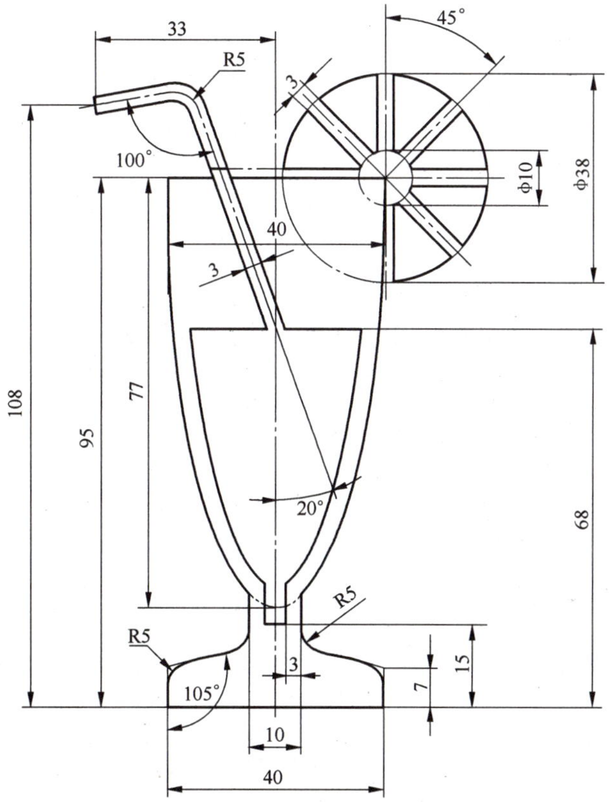

图 2-134　果汁杯图形

任务分析

果汁杯图形由椭圆、圆角、圆和直线组成，需要用到"椭圆""直线""圆""倒圆"和"中心线"等绘图命令绘制图线，通过"修剪""偏移""延伸""镜像""旋转""移动"和"阵列"等编辑命令完成图形的绘制。

任务实施

步骤 1：启动中望 CAD 机械版 2024。

步骤 2：设置图形界限为 297mm×210mm。

步骤 3：在命令行输入"ZWMCHGLAYER"，按〈Enter〉键，调用中望 CAD 机械版 2024 中的图层，将图层中"1 轮廓实线层"的线宽调整为 0.5mm，如图 2-135 所示。

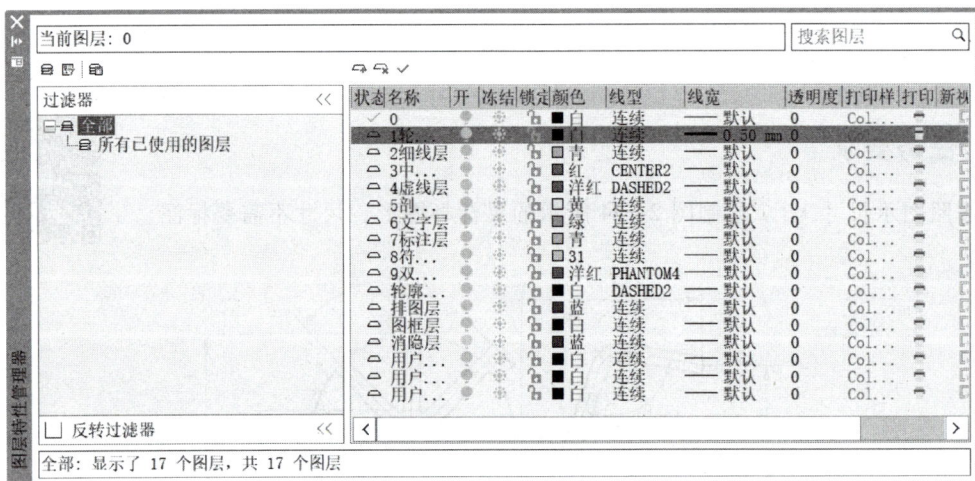

图 2-135　图层设置

步骤 4：单击"绘图"工具栏中的"椭圆"图标按钮，或在命令行输入"EL"绘制椭圆，选择以"中心"方式来画椭圆，光标任意指定一点作为椭圆中心，输入椭圆短半轴长度 20mm，长半轴长度 77mm，绘图结果如图 2-136 所示。

命令行文本参考：

```
命令:EL
ELLIPSE
指定椭圆的第一个端点或[弧(A)/中心(C)]:C          //选择中心画椭圆
指定椭圆的中心:                                  //指定椭圆中心
指定轴向第二端点:20                             //指定椭圆短半轴长度
指定其他轴或[旋转(R)]:77                        //指定椭圆长半轴长度
```

步骤 5：单击"绘图"工具栏中的"直线"图标按钮，或在命令行输入"L"，绘制椭圆左右两端点的连线，再绘制竖直向下长度为 95mm 的直线，再向右绘制长度为 20mm 的水平线，然后绘制竖直向上长度为 7mm 的直线，绘图结果如图 2-137 所示。

图 2-136　绘制椭圆

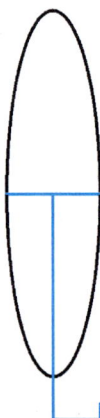

图 2-137　绘制直线

步骤 6：继续单击"绘图"工具栏中的"直线"图标按钮 ，或在命令行输入"L"，选择"长度+角度"方式绘制直线，长度自定义，输入角度为 165°，绘图结果如图 2-138 所示。

步骤 7：单击"修改"工具栏中的"偏移"图标按钮 ，或在命令行输入"O"，指定偏移距离为 5mm，向右偏移竖直直线，偏移结果如图 2-139 所示。

步骤 8：单击"机械"→"构造工具"→"倒圆"命令，或在命令行输入"DY"，选择"设置（S）"，弹出"圆角设置"对话框，在对话框中选择圆角类型为第 1 行第 3 个 ，输入圆角尺寸为 5mm，单击选择需要倒圆的直线完成倒圆操作，倒圆效果如图 2-140 所示。

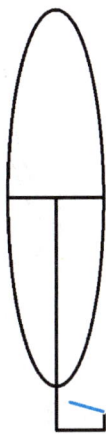

图 2-138　绘制角度线　　　　图 2-139　偏移直线　　　　图 2-140　倒圆效果

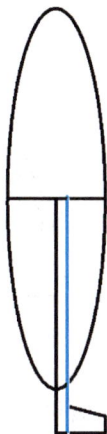

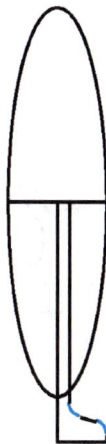

步骤 9：单击修改工具栏中的"修剪"图标按钮 ，或在命令行输入"TR"，使用"修剪"工具修剪多余的椭圆，修剪结果如图 2-141 所示。

步骤 10：单击"修改"工具栏中的"偏移"图标按钮 ，或在命令行输入"O"，指定偏移距离 3mm，向内偏移图 2-142 中蓝色的椭圆弧和直线，偏移结果如图 2-143 所示。

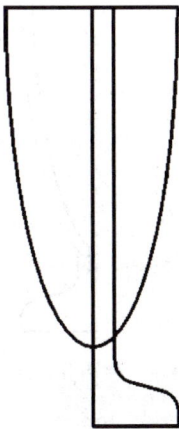

图 2-141　修剪椭圆　　　　图 2-142　选取偏移对象　　　　图 2-143　偏移椭圆弧和直线

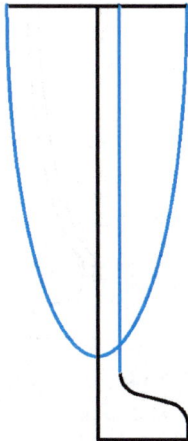

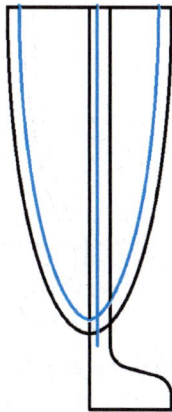

步骤 11：单击"修改"工具栏中的"修剪"图标按钮，或在命令行输入"TR"，使用"修剪"工具修剪多余的椭圆弧和直线，修剪结果如图 2-144 所示。

步骤 12：单击"机械"→"绘图工具"→"中心线"命令，或在命令行输入"ZX"，输入"S"选择单条中心线，绘制中心线如图 2-145 所示。

步骤 13：单击"绘图"工具栏中的"直线"图标按钮，或在命令行输入"L"，通过捕捉绘制两点直线，并将绘制的两条蓝色直线切换到"2 细实线层"，绘图结果如图 2-146 所示。

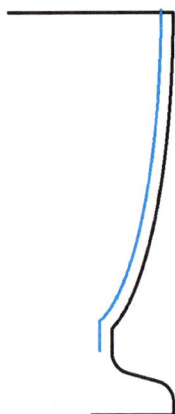

图 2-144 修剪椭圆弧和直线	图 2-145 绘制中心线	图 2-146 绘制直线

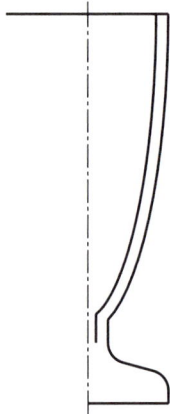

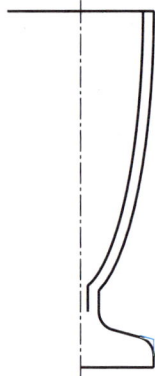

步骤 14：单击"修改"工具栏中的"偏移"图标按钮，或在命令行输入"O"，指定偏移距离 15mm，向上偏移直线，偏移结果如图 2-147 所示。

步骤 15：单击修改工具栏中的"修剪"图标按钮，或在命令行输入"TR"，使用"修剪"工具修剪多余的直线，修剪结果如图 2-148 所示。

步骤 16：单击"修改"工具栏中的"延伸"图标按钮，将图 2-148 中外侧椭圆弧延伸，延伸结果如图 2-149 所示。

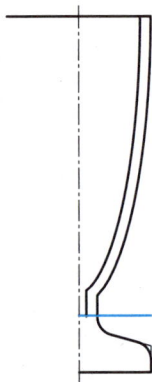

图 2-147 偏移直线	图 2-148 修剪直线	图 2-149 延伸外侧椭圆弧

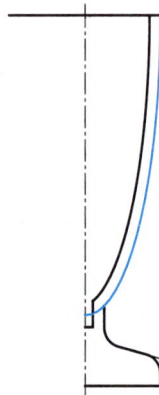

步骤 17：单击"修改"工具栏中的"打断"图标按钮，或在命令行输入"BR"，选取切断对象为图 2-149 所示的蓝色椭圆弧，然后单击选择"第一切断点"和"第二切断点"

（"第一切断点"和"第二切断点"为同一点），如图 2-150 所示，完成椭圆弧的打断，并将打断后的椭圆弧切换到"3 中心线层"，绘图结果如图 2-151 所示。

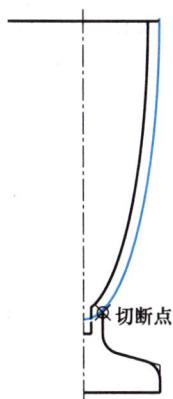

图 2-150 切断点

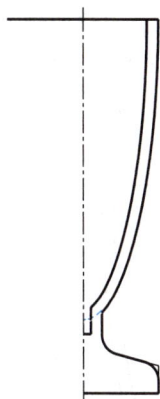

图 2-151 调整图层

步骤 18：单击"修改"工具栏中的"镜像"图标按钮，或在命令行输入"MI"，使用"镜像"工具镜像图 2-152 所示的蓝色直线和椭圆弧，单击选择图 2-152 中"镜像线第一点"和"镜像线第二点"，完成图形镜像，如图 2-153 所示。

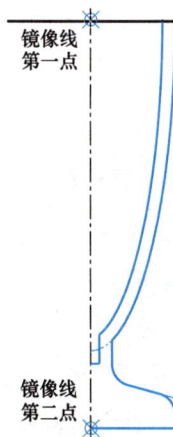

图 2-152 选择镜像对象

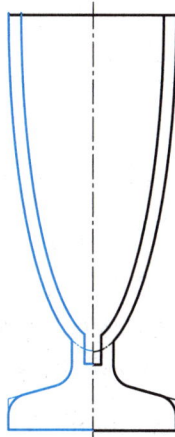

图 2-153 镜像结果

命令行文本参考：

```
命令:MI
MIRROR
找到 13 个                          //选择镜像对象
指定镜像线的第一点：                 //指定镜像线第一点
指定镜像线的第二点：                 //指定镜像线第二点
是否删除源对象？[是(Y)/否(N)]〈否(N)〉：   //默认不删除镜像源对象
```

步骤 19：单击"修改"工具栏中的"偏移"图标按钮，或在命令行输入"O"，指定偏移距离 68mm，向上偏移直线，偏移结果如图 2-154 所示。

步骤 20：单击"绘图"工具栏中的"直线"图标按钮▧，或在命令行输入"L"，选择"长度+角度"方式绘制直线，长度自定义，输入角度110°，绘图结果如图 2-155 所示。

步骤 21：单击"修改"工具栏中的"旋转"图标按钮↻，或在命令行输入"RO"，旋转对象为图 2-155 所示蓝色角度线，旋转基点为蓝色角度线的上端点，角度为260°，旋转复制直线如图 2-156 所示。

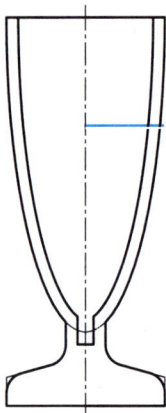

图 2-154　偏移直线　　　　　图 2-155　绘制角度线　　　　　图 2-156　旋转复制直线

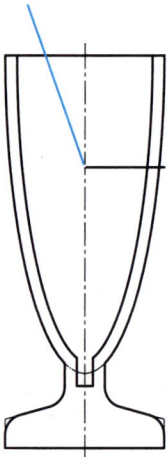

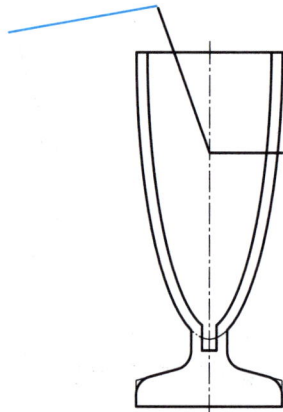

命令行文本参考：

命令:RO	
ROTATE	
选择对象:	//选择旋转对象
找到 1 个	
选择对象:	
指定基点:	//选择旋转基点
指定旋转角度或[复制(C)/参照(R)]〈260〉:C	//选择复制
指定旋转角度或[复制(C)/参照(R)]〈260〉:260	//指定旋转角度

步骤 22：单击"绘图"工具栏中的"直线"图标按钮▧，或在命令行输入"L"，绘制水平向左长度为 33mm 的直线，再绘制竖直向上长度为 108mm 的直线，绘图结果如图 2-157 所示。

步骤 23：单击"修改"工具栏中的"移动"图标按钮✛，或在命令行输入"M"，移动对象为图 2-156 所示蓝色角度线，移动基点为蓝色角度线的左端点，移动直线到图 2-158 所示位置。

命令行文本参考：

命令:M	
MOVE	
选择对象	
找到 1 个	//选择移动对象
指定基点或[位移(D)]〈位移〉:	//指定移动基点
指定第二点的位移或者〈使用第一点当作位移〉:	//指定第二点

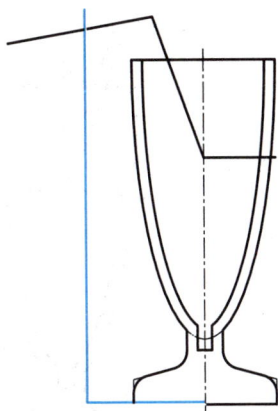

图 2-157 绘制定位直线

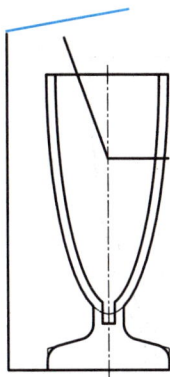

图 2-158 移动角度线

步骤 24：单击"机械"→"构造工具"→"倒圆"命令，或在命令行输入"DY"，选择"设置（S）"，弹出"圆角设置"对话框，在对话框中选择圆角类型为第 1 行第 3 个███，输入圆角尺寸为 5mm，单击选择需要倒圆的两条直线完成倒圆操作，倒圆效果如图 2-159所示。

步骤 25：使用"修剪"工具、"延伸"工具和〈Delete〉键，修剪、延伸和删除多余的椭圆弧和直线，修改结果如图 2-160 所示。

步骤 26：单击"修改"工具栏中的"偏移"图标按钮██，或在命令行输入"O"，指定偏移距离 1.5mm，选择图 2-161 中蓝色直线为偏移对象，双向偏移圆弧和直线。偏移完成后，将图 2-161 中蓝色直线调整图层到"3 中心线层"，修改结果如图 2-162 所示。

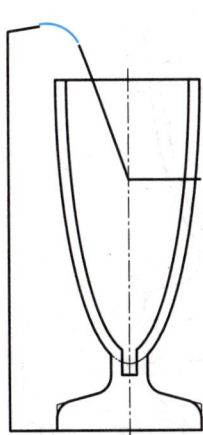

图 2-159 倒圆效果

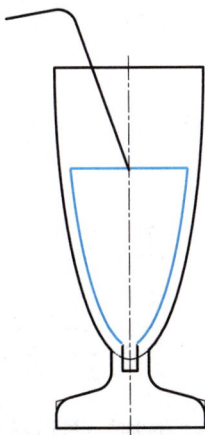

图 2-160 修剪、延伸、删除结果

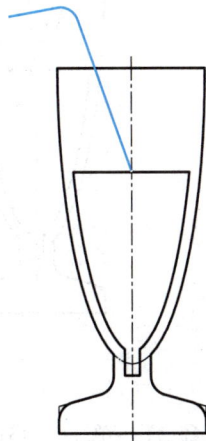

图 2-161 选取偏移对象

步骤 27：使用"修剪"工具、"延伸"图标按钮██和"直线"工具，修剪多余直线并延伸、绘制直线，绘图结果如图 2-163 所示。

步骤 28：单击"绘图"工具栏中的"圆"图标按钮██，或在命令行输入"C"，绘制直径为 10mm 和 38mm 的圆，并将绘制的两个圆调整图层到"3 中心线层"，如图 2-164所示。

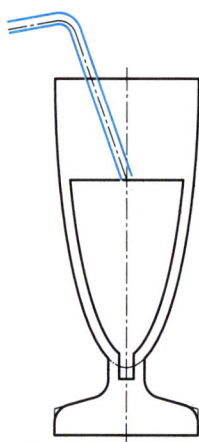

图 2-162　双向偏移结果　　　　图 2-163　修剪和绘制直线　　　　图 2-164　绘制两个圆

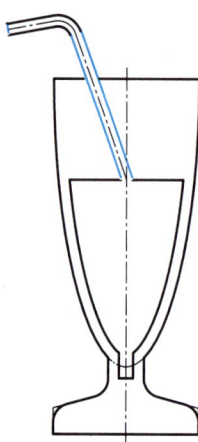

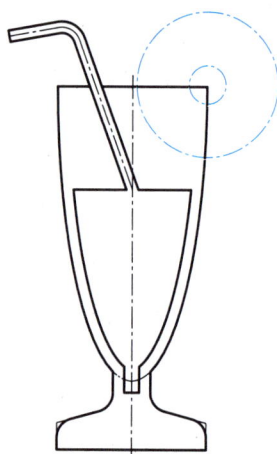

步骤 29：单击"机械"→"绘图工具"→"中心线"命令，或在命令行输入"ZX"，绘制中心线，如图 2-165 所示。

步骤 30：单击"绘图"工具栏中的"直线"图标按钮，或在命令行输入"L"，选择"长度+角度"方式绘制直线，输入长度为 21mm，角度为 45°，并将绘制的角度线调整图层到"3 中心线层"，绘图结果如图 2-166 所示。

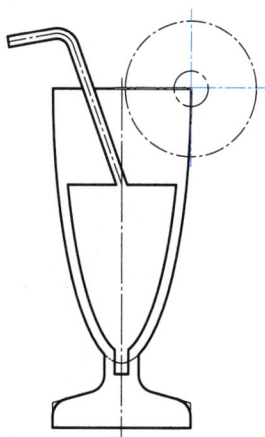

图 2-165　绘制中心线　　　　　　　　　图 2-166　绘制角度线

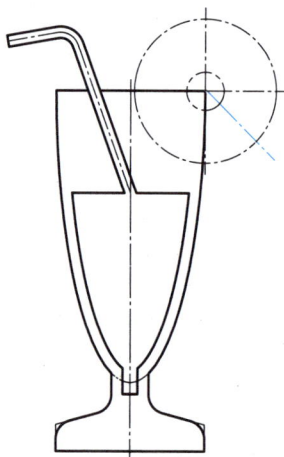

步骤 31：单击"修改"工具栏中"偏移"图标按钮，或在命令行输入"O"，指定偏移距离 1.5mm，选择图 2-167 所示蓝色直线为偏移对象，偏移直线。偏移完成后，将蓝色直线调整图层到"1 轮廓实线层"，偏移结果如图 2-168 所示。

步骤 32：单击"修改"工具栏中的"修剪"图标按钮，或在命令行输入"TR"，修剪多余直线，修剪结果如图 2-169 所示。

步骤 33：单击"绘图"工具栏中的"圆弧"图标按钮，通过捕捉圆弧圆心、圆弧起点、圆弧端点绘制如图 2-170 所示两条蓝色圆弧。

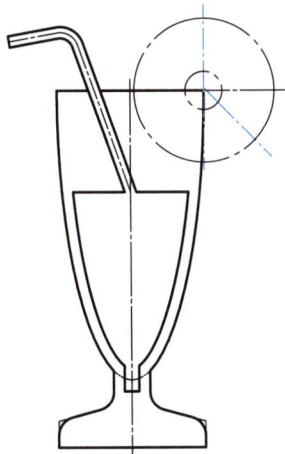

图 2-167　选取偏移对象

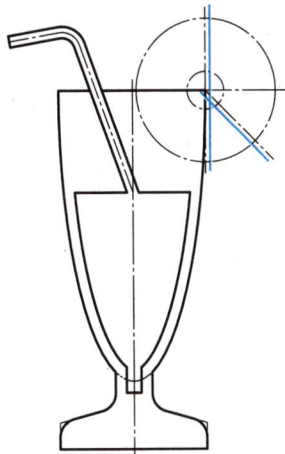

图 2-168　偏移直线

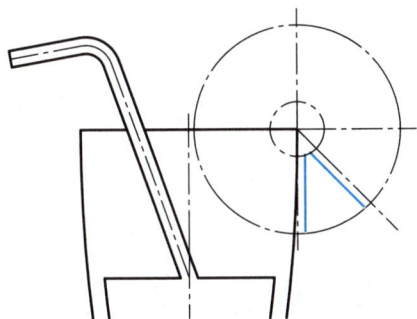

图 2-169　修剪直线

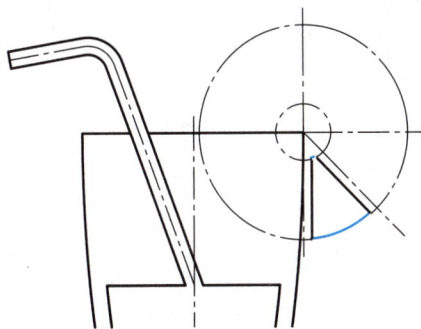

图 2-170　绘制两条圆弧

步骤 34：单击"修改"工具栏中的"环形阵列"图标按钮 ⊞，指定阵列对象为图 2-171 中的蓝色圆弧、直线和点画线，指定阵列中心点为图 2-171 中"环形阵列中心点"，环形阵列填充角度 270°，项目间的角度为 45°，阵列结果如图 2-172 所示。

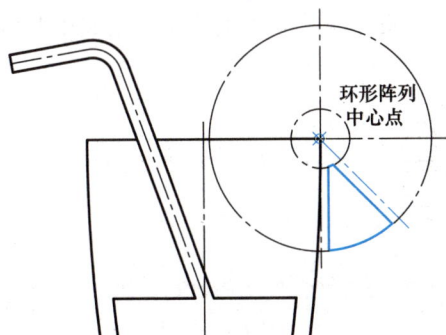

图 2-171　选取阵列对象和环形阵列中心点

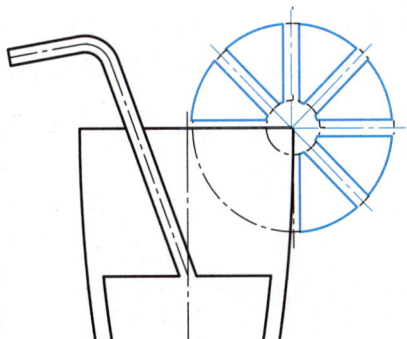

图 2-172　阵列结果

命令行文本参考：

命令:AR

ARRAY

选择对象：
找到 5 个   //选取阵列对象
输入阵列类型[矩形(R)/路径(PA)/环形(PO)]〈矩形〉:PO   //指定环形阵列
类型＝环形 关联＝是
指定阵列的中心点或[基点(B)/旋转轴(A)]:   //指定环形阵列中心点
选择夹点以编辑阵列或[关联(AS)/基点(B)/项目(I)/项目间角度(A)/填充角度(F)/行(ROW)/层(L)/旋转项目(ROT)/退出(X)]〈退出〉:F
指定填充角度(＋＝逆时针、－＝顺时针)〈360〉:270   //指定填充角度
选择夹点以编辑阵列或[关联(AS)/基点(B)/项目(I)/项目间角度(A)/填充角度(F)/行(ROW)/层(L)/旋转项目(ROT)/退出(X)]〈退出〉:A
指定项目间的角度〈54〉:45   //指定项目间的角度
选择夹点以编辑阵列或[关联(AS)/基点(B)/项目(I)/项目间角度(A)/填充角度(F)/行(ROW)/层(L)/旋转项目(ROT)/退出(X)]〈退出〉:   //按〈Esc〉键退出阵列

步骤 35：单击"绘图"工具栏中的"直线"图标按钮，或在命令行输入"L"，绘制两条水平向左的直线，并将绘制的其中第一条水平线调整图层到"3 中心线层"，绘图结果如图 2-173 所示的蓝色直线。

步骤 36：使用"修剪"工具和"直线"工具，修剪多余直线和绘制直线，并将绘制的 2 条直线调整图层到"2 细线层"，绘图结果如图 2-174 所示。

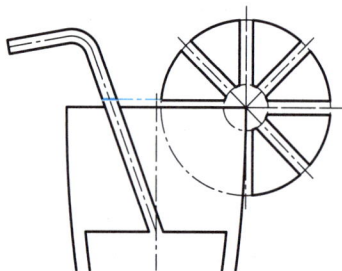

图 2-173 绘制两条直线

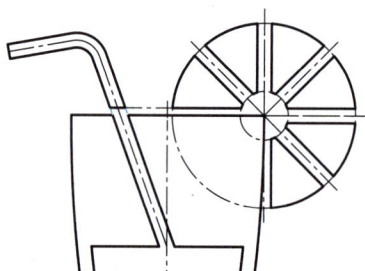

图 2-174 修剪并绘制直线

步骤 37：在命令行输入"LTS"，设置图形线型比例，输入新值为 0.3，完成中心线线型比例调整，绘图结果如图 2-175 所示。

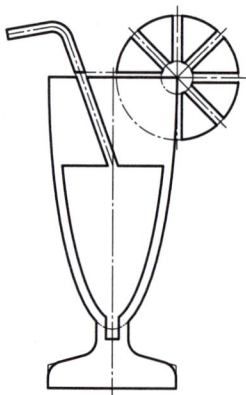

图 2-175 绘图结果

📖 知识拓展

一、椭圆

1. 功能

绘制椭圆和椭圆弧。

2. 命令调用

命令行：ELLIPSE（缩写：EL）

菜单："绘图"→"椭圆"

图标："绘图"工具栏中的"椭圆"图标按钮 ⊕

3. 格式

命令:EL	
ELLIPSE	
指定椭圆的第一个端点或［弧(A)/中心(C)］:C	//选择中心画椭圆
指定椭圆的中心:	//指定椭圆中心
指定轴向第二端点:20	//指定椭圆短半轴长度
指定其他轴或［旋转(R)］:77	//指定椭圆长半轴长度

4. 说明

命令提示中各项含义如下：

1）中心（C）：通过指定椭圆的中心点和两条轴的端点来绘制椭圆。

2）其他轴：使用第一条轴的中点到指定点的距离来定义椭圆的另一条轴，如图 2-176 所示。

3）旋转（R）：以第一条轴为主轴，通过旋转一定的角度确定离心率来绘制椭圆。角度值的有效范围为 0 到 89.4°，输入值越大，椭圆的离心率就越大，输入 0 将绘制圆。

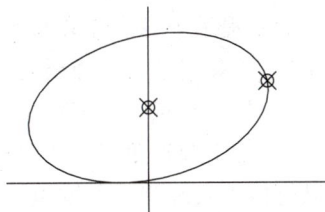

二、镜像

1. 功能

图 2-176　其他轴

用于创建轴对称的图形，并按需要保留或删除原来的图形实体。

2. 命令调用

命令行：MIRROR（缩写：MI）

菜单："修改"→"镜像"

图标："修改"工具栏中的"镜像"图标按钮 ◭

3. 格式

命令:MI	
MIRROR	
找到 13 个	//选择镜像对象
指定镜像线的第一点:	//指定镜像线第一点
指定镜像线的第二点:	//指定镜像线第二点
是否删除源对象？［是(Y)/否(N)］〈否(N)〉:	//默认不删除镜像源对象

4. 说明

在镜像时，镜像线是一条临时的参照线，镜像后并不保留。

三、旋转

1. 功能

用于将对象绕指定点旋转，从而改变对象的方向。在默认状态下，旋转角度为正时，所选对象沿逆时针方向旋转；旋转角度为负时，将沿顺时针方向旋转。

2. 命令调用

命令行：ROTATE（缩写：RO）

菜单："修改"→"旋转"

图标："修改"工具栏中的"旋转"图标按钮 ⟳

3. 格式

```
命令:RO
ROTATE
选择对象:                                      //选择旋转对象
找到 1 个
选择对象:
指定基点:                                      //选择旋转基点
指定旋转角度或[复制(C)/参照(R)]〈260〉:C         //选择复制
指定旋转角度或[复制(C)/参照(R)]〈260〉:260       //指定旋转角度
```

4. 说明

命令提示中各项含义如下：

1）选择对象：选择要旋转的对象，并按〈Enter〉键结束选择。

2）指定基点：指定对象旋转的基点。

3）指定旋转角度：选取对象绕基点旋转的角度。如图 2-177 所示，指定旋转角度时，可以直接输入旋转的角度值，也可以通过在绘图区域移动光标来指定旋转角度。输入角度后，对象的旋转方向取决于系统变量 ANGDIR。

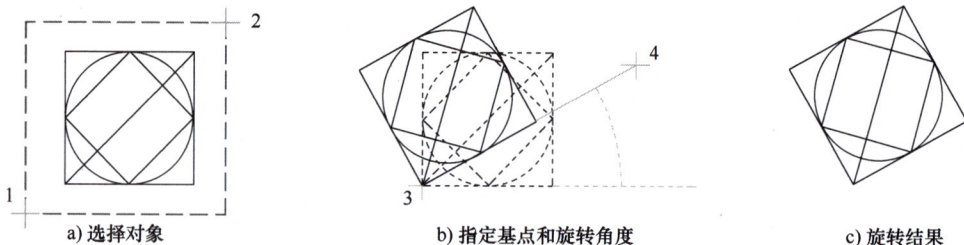

a) 选择对象   b) 指定基点和旋转角度   c) 旋转结果

图 2-177　指定旋转角度

4）复制（C）：保留源对象，创建源对象的副本并旋转。

5）参照（R）：将对象从指定的角度旋转到新的绝对角度。如图 2-178 所示，将由点 4 和点 5 定义的参照边旋转至水平，则在选定对象后，指定基点为点 3，并选择点 4 和点 5 为指定参照，将参照边旋转至绝对角度 180°。

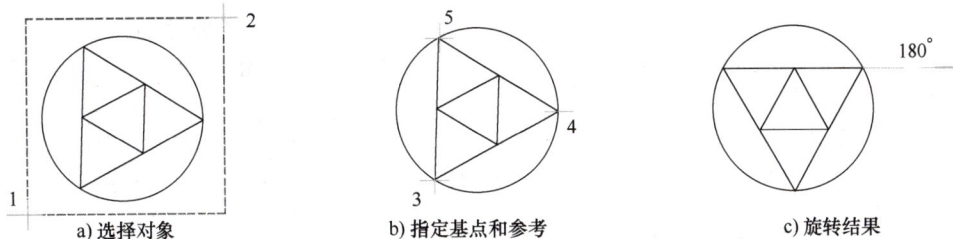

a) 选择对象　　　　　　　　　b) 指定基点和参考　　　　　　　c) 旋转结果

图 2-178　参照操作示例

四、移动

1. 功能

用于将一个或多个对象从原来位置移动到新的位置，其大小和方向保持不变。在绘图时，可以先绘制图形，然后使用此命令调整图形在图样中的位置。

2. 命令调用

命令行：MOVE（缩写：M）

菜单："修改"→"旋转"

图标："修改"工具栏中的"移动"图标按钮 ✛

3. 格式

```
命令:M
MOVE
选择对象:
找到 1 个                                    //选择移动对象
指定基点或[位移(D)]〈位移〉:                  //指定移动基点
指定第二点的位移或者〈使用第一点当作位移〉:    //指定第二点
```

4. 说明

使用"MOVE"命令时，用户可以通过以下方式确定选择对象的移动距离和方向：

1）在屏幕上指定两点，这两点的距离和方向代表了实体移动的距离和方向。

2）输入"X，Y"或"距离<角度"，直接指定对象的位置。

五、阵列

1. 功能

按指定的方式复制并排列选定对象，创建矩形、路径或环形阵列。

2. 命令调用

命令行：ARRAY（缩写：AR）

菜单："修改"→"阵列"

图标："修改"工具栏中的"阵列"图标按钮 ⊞

3. 格式

```
命令:AR
ARRAY
选择对象
```

找到 5 个   //选取阵列对象

输入阵列类型［矩形（R）/路径（PA）/环形（PO）］〈矩形〉:PO   //指定环形阵列

类型＝环形 关联＝是

指定阵列的中心点或［基点（B）/旋转轴（A）］:   //指定环形阵列中心点

选择夹点以编辑阵列或［关联（AS）/基点（B）/项目（I）/项目间角度（A）/填充角度（F）/行（ROW）/层（L）/旋转项目（ROT）/退出（X）］〈退出〉:F

指定填充角度（＋＝逆时针、－＝顺时针）〈360〉:225   //指定填充角度

选择夹点以编辑阵列或［关联（AS）/基点（B）/项目（I）/项目间角度（A）/填充角度（F）/行（ROW）/层（L）/旋转项目（ROT）/退出（X）］〈退出〉:A

指定项目间的角度〈54〉:45   //指定项目间的角度

选择夹点以编辑阵列或［关联（AS）/基点（B）/项目（I）/项目间角度（A）/填充角度（F）/行（ROW）/层（L）/旋转项目（ROT）/退出（X）］〈退出〉:   //按〈Esc〉键退出阵列

4. 说明

命令提示中各项含义如下：

1）选择对象：选择需要阵列的对象。若选择多个对象，将把所有选择对象视为一个整体。

2）矩形（R）：通过指定矩阵的行数、列数来复制并排列选定对象，创建矩形阵列，具体可参考"ARRAYRECT"命令。

3）路径（PA）：通过指定的路径来复制并排列选定对象，创建路径阵列。路径可以是线、弧、圆、椭圆、样条曲线、多段线或三维多段线，具体可参考"ARRAYPATH"命令。

4）环形（PO）：通过指定阵列的圆心或旋转轴来复制并排列选定对象，创建环形阵列，具体可参考"ARRAYPOLAR"命令。

任务拓展

绘制图 2-179~图 2-181 所示的平面图形。

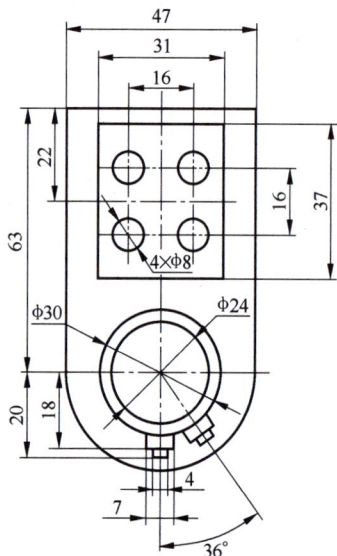

图 2-179 任务拓展图 1

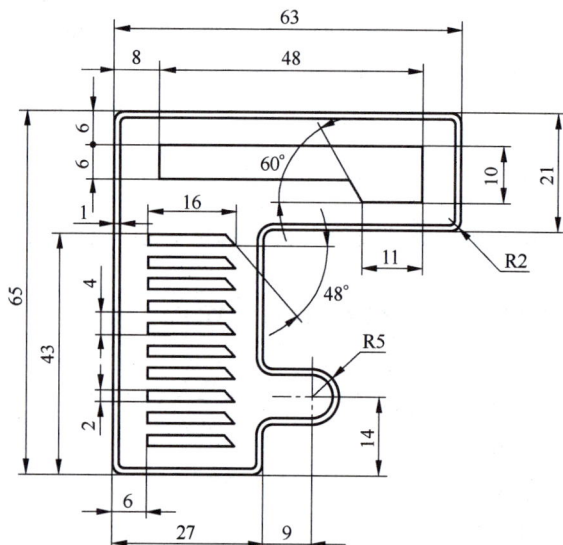

图 2-180 任务拓展图 2

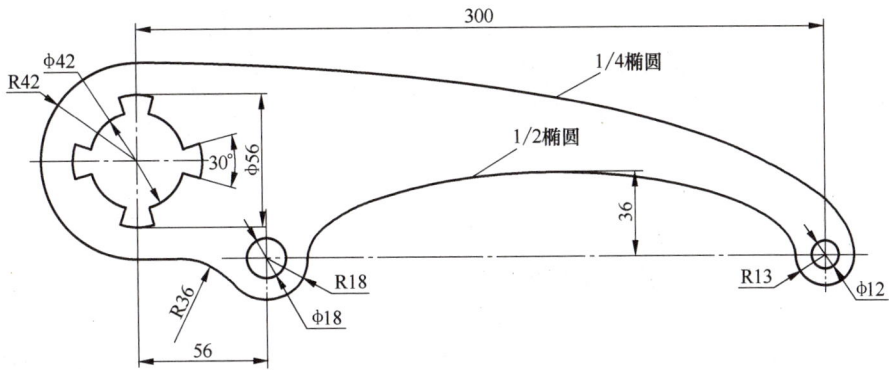

图 2-181　任务拓展图 3

任务六　绘制火车头

任务要求

按照图示尺寸 1∶1 绘制图 2-182 所示的火车头图形，尺寸不需要标注。

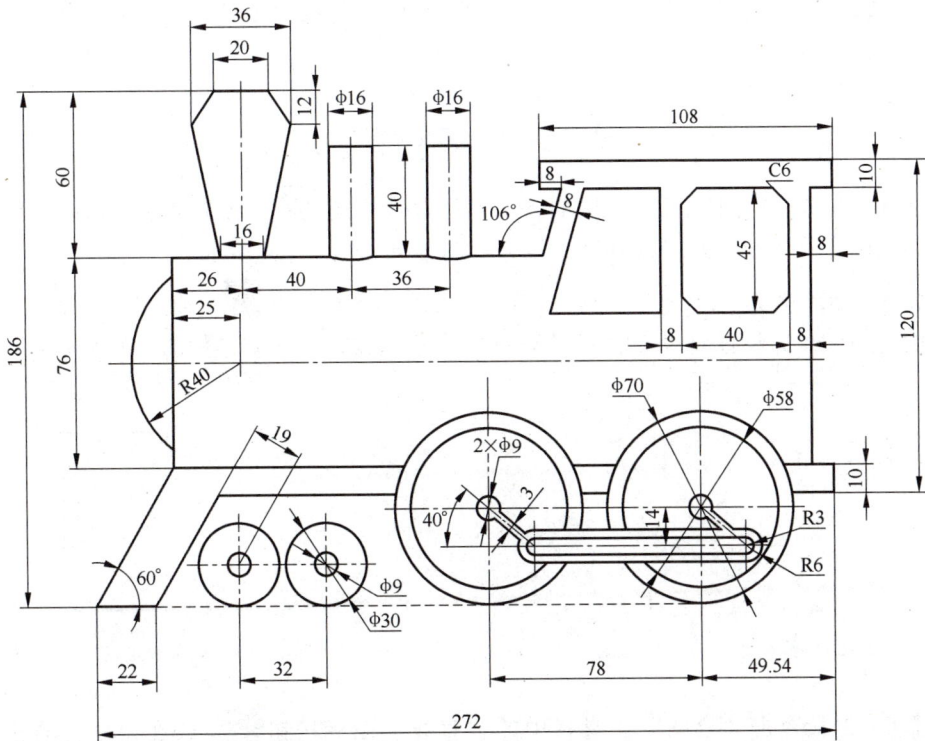

图 2-182　火车头图形

任务分析

火车头图形由圆、直线组成，需要用到"直线""圆""倒角""单孔""孔阵""对称画线"和"相贯线"等绘图命令绘制图形，通过"修剪""偏移""复制"等编辑命令完成图形的绘制。

任务实施

步骤 1：启动中望 CAD 机械版 2024。

步骤 2：设置图形界限为 297mm×210mm。

步骤 3：在命令行输入"ZWMCHGLAYER"，按〈Enter〉键，调用中望 CAD 机械版 2024 中的图层，将图层中"1 轮廓实线层"的线宽调整为 0.5mm，如图 2-183 所示。

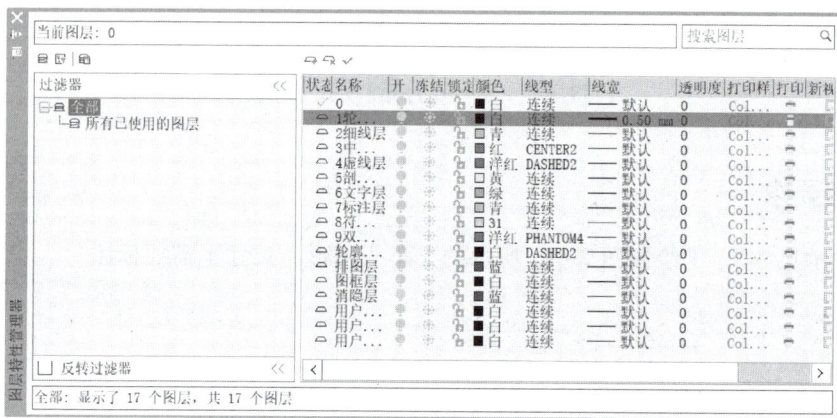

图 2-183　图层设置

步骤 4：单击"绘图"工具栏中的"直线"图标按钮，或在命令行输入"L"绘制直线，根据图样尺寸绘制水平线和竖直线，绘图结果如图 2-184 所示。

步骤 5：继续单击"绘图"工具栏中的"直线"图标按钮，或在命令行输入"L"，绘制长度为 50mm 的竖直线和长度为 272mm 的水平直线，绘图结果如图 2-185 所示。

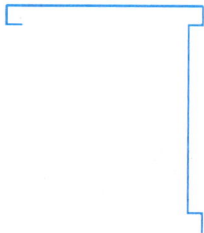

图 2-184　绘制水平线和竖直线

图 2-185　绘制辅助直线

步骤 6：继续单击"绘图"工具栏中的"直线"图标按钮，或在命令行输入"L"，选择"长度+角度"方式绘制直线，长度自定义，输入角度 106°；用同样的方法绘制第二条角度线，长度自定义，输入角度 60°，如图 2-186 所示。

步骤 7：单击"绘图"工具栏中的"直线"图标按钮 ，或在命令行输入"L"绘制直线，根据图样尺寸绘制水平线和竖直线，绘图结果如图 2-187 所示。

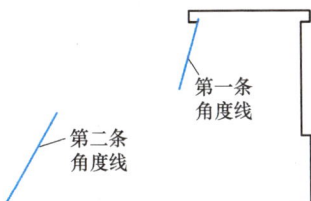

图 2-186　绘制角度线

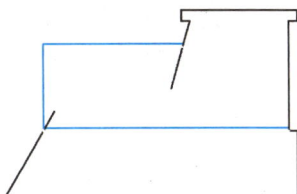

图 2-187　绘制直线

步骤 8：单击"绘图"工具栏中的"直线"图标按钮 ，或在命令行输入"L"绘制直线，根据图样尺寸绘制水平线和竖直线，绘图结果如图 2-188 所示。

步骤 9：单击"修改"工具栏中的"偏移"图标按钮 ，或在命令行输入"O"，指定偏移距离分别为 8mm、25mm 和 22mm，单击选取偏移对象向右偏移，得到如图 2-189 所示的 3 条蓝色直线。

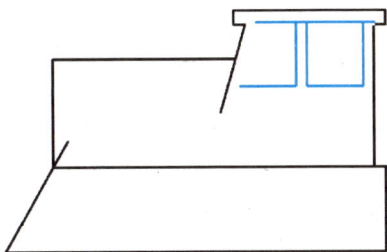

图 2-188　绘制直线

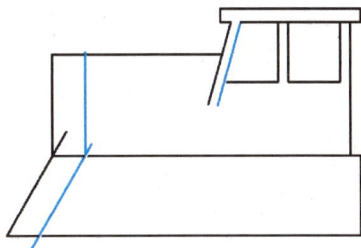

图 2-189　偏移直线

步骤 10：单击"绘图"工具栏中的"圆"图标按钮 ，或在命令行输入"C"，绘制半径为 40mm 的圆，如图 2-190 所示。

步骤 11：使用"修剪"工具和"延伸"工具，延伸并修剪多余直线，修改结果如图 2-191 所示。

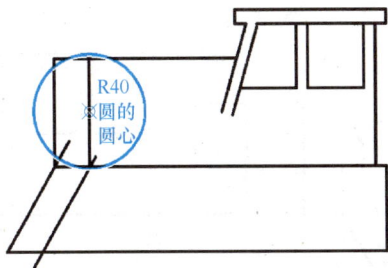

图 2-190　绘制圆

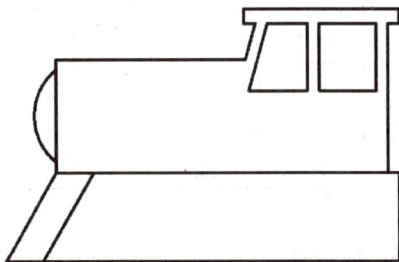

图 2-191　延伸、修剪多余直线

步骤 12：单击"机械"→"构造工具"→"倒角"命令，或在命令行输入"DJ"，选择"设置（S）"，系统弹出"倒角设置"对话框，如图 2-192 所示。在对话框中选择倒角类型为第 1 行第 3 个 ，输入倒角尺寸均为 6mm，鼠标选择需要倒角的两条直线完成倒角操作。并且使用同样的方法完成矩形其余 3 个直角的倒角操作，绘图结果如图 2-193 所示。

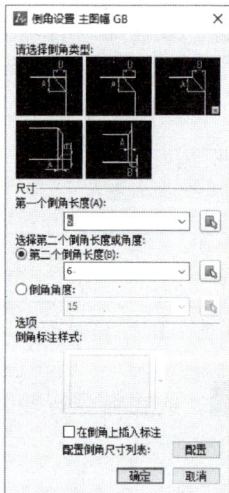

图 2-192 "倒角设置"对话框

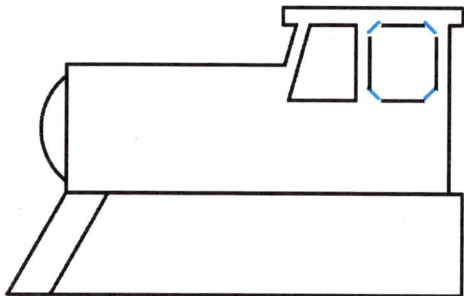

图 2-193 倒角效果

命令行文本参考：

命令：DJ

ZWMFILLETLC

（类型：双边）（标注模式：关）当前倒角设置＝6,6

选择第一个对象或[多段线(P)/设置(S)/多个(M)/添加标注(D)]〈设置〉：S　　　//倒角设置

（类型：双边）（标注模式：关）当前倒角设置＝6,6　　　　　　　　//倒角长度设置

选择第一个对象或[多段线(P)/设置(S)/多个(M)/添加标注(D)]〈设置〉：　　　//选择第一个对象

选择第二个对象或〈按回车键切换到倒圆功能〉：　　　　　　　　　//选择第二个对象

步骤 13：单击"修改"工具栏中的"偏移"图标按钮，或在命令行输入"O"，指定偏移距离分别为 26mm、40mm、36mm，单击选取偏移对象向右偏移，得到如图 2-194 所示的 3 条蓝色直线。

步骤 14：单击"机械"→"绘图工具"→"对称画线"命令，或在命令行输入"DC"，绘制对称线，绘图结果如图 2-195 所示。

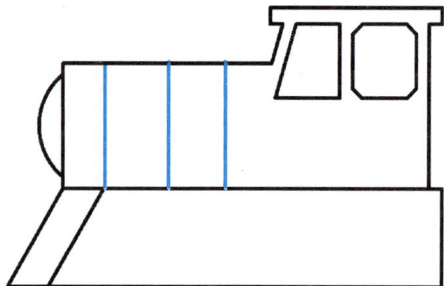

图 2-194 偏移直线

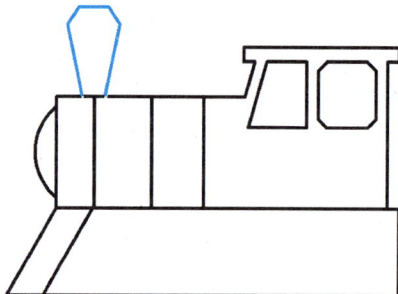

图 2-195 绘制对称线

命令行文本参考：

命令：DC

ZWMMIRRORLINE

请选择对称轴	//选择图形下方竖直直线为对称线
直线 或[与对称线距离(D)/圆弧(A)/圆(C)/退出(X)]〈X〉:	//选择竖直直线端点为起点
下一点 或[与对称线距离(D)]:8	//光标往左,指定距离
下一点 或[与对称线距离(D)]:@-10,48	//指定相对坐标
下一点 或[与对称线距离(D)]:@8,12	//指定相对坐标
下一点 或[与对称线距离(D)]:10	//光标往右,指定距离
下一点 或[与对称线距离(D)]:*取消*	//按〈Esc〉键退出"对称画线"命令

步骤15：继续单击"机械"→"绘图工具"→"对称画线"命令，或在命令行输入"DC"，绘制对称线，绘图结果如图2-196所示。

步骤16：单击"机械"→"构造工具"→"相贯线"命令，或在命令行输入"XG"，先单击选择图2-197中的1、2两条蓝色竖直线，再单击选择3、4两条蓝色水平线作为母线，绘制相贯线，绘图结果如图2-198所示。

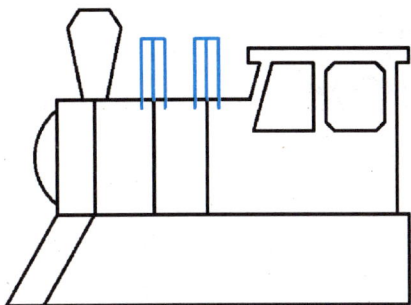

图 2-196　绘制对称线

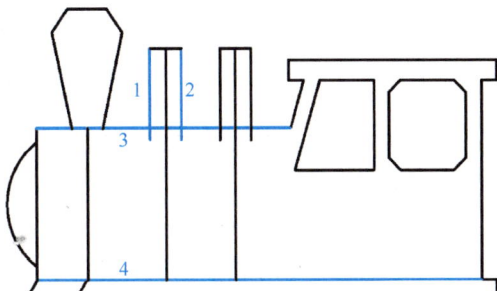

图 2-197　选取相贯线对象

命令行文本参考：

命令:XG	
ZWM_INTER	
请选择柱(锥)体的相应母线:	//选择母线
请选择柱(锥)体的相应母线:	//选择母线
请选择柱(锥)体的相应母线:	//选择母线
请选择柱(锥)体的相应母线:	//选择母线

步骤17：单击选择多余辅助直线，按〈Delete〉键删除，删除结果如图2-199所示。

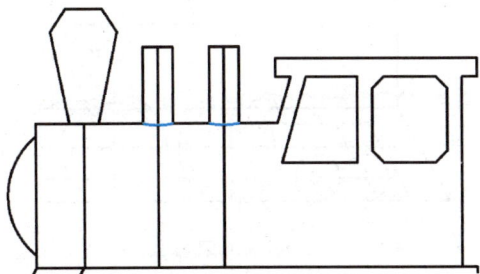

图 2-198　绘制相贯线

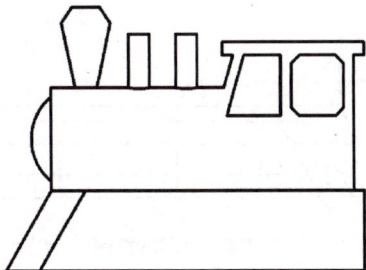

图 2-199　删除辅助直线

步骤 18：单击"绘图"工具栏中的"直线"图标按钮 ✎，或在命令行输入"L"绘制直线，根据图样尺寸绘制水平线，绘图结果如图 2-200 所示。

步骤 19：单击"修改"工具栏中的"偏移"图标按钮 ⬓，或在命令行输入"O"，指定偏移距离分别为 19mm、15mm、35mm、49.54mm 和 78mm，单击选取偏移对象，得到如图 2-201 所示的 5 条蓝色直线。

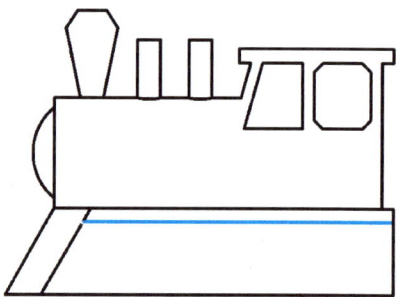

图 2-200　绘制水平线

步骤 20：单击"机械"→"构造工具"→"孔阵"命令，或在命令行输入"KZ"，进入"阵列设计"对话框，按图 2-202 所示设置参数，然后指定孔阵基点，绘图结果如图 2-203 所示。

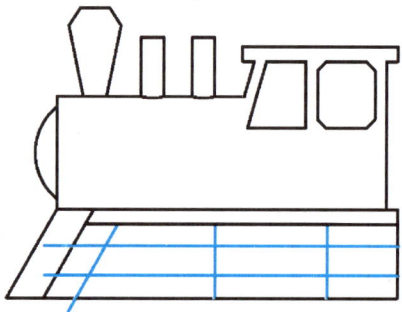

图 2-201　偏移直线

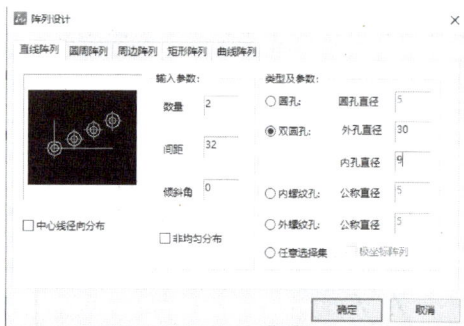

图 2-202　孔阵阵列设计

命令行文本参考：

命令：KZ
ZWMARRAYHOLE
指定阵列基点： 　　　　　　　　　　　　　　　　　//指定阵列基点

步骤 21：单击"机械"→"构造工具"→"单孔"命令，或在命令行输入"DK"，设置双圆孔，内孔直径为 58mm，外孔直径为 70mm，然后指定插入点，绘图结果如图 2-204 所示。

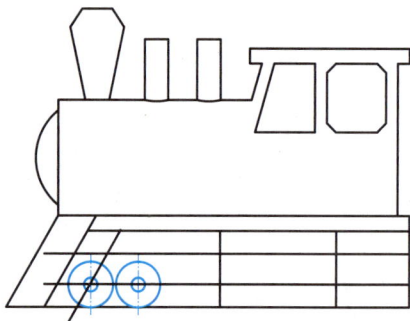

图 2-203　孔阵结果

图 2-204　单孔结果

命令行文本参考：

命令:DK

ZWMSINGLEHOLE

当前标准样式为"GB"

当前活动图幅为"主图幅"

请输入插入点或[基准线(L)]或设置[圆孔(S)/双圆孔(D)/内螺纹孔(T)/外螺纹孔(H)]:〈当前:

双圆孔[内直径(B):6/外直径(O):12]〉:D　　　　　　　　　　//设置双圆孔

　　请输入内孔直径:〈6〉58　　　　　　　　　　　　　　　　　//输入内孔直径

　　请输入外孔直径:〈12〉70　　　　　　　　　　　　　　　　//输入外孔直径

　　请输入插入点或[基准线(L)]或设置[圆孔(S)/双圆孔(D)/内螺纹孔(T)/外螺纹孔(H)]:〈当前:

双圆孔[内直径(B):58/外直径(O):70]〉:　　　　　　　　　　//指定插入点

　　请输入插入点或[基准线(L)]或设置[圆孔(S)/双圆孔(D)/内螺纹孔(T)/外螺纹孔(H)]:〈当前:

双圆孔[内直径(B):58/外直径(O):70]〉:　　　　　　　　　　//指定插入点

　　请输入插入点或[基准线(L)]或设置[圆孔(S)/双圆孔(D)/内螺纹孔(T)/外螺纹孔(H)]:〈当前:

双圆孔[内直径(B):58/外直径(O):70]〉:*取消*　　　　　　　//按〈Esc〉键退出"单孔"命令

步骤22:使用"修剪"工具和〈Delete〉键,修剪和删除多余直线,并将1条水平线调整图层到"4虚线层",绘图结果如图2-205所示。

步骤23:单击"绘图"工具栏中的"圆"图标按钮🅖,或在命令行输入"C",绘制半径为4.5mm的圆,如图2-206所示。

图 2-205　修改图形　　　　　　　　　　　　　　图 2-206　绘制圆

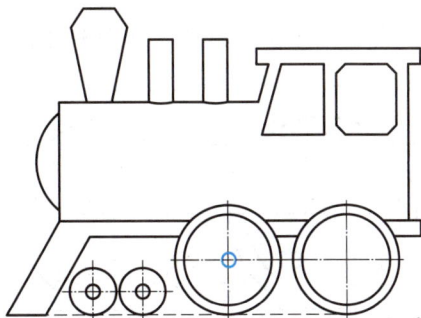

步骤24:单击"绘图"工具栏中的"直线"图标按钮，在命令行输入"L",选择"长度+角度"方式绘制直线,长度自定义,输入角度-50°,如图2-207所示。

步骤25:单击"修改"工具栏中的"偏移"图标按钮，或在命令行输入"O",指定偏移距离14mm,单击选取偏移对象,得到如图2-208所示的蓝色直线。

步骤26:单击"绘图"工具栏中的"圆"图标按钮🅖,或在命令行输入"C"绘制圆,半径分别为3mm和6mm,如图2-209所示。

步骤27:单击"修改"工具栏中的"偏移"图标按钮，或在命令行输入"O",指定偏移距离1.5mm,单击选取偏移对象,双向偏移,得到两条蓝色直线,并将偏移对象调整图层到"3中心线层",偏移结果如图2-210所示。

图 2-207 绘制角度线

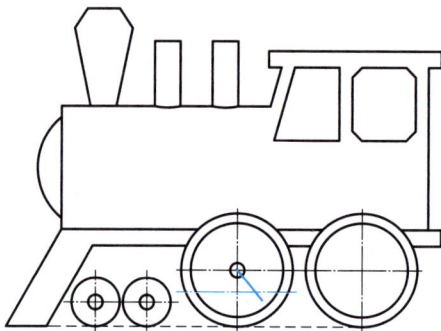

图 2-208 偏移中心线

图 2-209 绘制两个圆

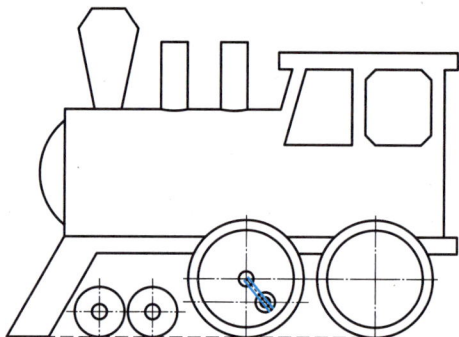

图 2-210 双向偏移结果

步骤 28：单击"修改"工具栏中的"复制"图标按钮，或在命令行输入"CO"，单击选择图 2-211 所示的所有蓝色线，以圆的圆心为基点复制，复制结果如图 2-212 所示。

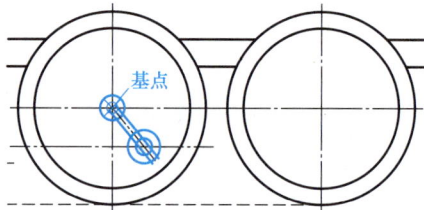

图 2-211 选择复制对象

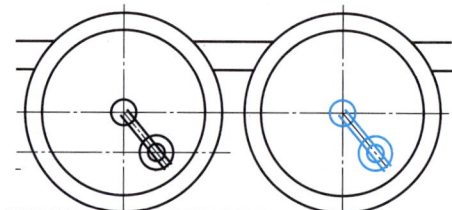

图 2-212 复制结果

步骤 29：单击"绘图"工具栏中的"直线"图标按钮，或在命令行输入"L"，捕捉圆的象限点绘制公切线，如图 2-213 所示。

步骤 30：使用"修剪"工具和〈Delete〉键，修剪和删除多余直线，修改结果如图 2-214 所示。

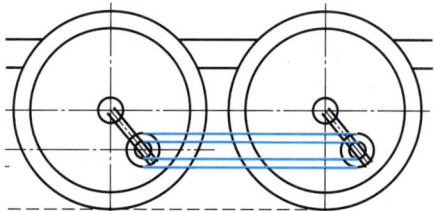

图 2-213 绘制公切线

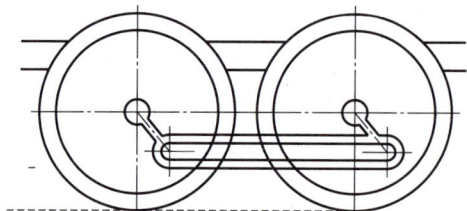

图 2-214 修剪和删除结果

步骤 31：单击"机械"→"绘图工具"→"中心线"命令，或在命令行输入"ZX"，绘制中心线，如图 2-215 所示。

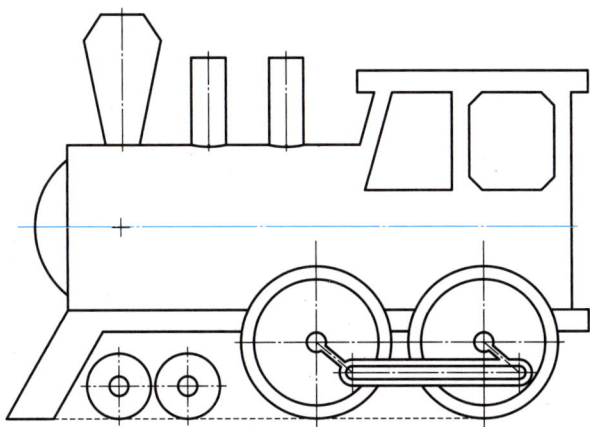

图 2-215　绘制中心线

知识拓展

一、倒角

1. 功能

为选定对象创建倒角。

2. 命令调用

命令行：ZWMFILLETLC（缩写：DJ）

菜单："机械"→"构造工具"→"倒角"

3. 格式

```
命令:DJ
ZWMFILLETLC
(类型:双边)(标注模式:关)当前倒角设置=6,6
选择第一个对象或[多段线(P)/设置(S)/多个(M)/添加标注(D)]〈设置〉:S      //倒角设置
(类型:双边)(标注模式:关)当前倒角设置=6,6                          //倒角长度设置
选择第一个对象或[多段线(P)/设置(S)/多个(M)/添加标注(D)]〈设置〉:      //选择第一个对象
选择第二个对象或〈按回车键切换到倒圆功能〉:                        //选择第二个对象
```

4. 说明

在命令行输入"DJ"，出现提示："选择第一个对象或［多段线（P）/设置（S）/添加标注（D）]〈设置〉:"，其中各项含义如下：

1）选择第一个对象：选取第一个对象后，出现提示："选择第二个对象"，再选取第二个对象，就会画出两个对象间的倒角。

2）多段线（P）：可选取多段线，在多段线各个角度处画出倒角。

3）设置（S）：弹出"倒角设置"对话框，选取并确定倒角类型和倒角尺寸。

4）添加标注（D）：选取倒角线，可以在倒角处添加尺寸标注。

二、对称画线

1. 功能

指定对称轴，同时完成基线和对称线，适用于回转体零件的绘制。

2. 命令调用

命令行：ZWMMIRRORLINE（缩写：DC）

菜单："机械"→"绘图工具"→"对称画线"

3. 格式

命令:DC	
ZWMMIRRORLINE	
请选择对称轴	//选择图形下方竖直直线为对称线
直线 或[与对称线距离(D)/圆弧(A)/圆(C)/退出(X)]〈X〉:	//选择竖直直线端点为起点
下一点 或[与对称线距离(D)]:8	//光标往左,指定距离
下一点 或[与对称线距离(D)]:@-10,48	//指定相对坐标
下一点 或[与对称线距离(D)]:@8,12	//指定相对坐标
下一点 或[与对称线距离(D)]:10	//光标往右,指定距离
下一点 或[与对称线距离(D)]:*取消*	//按〈Esc〉键退出"对称画线"命令

4. 说明

选择对称轴后，出现提示：直线或 [与对称线距离 (D)/圆弧 (A)/圆 (C)/退出 (X)]〈X〉:"，其中各项含义如下：

1）与对称线距离 (D)：可输入与对称线的距离。若选择对称线外的一点，则按输入距离生成一条对称线，可重复输入，结束命令后生成多条对称直线。

2）圆弧 (A)：可输入不同方式的圆弧，生成对称的圆弧后结束命令。

3）圆 (C)：可输入不同方式的圆，生成对称的圆后结束命令。

例如：利用"对称画线"功能绘制图 2-216 所示图形。

三、相贯线

1. 功能

绘制圆柱、圆锥相贯线。

2. 命令调用

命令行：ZWM_INTER（缩写：XG）

菜单："机械"→"构造工具"→"相贯线"

3. 格式

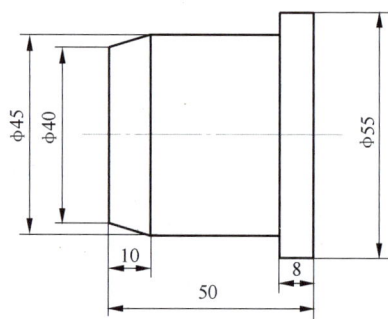

图 2-216　对称画线练习

命令:XG	
ZWM_INTER	
请选择柱(锥)体的相应母线:	//选择母线
请选择柱(锥)体的相应母线:	//选择母线
请选择柱(锥)体的相应母线:	//选择母线
请选择柱(锥)体的相应母线:	//选择母线

4. 说明

在命令行输入"XG"后，出现提示："请选择柱（锥）体的相应母线"，单击选择图 2-217 所示的直线 1，再次出现提示："请选择柱（锥）体的相应母线"，依次单击选取直线 2~直线 4，就会生成柱（锥）体的相贯线。

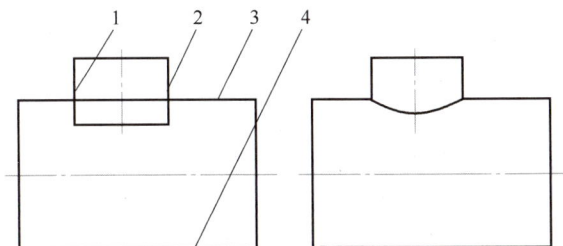

图 2-217 相贯线练习

四、孔阵

1. 功能

绘制各种分布形式的孔系或任意选择集。

2. 命令调用

命令行：ZWMARRAYHOLE（缩写：KZ）

菜单："机械"→"构造工具"→"孔阵"

3. 格式

命令:KZ

ZWMARRAYHOLE

指定阵列基点： //指定阵列基点

4. 说明

执行"孔阵"命令后，系统弹出对话框，如图 2-218 所示。

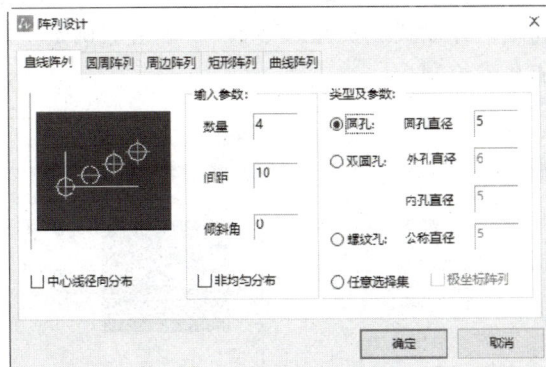

图 2-218 "阵列设计"对话框

用户可对各种形式孔系或任意选择集做五种不同形式的阵列，下面介绍具体操作过程。

1）直线阵列。单击"直线阵列"标签，在"输入参数"选项组中输入要阵列图形的数量、间距和倾斜角。如果阵列图形为非均匀分布，应选中"非均匀分布"复选按钮，此时"间距"输入框为灰显。

2）圆周阵列。单击"圆周阵列"标签，如图 2-219 所示，在"输入参数"选项组中输入要阵列图形的数量、分布直径、起始角和终止角。如果阵列图形为非均匀分布，应选中"非均匀分布"复选按钮，此时"起始角""终止角"输入框为灰显。

在"类型及参数"选项组中设置孔的类型及参数后，单击"确定"按钮，对话框关闭，进入与系统交互状态，完成孔阵绘制。

3）周边阵列。单击"周边阵列"标签，如图 2-220 所示。在"输入参数"选项组中输入要阵列图形的行数、列数、行间距、列间距和倾斜角，并设置"类型及参数"，单击"确定"按钮，对话框关闭，进入与系统交互状态，完成孔阵绘制。

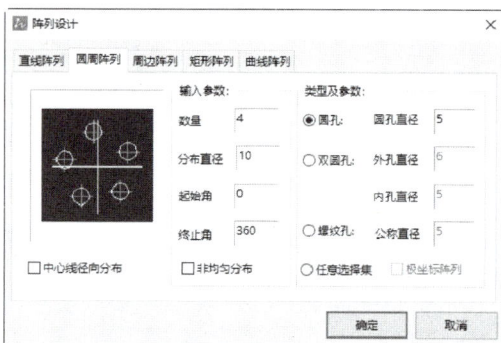

图 2-219 "圆周阵列"标签

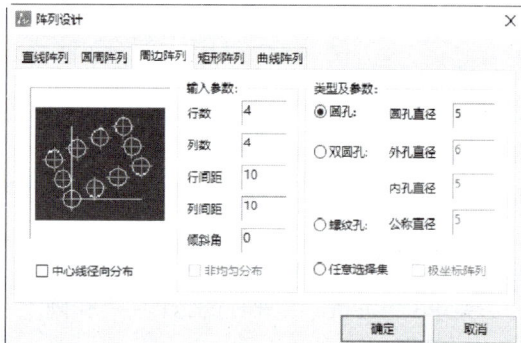

图 2-220 "周边阵列"标签

4）矩形阵列。单击"矩形阵列"标签，如图 2-221 所示，在"输入参数"选项组中输入要阵列图形的行数、列数、行间距、列间距和倾斜角，并设置"类型及参数"，单击"确定"按钮，对话框关闭，进入与系统交互状态，完成孔阵绘制。

5）曲线阵列。单击"曲线阵列"标签，如图 2-222 所示，在"输入参数"选项组中输入要阵列图形的数量、间距，并设置"类型及参数"，单击"确定"按钮，对话框关闭，进入与系统交互状态，完成孔阵绘制。

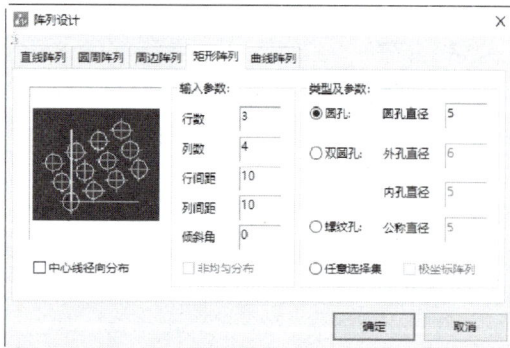

图 2-221 "矩形阵列"标签

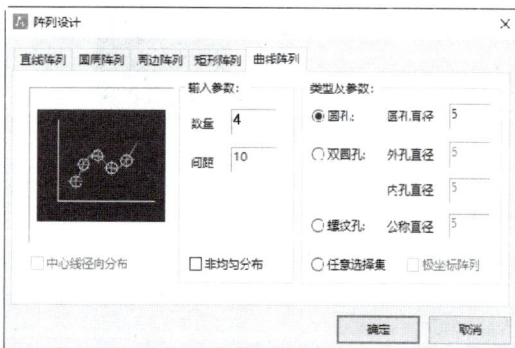

图 2-222 "曲线阵列"标签

五、单孔

1. 功能

绘制各种分布形式的单孔。

2. 命令调用

命令行：ZWMSINGLEHOLE（缩写：DK）

菜单："机械"→"构造工具"→"单孔"

3. 格式

命令:DK

ZWMSINGLEHOLE

当前标准样式为 "GB"

当前活动图幅为 "主图幅"

请输入插入点或［基准线（L）］或设置［圆孔（S）/双圆孔（D）/内螺纹孔（T）/外螺纹孔（H）］：〈当前：双圆孔（内直径（B）:6/外直径（O）:12〉〉:D　　　　　//设置双圆孔

请输入内孔直径:〈6〉58　　　　　//输入内孔直径

请输入外孔直径:〈12〉70　　　　　//输入外孔直径

请输入插入点或［基准线（L）］或设置［圆孔（S）/双圆孔（D）/内螺纹孔（T）/外螺纹孔（H）］：〈当前：双圆孔［内直径（B）:58/外直径（O）:70〉〉:　　　　　//指定插入点

请输入插入点或［基准线（L）］或设置［圆孔（S）/双圆孔（D）/内螺纹孔（T）/外螺纹孔（H）］：〈当前：双圆孔［内直径（B）:58/外直径（O）:70〉〉:　　　　　//指定插入点

请输入插入点或［基准线（L）］或设置［圆孔（S）/双圆孔（D）/内螺纹孔（T）/外螺纹孔（H）］：〈当前：双圆孔［内直径（B）:58/外直径（O）:70〉〉:*取消*　　　　　//按〈Esc〉键退出"单孔"命令

4. 说明

执行单孔命令后，出现提示："请输入插入点或［基准线（L）］或设置［圆孔（S）/双圆孔（D）/内螺纹孔（T）/外螺纹孔（H）］：〈当前：圆孔［直径（I）：20］〉："，该上面提示要求用户确定所绘孔的类型，下面分别进行介绍：

1）圆孔（S）：绘制圆孔。输入"S"或按〈Enter〉键，出现提示："〈当前：圆孔［直径（I）：20］〉："，输入"I"，出现提示："请输入圆孔直径：〈30〉"，此时输入所绘圆孔的直径。

①输入基准圆心：表示以指定的点作为所绘孔的中心。单击确定圆心位置（输入圆心的坐标或用鼠标单击），就会在指定的圆心处绘出指定直径的圆及其中心线。

②基准线（L）：以事先画出的两条线为基准线确定所绘孔的中心。输入"L"，出现提示："选择第一基准线："，单击选取作为基准的第一条直线，出现提示："输入距离："，输入所绘圆的圆心与第一基准线的距离，出现提示："选择第二基准线："，单击选取作为基准的第二条直线，出现提示："输入距离："，输入所绘圆的圆心与第二条基准线的距离。

此时会在指定的位置画出指定直径的圆及其中心线。可继续确定圆心的位置绘圆，若按〈Enter〉键，则结束绘圆操作。

2）双圆孔（D）：绘制双圆孔。输入"D"，出现提示："请输入内孔直径：〈10〉"，输入内孔的直径，出现提示："请输入外孔直径：〈20〉"，输入外孔的直径，出现提示：

"请输入插入点"。该提示要求用户确定所绘双圆孔的圆心位置，其操作格式与绘制圆孔时完全相同。

确定了圆心位置后，即可在指定的位置绘出指定内外径的双圆孔及其中心线。

3）内螺纹孔（T）：绘内螺纹孔。输入"T"，出现提示："输入螺纹孔的直径:"，输入螺纹孔的公称直径，出现提示："请输入插入点"。该提示要求用户确定所绘螺纹孔的圆心位置，其操作格式与绘制圆孔时完全相同。

确定了圆心位置后，即可在指定的位置绘出指定尺寸的内螺纹孔及其中心线。

4）外螺纹孔（H）：绘外螺纹孔。输入"H"，出现提示："输入螺纹孔的直径:"，输入螺纹孔的公称直径，出现提示："请输入插入点"。该提示要求用户确定所绘螺纹孔的圆心位置，其操作格式与绘制圆孔时完全相同。

确定了圆心位置后，即可在指定的位置绘出指定尺寸的外螺纹孔及其中心线。

任务拓展

绘制图 2-223～图 2-225 所示的平面图形。

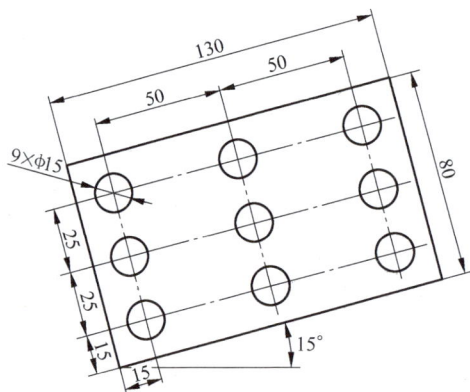

图 2-223　任务拓展图 1

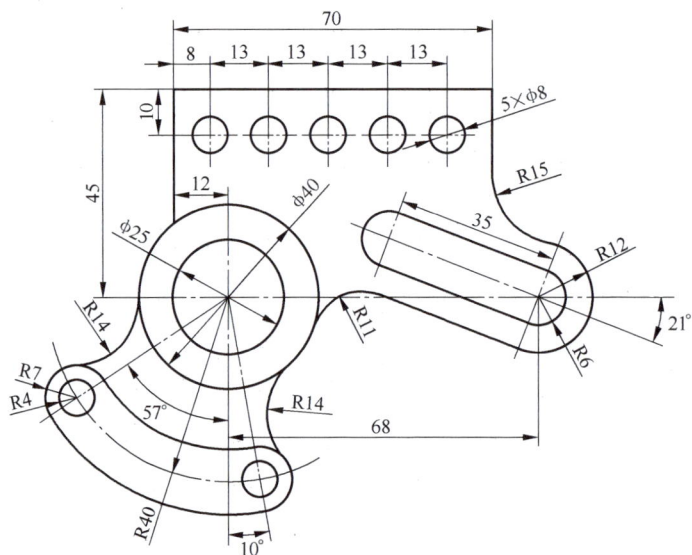

图 2-224　任务拓展图 2

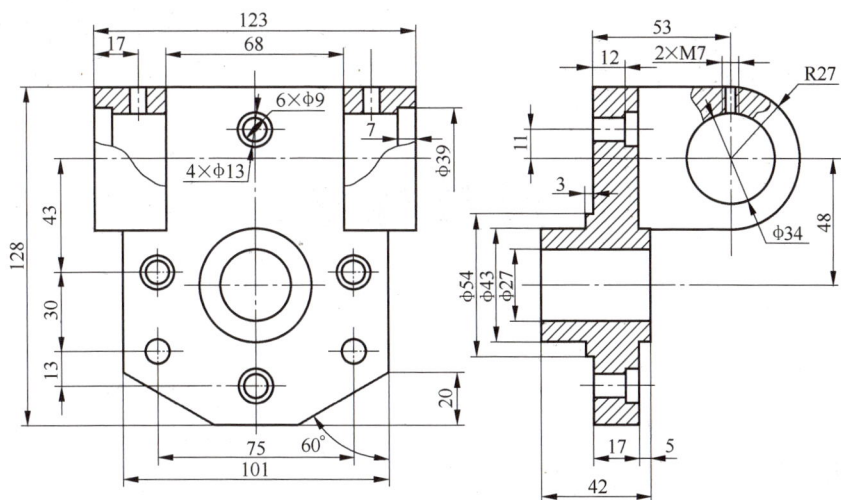

图 2-225　任务拓展图 3

项目三

尺 寸 标 注

📐 项目描述

本项目主要学习平面图形尺寸的标注，并将尺寸标注及编辑命令分配在项目的各个小任务中，通过完成任务来学会使用对应的标注命令。通过本项目的学习，掌握智能标注 D、多重尺寸标注 DAU、增强尺寸标注等常用的绘图命令的使用方法，能完成平面图形尺寸的标注。

📚 项目简介

本项目由 3 个任务组成，分别为标注开瓶器的尺寸、标注与编辑皮卡车的尺寸和标注轴套的尺寸，这些任务所包含的命令及缩写见下表。

任务名称	相关命令	命令缩写
任务一　标注开瓶器的尺寸	智能标注	D
任务二　标注与编辑皮卡车的尺寸	增强尺寸标注	—
	特性匹配	MA
任务三　标注轴套的尺寸	多重尺寸标注	DAU
	添加直径符号	ZWM

任务一　标注开瓶器的尺寸

🧰 任务要求

完成图 3-1 所示开瓶器的尺寸标注。

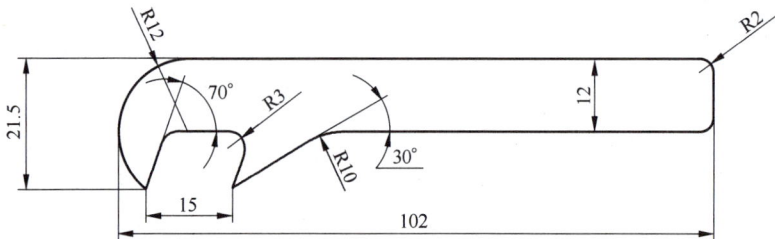

图 3-1　开瓶器

📄 任务分析

图 3-1 所示开瓶器所需标注的尺寸分为线性尺寸、半径和角度三种类型，按类型标注即可。

📑 任务实施

步骤 1： 启动中望 CAD 机械版 2024。

步骤 2： 打开需要标注的开瓶器图形，如图 3-2 所示。

图 3-2　开瓶器图形

步骤 3： 标注线性尺寸"102"。单击"机械"→"尺寸标注"→"智能标注"命令（图 3-3），或在命令行输入"D"，捕捉图形最左侧点和最右侧点，向下拖动鼠标并单击放置，如图 3-4 所示。

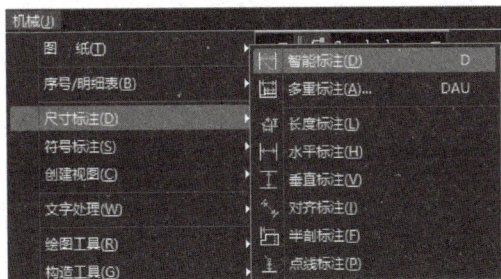

图 3-3　"智能标注"命令

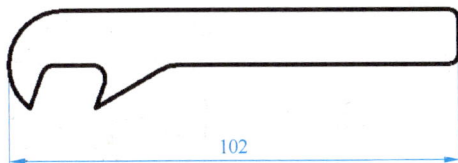

图 3-4　标注线性尺寸"102"

命令行文本参考：

命令：D
ZWMPOWERDIM
（单个）指定第一个尺寸界线原点或
[角度（A）/基线（B）/连续（C）/选择（S）/退出（X）]〈选择（S）〉：　//捕捉图形最左侧点
选择第二个尺寸界线原点：　//捕捉图形最右侧点
指定尺寸线位置 或
[拖动（D）/水平（H）/垂直（V）/对齐（A）/已旋转（R）/倾斜（Q）/拾取对象轮廓（P）/选择第二实体（S）/方向（O）/配置（C）]〈配置（C）〉：　//向下移动光标并单击放置

步骤 4： 用同样的方法标注剩余线性尺寸。注意标注水平尺寸时光标向上下移动，标注竖直尺寸时光标向左右移动。线性尺寸标注结果如图 3-5 所示。

步骤 5： 标注半径"R12"。单击"机械"→"尺寸标注"→"智能标注"命令，或在命令行输入"D"（或按〈Enter〉键继续执行"智能标注"命令），在命令行输入"S"或按〈Enter〉键，单击"R12"圆弧并移动光标到适当位置放置，如图 3-6 所示。

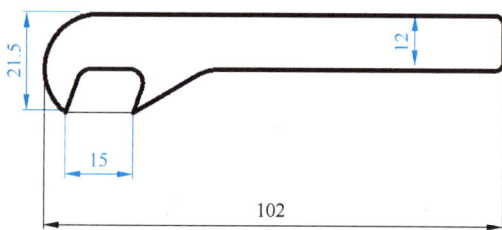

图 3-5　线性尺寸标注结果

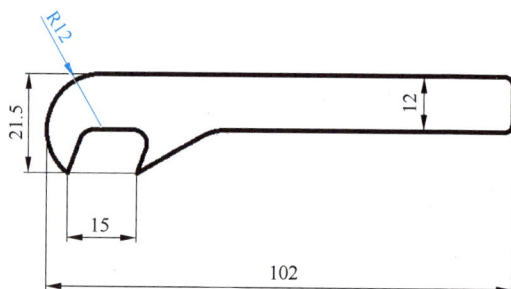

图 3-6　标注半径"R12"

命令行文本参考：

> 命令：D
> ZWMPOWERDIM
> （单个）指定第一个尺寸界线原点或
> ［角度（A）/基线（B）/连续（C）/选择（S）/退出（X）]〈选择（S）〉：　　　//按〈Enter〉键
> 选择圆弧、直线、圆或尺寸标注 或［退出（X）]：　　　　　　　　　　//单击"R12"圆弧
> 指定尺寸线位置 或
> ［线性（L）/直径（D）/折弯半径（J）/弧长（A）/选项（O）/配置（C）]〈配置（C）〉：
> 　　　　　　　　　　　　　　　　　　　　　　　　　　//光标移动到适当位置放置

步骤6： 用同样的方法标注剩余半径尺寸。半径尺寸标注结果如图 3-7 所示。

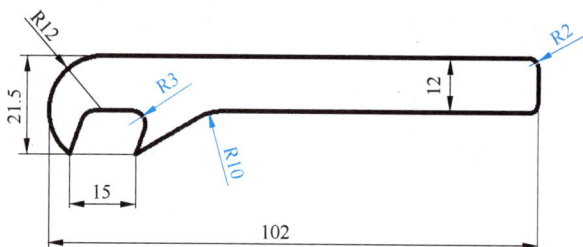

图 3-7　半径尺寸标注结果

　　步骤7： 标注角度"70°"。单击"机械"→"尺寸标注"→"智能标注"命令，或在命令行输入"D"（或按〈Enter〉键继续执行"智能标注"命令），在命令行输入"A"，依次单击70°角的两条边并移动光标到适当位置放置，如图 3-8 所示。

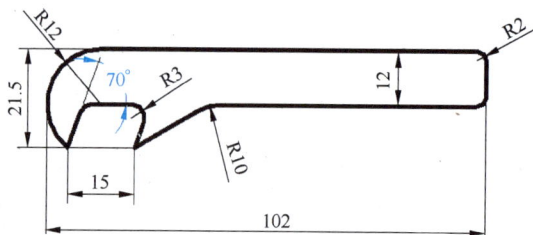

图 3-8　标注角度"70°"

命令行文本参考：

> 命令：D
>
> ZWMPOWERDIM
>
> (单个)指定第一个尺寸界线原点或
>
> [角度(A)/基线(B)/连续(C)/选择(S)/退出(X)]〈选择(S)〉:A   //选择角度标注模式
>
> (单个)选择圆弧、圆、直线或[线性(LI)/选项(O)/基线(B)/连续(C)/恢复(R)/退出(X)]〈指定顶
>
> 点〉：   //指定角的第一条边
>
> 请选择第二条线[退出(X)]：   //指定角的第二条边
>
> 指定标注圆弧线位置或[象限点(Q)/选项(O)/配置(C)]〈配置(C)〉：   //光标移动到适当位置放置

步骤8： 用同样的方法标注角度30°。标注完成后结果如图3-1所示。

知识拓展

"智能标注"命令在默认模式下标注的是线性尺寸，可通过输入提示关键字进行切换。

1. 功能

根据用户所选实体的不同，自动进行长度、直径或半径标注，标注过程中输入提示关键字可切换不同的标注形式。

2. 命令调用

命令行：ZWMPOWERDIM（缩写：D）

菜单："机械"→"尺寸标注"→"智能标注"

3. 说明

在命令行输入"ZWMPOWERDIM"，命令行中的各项含义如下：

1）角度（A）：可选择圆弧、圆、直线进行角度标注。

2）基线（B）：可选择基准尺寸进行基线标注。

3）连续（C）：可选择第二条尺寸界线进行连续标注。

4）选择（S）：可直接单击圆弧、直线或圆进行标注。

5）退出（X）：退出标注。

任务拓展

绘制图3-9~图3-11所示的平面图形并标注尺寸。

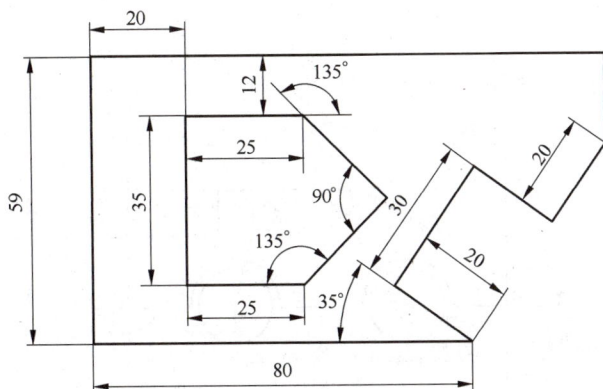

图3-9 任务拓展图1

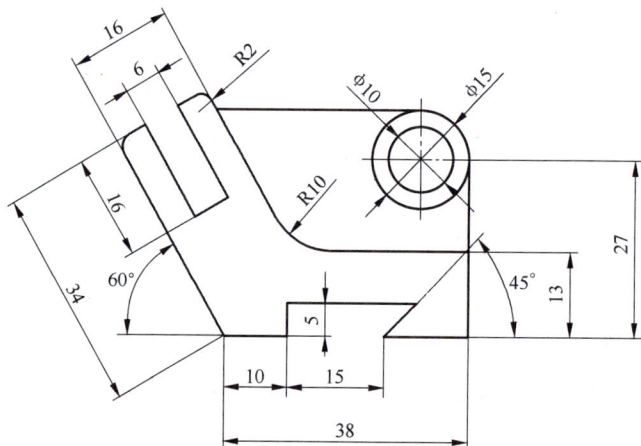

图 3-10　任务拓展图 2

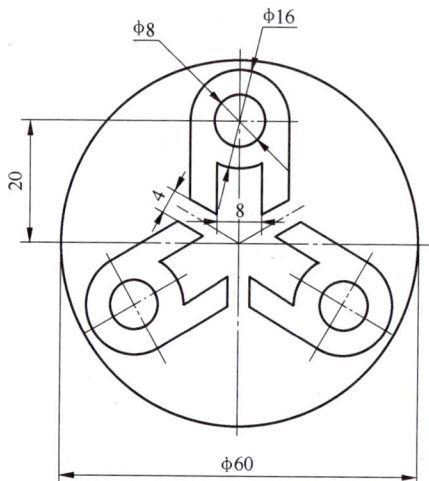

图 3-11　任务拓展图 3

任务二　标注与编辑皮卡车的尺寸

任务要求

完成图 3-12 所示皮卡车的尺寸标注。

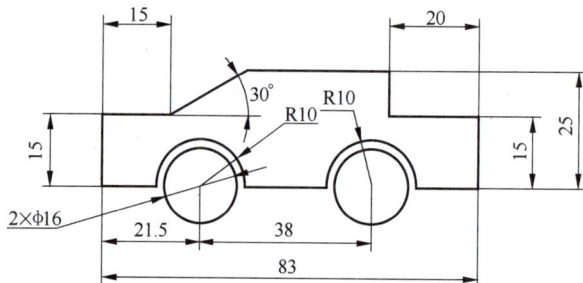

图 3-12　皮卡车

任务分析

图 3-12 所示皮卡车所需标注的尺寸分为线性尺寸、半径、直径和角度四种类型，其中半径和直径的尺寸数字为水平放置，需要进行编辑，其余尺寸直接按任务 1 中所学方法标注即可。

任务实施

步骤 1：启动中望 CAD 机械版 2024。

步骤 2：打开需要标注的皮卡车图形，如图 3-13 所示。

步骤 3：标注线性尺寸，结果如图 3-14 所示。

图 3-13 皮卡车图形

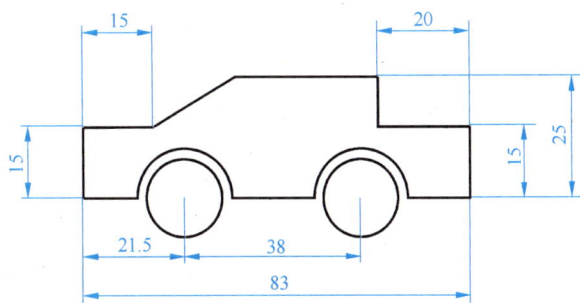

图 3-14 标注线性尺寸

步骤 4：标注角度，结果如图 3-15 所示。

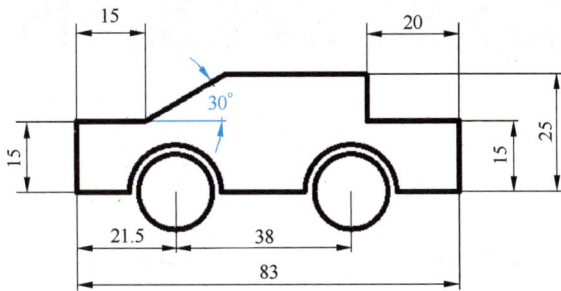

图 3-15 标注角度

步骤 5：标注半径和直径，结果如图 3-16 所示。

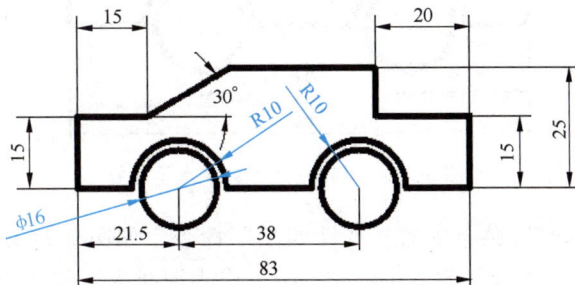

图 3-16 标注半径和直径

步骤6：双击半径尺寸"R10"（左侧），系统弹出"增强尺寸标注"对话框，如图3-17所示。单击"几何图形"标签，找到"标注风格"按钮并单击（图3-18），弹出"半径/直径标注选项"对话框，如图3-19所示。选择"标注文字在圆弧外时"下的第3项并单击"确定"按钮，将"R10"尺寸数字水平放置，结果如图3-20所示。

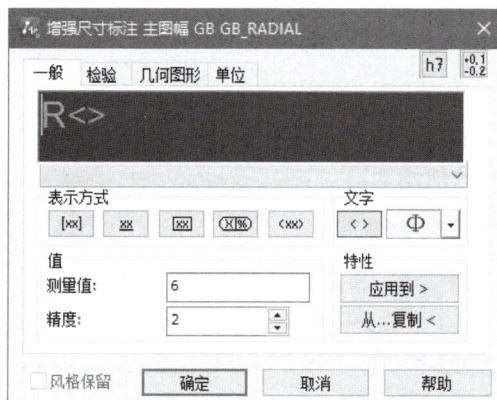

图3-17 "增强尺寸标注"对话框

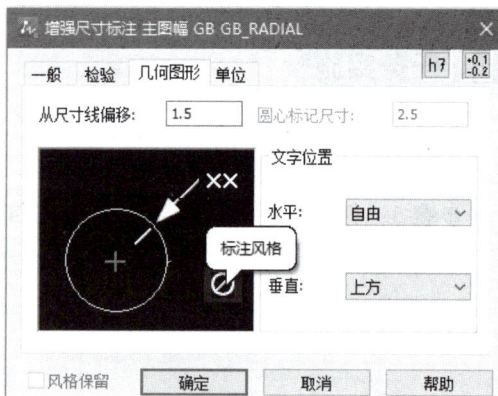

图3-18 "标注风格"按钮

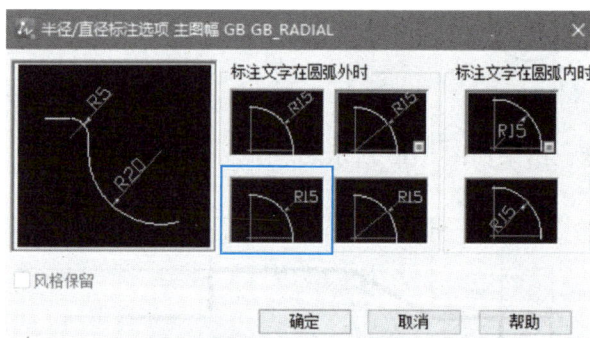

图3-19 "半径/直径标注选项"对话框

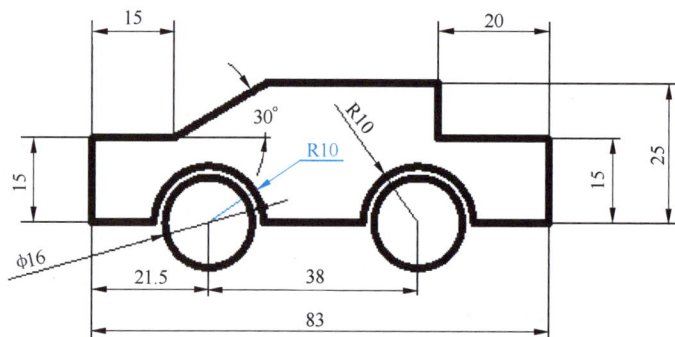

图3-20 "R10"尺寸数字水平放置

步骤7：单击"修改"菜单中的"特性匹配"命令，如图3-21所示，或在命令行输入"MA"，进行特性匹配。选择步骤6中的"R10"作为源对象，依次单击其他的半径和直径尺寸，将所有的半径和直径尺寸数字改成水平放置，结果如图3-22所示。

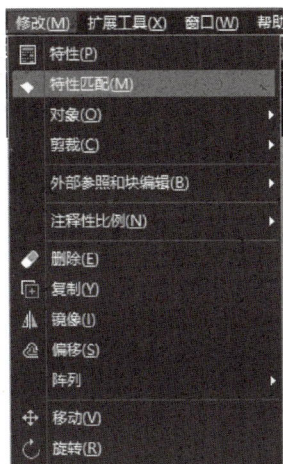

图 3-21 "特性匹配"命令

命令行文本参考：

命令：MA

MATCHPROP

选择源对象： //选择"R10"作为特性匹配源对象

当前活动设置：颜色 图层 线型 线型比例 线宽 透明度 厚度 打印样式 文字 标注 填充图案 多段线 视口 表格

选择目标对象或[设置(S)]： //选择其余半径和直径作为目标对象

步骤 8：双击直径尺寸"φ16"，系统弹出"增强尺寸标注"对话框，将光标移动到符号"φ"前，输入"2＊"，如图 3-23 所示。完成后单击"确定"按钮，结果如图 3-12 所示。

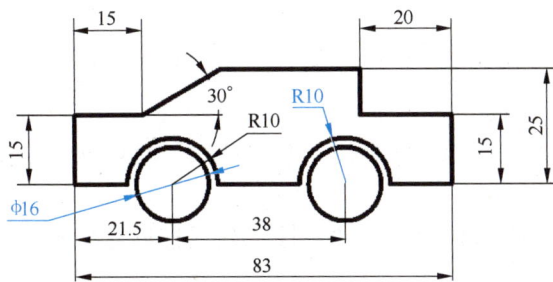

图 3-22 半径和直径尺寸数字水平放置

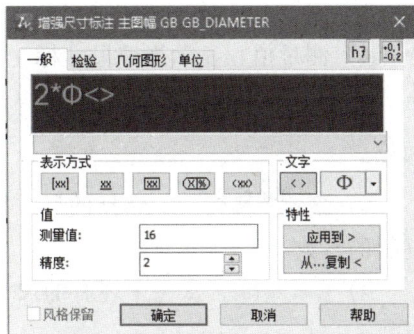

图 3-23 编辑"2＊φ16"文字

知识拓展

一、"增强尺寸标注"对话框

1. 功能

对标注的尺寸进行样式编辑。

2. 命令调用

双击已标注尺寸，或执行尺寸标注指定尺寸线位置时，在命令行输入"C"或按〈Space〉键（或按〈Enter〉键）。

3. 说明

（1）"一般"选项卡（图3-24）

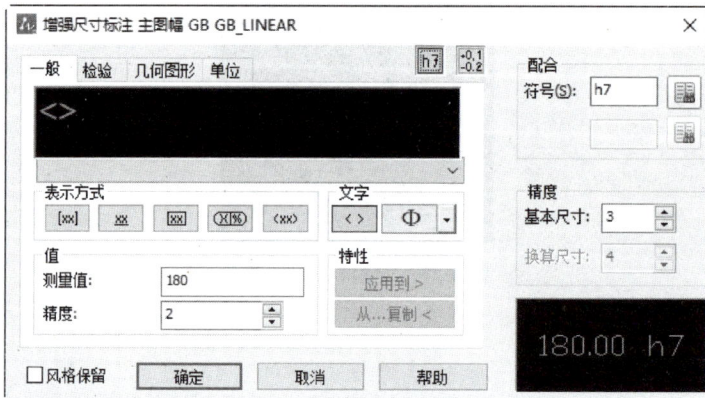

图 3-24 "一般"选项卡

1）表示方式：有5种表示方式，分别为换算单位符号、标注文字加下划线、标注文字加框、检验尺寸、尺寸文字两端加括号。

2）标注符号 〈〉：可决定是否显示标注数值。

3）特殊字符 Φ：为标注内容加入特殊的字符内容（该符号使用的是固定字体，不会跟随字体样式发生改变；对于"直径/正或负/度"等符号建议使用"％％C/％％P/％％D"去标注）。

4）测量值：显示当前尺寸标注的实际值。

5）精度：指定尺寸标注值的小数位数，如 精度：2 表示保留小数点后两位。

6）应用到 >：选择的尺寸标注应用到其他尺寸标注。在"特性"对话框可选择要复制的参数。

7）从...复制 <：从一个现有的尺寸标注中提取特性。在"特性"对话框可选择要复制的参数。

8）添加配合：单击"添加配合"图标 h7，将展开"配合"选项组 和"精度"选项组，使用用户可以指定配合符号和配合值的小数位数。

9）添加公差：单击"添加公差"图标，将展开"偏差量"选项组 和"精度"选项组，使用用户可以指定尺寸的上极限偏差和下极限偏差的标注值以及偏差值的小数位数。

10）公差查询：单击"配合"→"符号（S）"文本框右侧或"偏差量"→"上（U）"文

本框右侧的图标 ▦ ，系统将弹出"公差查询"对话框。

（2）"检验"选项卡（图 3-25）

1）形状：设定检验标注框的形状，包括 3 种形状，分别为圆形、尖角、无，用户可根据需求自行选择设定。

2）标签：指定检验标注是否具有卷标区域，此项可进行勾选，内容由用户自由设定。

3）检验率：指定检验标注是否具有检验率区域，此项可进行勾选，内容由用户自由设定。

（3）"几何图形"选项卡（图 3-26）

图 3-25 "检验"选项卡

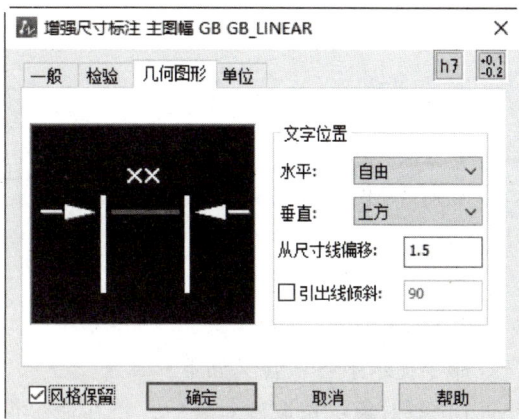

图 3-26 "几何图形"选项卡

1）水平：标注文字在水平位置的状态。

2）垂直：标注文字在垂直位置的状态。

3）从尺寸线偏移：设置文字和尺寸线之间间距的大小。

4）引出线倾斜：勾选后可给定倾斜角度值。

5）图片选择窗口：单击图片中包括箭头、尺寸界线和强制线在内的选项可控制其是否显示。

（4）"单位"选项卡（图 3-27）

1）单位：设置标注的单位类型。

2）线性比例：设置增加尺寸值的比例因子，可控制在局部视图中的尺寸标注值。

3）舍入：设置所有标注的舍入值。舍入值设置方法详见帮助（按〈F1〉键弹出）中标注样式的说明。

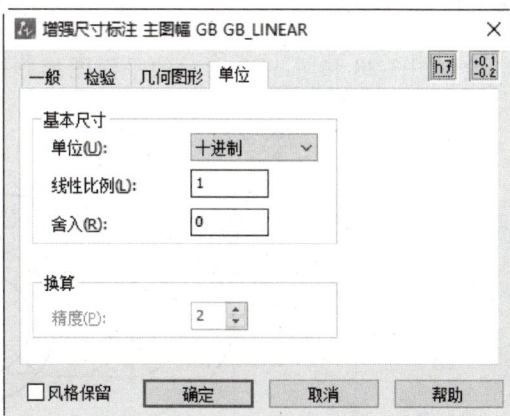

图 3-27 "单位"选项卡

4）换算精度：设置换算单位的小数位数。在"一般"选项卡的"表示方式"中，当选择"换算单位符号"时起作用，默认是公制和英制的转换。

二、特性匹配

1. 功能

将源对象的特性复制到目标对象。只有特性会被复制，而非对象本身。

可复制的特性包括颜色、图层、线型、厚度、文字和尺寸标注等。

2. 命令调用

命令行：MATCHPROP（缩写：MA）

菜单："修改"→"特性匹配"

图标："标准"工具栏中的"特性匹配"图标按钮

3. 格式

命令：MA

MATCHPROP

选择源对象：   //选择特性匹配源对象

当前活动设置:颜色 图层 线型 线型比例 线宽 透明度 厚度 打印样式 文字 标注 填充图案 多段线 视
口 表格

选择目标对象或[设置(S)]：   //选择目标对象

4. 说明

命令提示中各项含义如下：

1）源对象：选取源对象后，将在命令窗口显示源对象要被复制的特性。

2）目标对象：用户可选择一个或多个对象作为目标对象，将特性复制到目标对象上。
直至按〈Enter〉键结束命令。

3）设置（S）：开启"特性设置"对话框，用户可在该对话框中选择要复制到目标对象
上的特性。默认情况下，系统会将所有特性复制到目标对象。

任务拓展

绘制图 3-28 和图 3-29 所示的平面图形并标注尺寸。

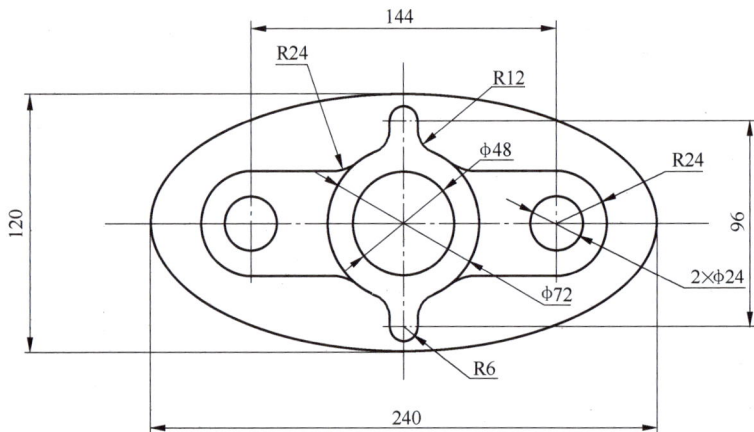

图 3-28   任务拓展图 1

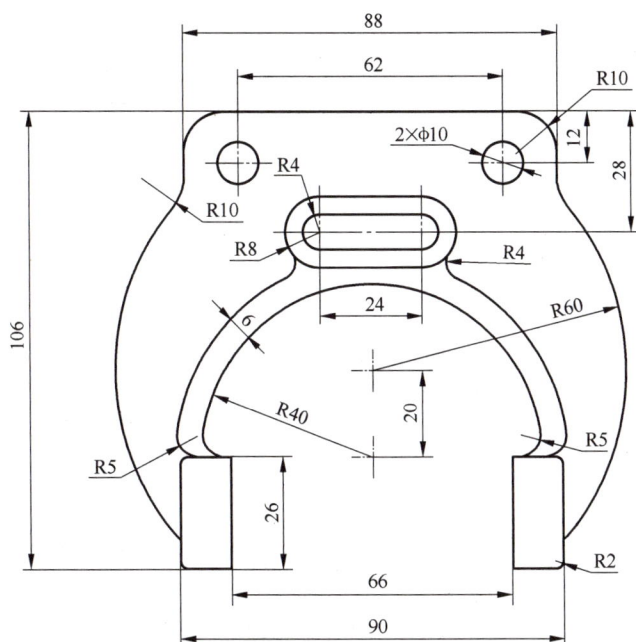

图 3-29　任务拓展图 2

任务三　标注轴套的尺寸

任务要求

完成图 3-30 所示轴套的尺寸标注。

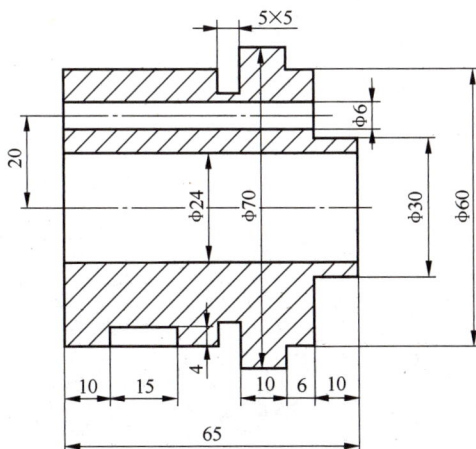

图 3-30　轴套

任务分析

图 3-30 所示轴套的很多尺寸都是连续标注或者对称标注，可采用"多重标注"命令进

行快速标注。

📖 任务实施

步骤 1：启动中望 CAD 机械版 2024。

步骤 2：打开需要标注的轴套图形，如图 3-31 所示。

步骤 3：单击"机械"→"尺寸标注"→"多重标注"命令（图 3-32），或在命令行输入"DAU"，打开"多重尺寸标注"对话框，如图 3-33 所示。

步骤 4：单击"类型"下拉列表框，选择"连续标注"，单击"确定"按钮，如图 3-34 所示。依次单击左下角尺寸"10"和"15"的尺寸界线后按〈Enter〉键，再次单击尺寸"10"的左侧尺寸界线并向下拖动到合适位置放置，结果如图 3-35 所示。

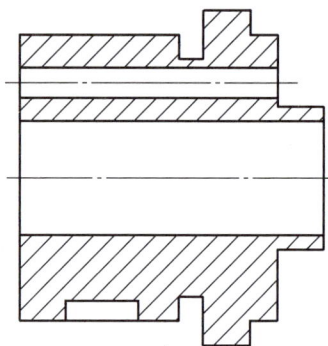

图 3-31　轴套图形

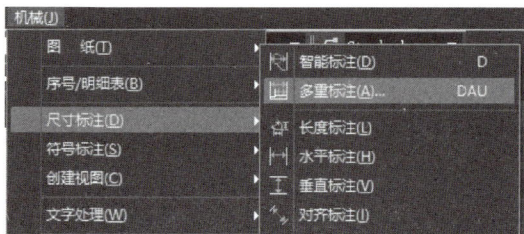

图 3-32　"多重标注"命令

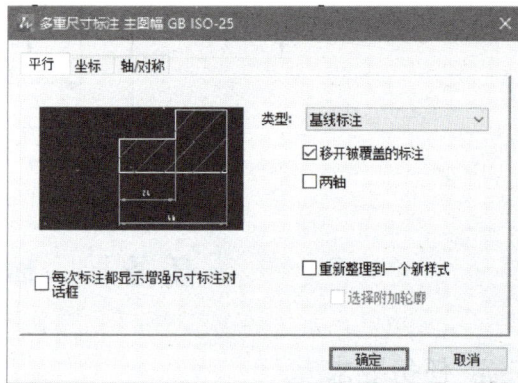

图 3-33　"多重尺寸标注"对话框

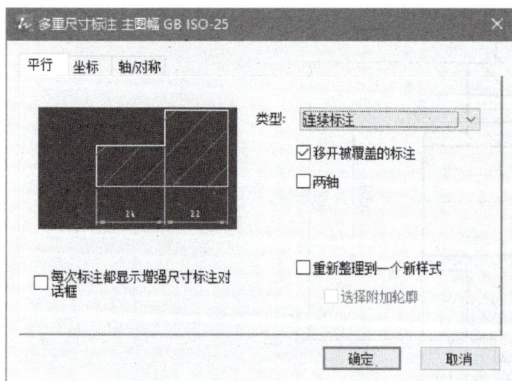

图 3-34　"类型"选择"连续标注"

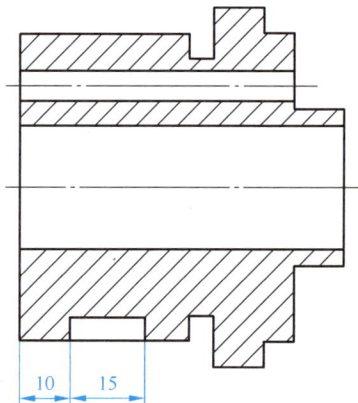

图 3-35　连续标注尺寸"10""15"

命令行文本参考：

命令：DAU
ZWMAUTODIM
选择对象：　　　　　　　　　　　　　　　　　　　　//单击第一条尺寸界线

找到 1 个

选择对象： //单击第二条尺寸界线

找到 1 个,总计 2 个 //单击第三条尺寸界线

选择对象：

找到 1 个,总计 3 个

选择对象： //按〈Enter〉键

第一条尺寸界线的起点： //单击最左侧尺寸界线

指定尺寸线位置 或

[拖动(D)/水平(H)/垂直(V)/已旋转(R)/拾取对象轮廓(S)/方向(O)]〈方向(O)〉：

//光标拖动到适当位置放置

步骤 5：用同样的方法标注右下角尺寸"10""6""10"。结果如图 3-36 所示。

步骤 6：单击"机械"→"尺寸标注"→"多重标注"命令，或在命令行输入"DAU"，打开"多重尺寸标注"对话框，单击"轴/对称"选项卡，如图 3-37 所示。单击"确定"按钮后，依次单击尺寸"φ30""φ60"的上侧边线后按〈Enter〉键，再次单击轴线并向右移动到合适位置放置，结果如图 3-38 所示。

命令行文本参考：

命令：DAU

选择对象： //单击尺寸"φ30"的上侧边线

找到 1 个

选择对象： //单击尺寸"φ60"的上侧边线

找到 1 个,总计 2 个

选择对象： //按〈Enter〉键

中心线的起点： //单击轴线

中心线的终点 或

[拖动(D)/水平(H)/垂直(V)/已旋转(R)/拾取对象轮廓(S)/方向(O)]〈方向(O)〉：

//光标移动到适当位置放置

步骤 7：单击"机械"→"尺寸标注"→"多重标注"命令（或按〈Enter〉键继续执行"多重标注"命令），打开"多重尺寸标注"对话框，在"轴/对称"选项卡里勾选"在轮廓内放置尺寸"，其余操作与步骤 6 一致，完成尺寸"φ24""φ70"的标注，结果如图 3-39 所示。

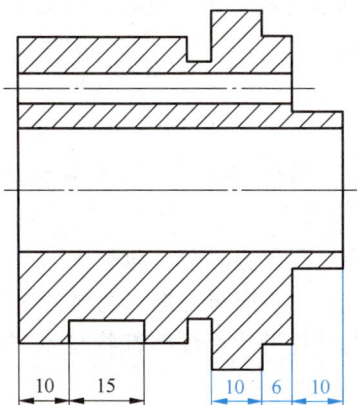

图 3-36 连续标注尺寸"10""6""10"

图 3-37 "轴/对称"选项卡

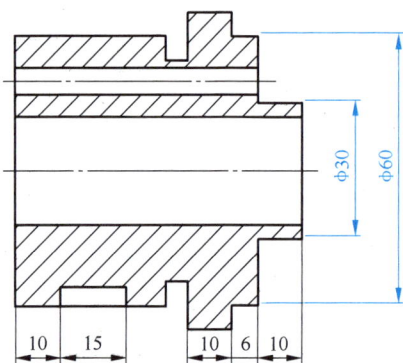

图 3-38　标注尺寸"φ30""φ60"

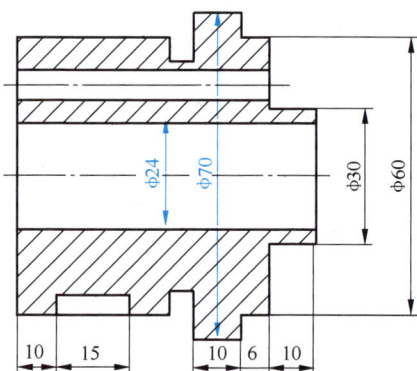

图 3-39　标注尺寸"φ24""φ70"

步骤 8：完成其余线性尺寸的标注，结果如图 3-40 所示。

步骤 9：在命令行输入"ZWM"，单击右上角尺寸"6"，将其替换为"φ6"，结果如图 3-30 所示。

知识拓展

多重标注为一种自动的尺寸标注。

1. 功能

可选取多个需要进行标注的目标和标注形式后自动对目标进行标注，而且各个尺寸线之间会以设定的方式进行排列，使标注整洁而高效。

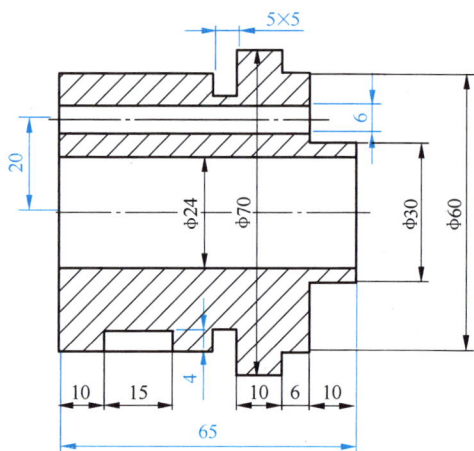

图 3-40　完成其余线性尺寸标注

2. 命令调用

命令行：ZWMAUTODIM（缩写：DAU）

菜单："机械"→"尺寸标注"→"多重标注"

图标："尺寸标注"工具栏中的"多重标注"图标按钮（在工具栏空白处单击鼠标右键，选择"ZWCADM"→"尺寸标注"，可调用此工具栏）

3. 说明

（1）"平行"选项卡（图 3-41）

1）类型：将平行标注的类型设置为"基线标注"或"连续标注"。该选项卡的预览部分将显示选定尺寸标注类型的图形表示方式。

2）移开被覆盖的标注：标注的尺寸线与原有尺寸线出现重叠时会自动避让。

3）两轴：绘制双轴线标注。如果要绘制单轴线标注，则不应再勾选该选项。

4）每次标注都显示增强尺寸标注对话框：用户每次放置尺寸标注时都将显示"增强尺寸标注"对话框。

5）重新整理到一个新样式：将现有尺寸标注的样式改为"平行"样式，例如从连续标注更改为基线标注。

6）选择附加轮廓：标注附加轮廓，并将现有尺寸标注重新调整为"平行"样式中的任一类型。

（2）"坐标"选项卡（图3-42）

1）类型：将坐标标注的类型设置为"当前标准"（如ISO）、"引线长度相等"或"中心过边"。该选项卡的预览部分将显示选定标注类型的图形表示方式。

2）两轴：绘制双轴线标注。如果要绘制单轴线标注，则不应再勾选该选项。

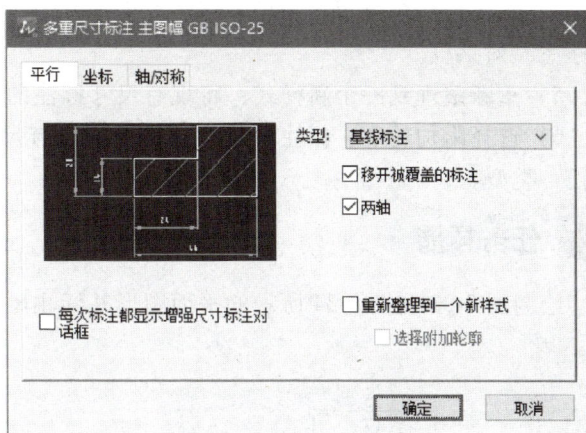

图3-41 "平行"选项卡

3）旋转文字：旋转标注文字。

4）短尺寸线：仅显示临近箭头的小段尺寸线。仅在将坐标标注的类型设置为"当前标准"时，才会显示此选项。注意此选项不适用于ANSI标准。

5）每次标注都显示增强尺寸标注对话框：用户每次放置尺寸标注时都将显示"增强尺寸标注"对话框。

6）重新整理到一个新样式：将现有的标注样式更改为"坐标"样式，例如从1轴连续标注更改为2轴坐标标注。

7）选择附加轮廓：标注其他轮廓，并将现有尺寸标注重新调整为"坐标"样式的任一类型。

（3）"轴/对称"选项卡（图3-43）

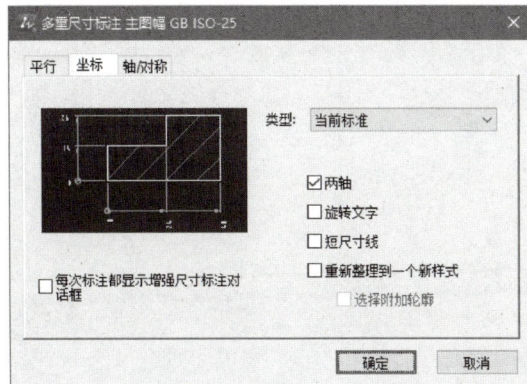

图3-42 "坐标"选项卡

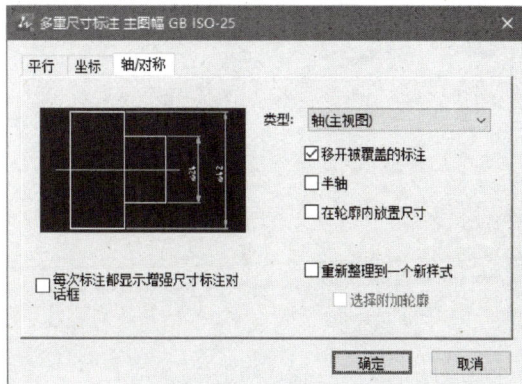

图3-43 "轴/对称"选项卡

1）类型：将尺寸标注的类型设置为"轴（主视图）""轴（侧视图）"或"对称"。该选项卡的预览部分将显示选定标注类型的图形表示方式。

2）半轴：只给每个尺寸标注绘制一条尺寸界线。

3）在轮廓内放置尺寸：在轮廓内绘制尺寸标注。若要在轮廓外部绘制尺寸标注则不应再勾选该选项。

4）每次标注都显示增强尺寸标注对话框：用户每次放置尺寸标注时都将显示"增强尺寸标注"对话框。

5）重新整理到一个新样式：将现有尺寸标注的样式改为"轴/对称"样式。

6）选择附加轮廓：标注其他轮廓，并将现有尺寸标注重新调整为"轴/对称"样式中的任一类型。

任务拓展

绘制图 3-33 和图 3-34 所示的平面图形并标注尺寸。

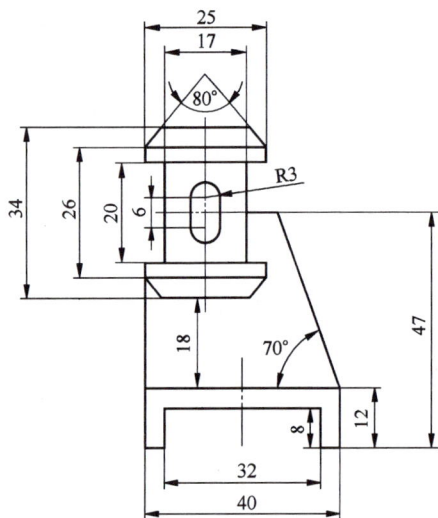

图 3-44　任务拓展图 1

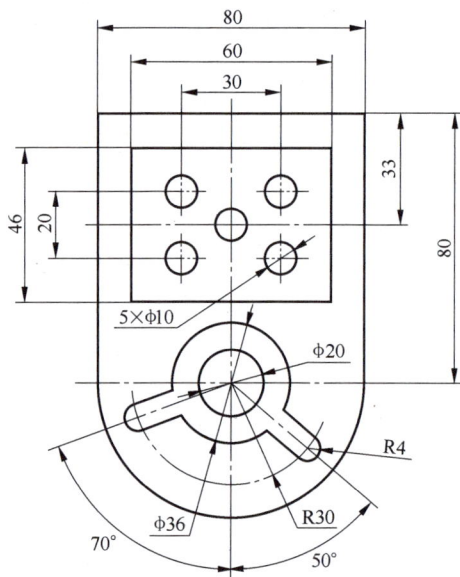

图 3-45　任务拓展图 2

项目四

零件图绘制

📌 项目描述

本项目主要通过学习阶梯轴、端盖、拨叉、泵体等 4 个典型零件图的绘制，掌握零件图的画法。绘制零件图常用命令分配在项目的 4 个任务中，通过完成各任务的学习来学会使用对应的 CAD 绘图命令。通过本项目的学习，熟练掌握"轴设计""形位公差"⊖"粗糙度""技术要求"等命令的使用，并能完成简单零件图的绘制。

📚 项目简介

本项目由 4 个任务组成，分别为绘制阶梯轴零件图、绘制端盖零件图、绘制拨叉零件图、绘制泵体零件图。在本项目的学习中，将进一步应用项目二和项目三中所学的绘图命令和标注命令，并学习以下表格中所列的新命令。

任务名称	相关命令	命令缩写
任务一　绘制阶梯轴零件图	图幅	TF
	轴设计	ZWMSHAFT
	粗糙度	CC
	技术要求	TJ
任务二　绘制端盖零件图	孔轴投影	TY
	基准标注	JZ
	形位公差	XW
任务三　绘制拨叉零件图	倒角标注	DB
	剖切线	PQ
	方向符号	TY
任务四　绘制泵体零件图	局部详图	ZWMDET
	引线标注	YX
	多行文字	T

⊖　"形位公差"即现行标准中的"几何公差"，但为与软件中术语一致，本书仍用"形位公差"。

任务一　绘制阶梯轴零件图

任务要求

按照图示尺寸绘制图 4-1 所示的阶梯轴零件图，并标注尺寸。

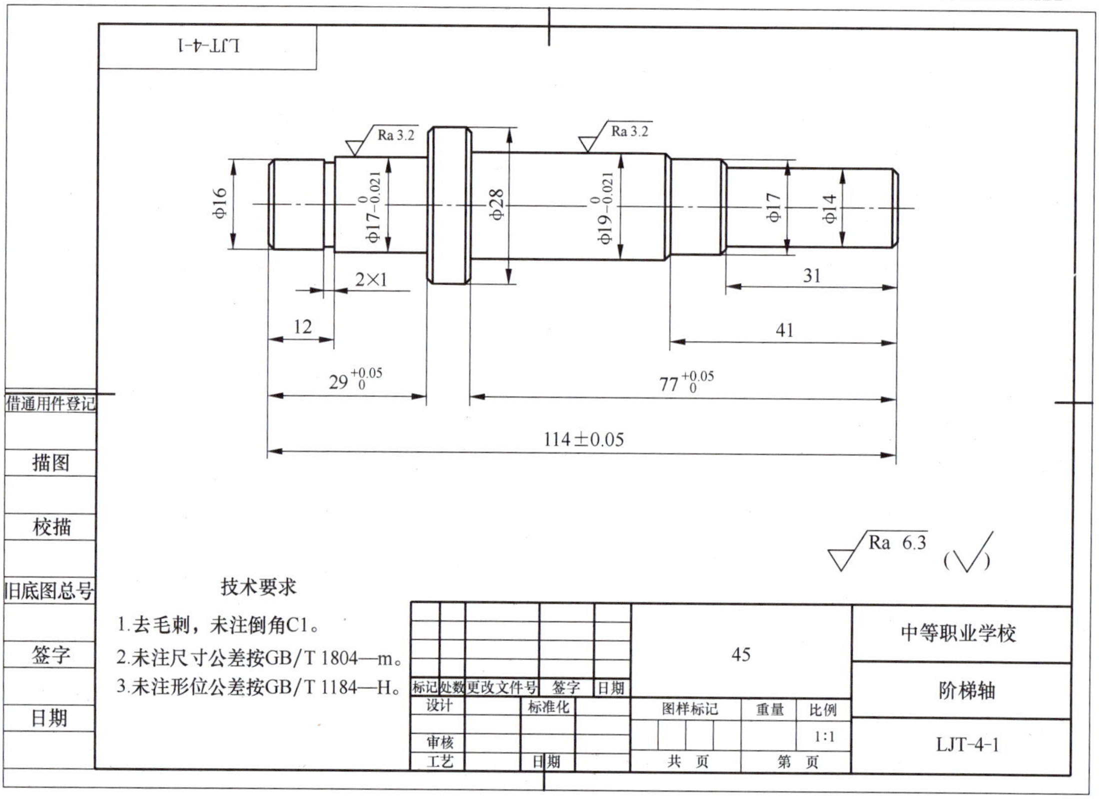

图 4-1　阶梯轴零件图

任务分析

轴套类零件包括各种轴、丝杠、套筒等。其基本形状一般为同轴的细长回转体，由不同直径的数段回转体组成。轴上常加工出键槽、退刀槽、砂轮越程槽、销孔、中心孔、倒角和倒圆等结构。

零件图相比前面所绘制的平面图形，多了图框、标题栏、技术要求等内容。图 4-1 所示阶梯轴，结构较为简单，由一个主视图表达，图形轮廓的绘制用"轴设计"命令来完成，也可利用项目二中学习的"直线""偏移""修剪"等命令来完成。图上尺寸的标注在项目三中已学习，本次任务学习表面粗糙度的标注及技术要求的添加。

任务实施

步骤 1：启动中望 CAD 机械版 2024。

步骤 2：绘制图幅和标题栏。在命令行中输入"tf"，打开如图 4-2 所示的"图幅设置"对话框。样式选择"GB"，图幅大小选择"A4"，图幅样式选择"无分区图框"，布置方式选择"横置"，绘图比例选择"1∶1"，勾选"标题栏""附加栏"和"代号栏"。完成后单击"确定"按钮，在绘图区按〈Enter〉键后在任意位置单击选择定位点，调入图幅如图 4-3 所示。

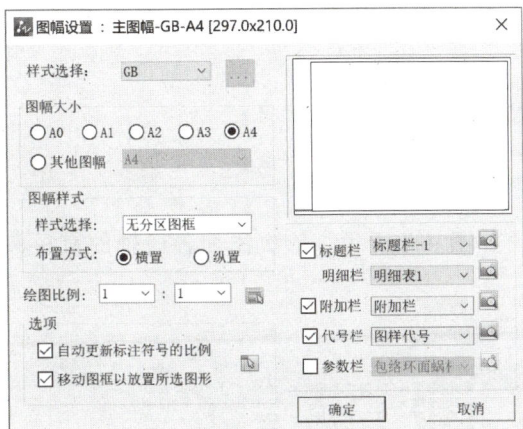

图 4-2 "图幅设置"对话框

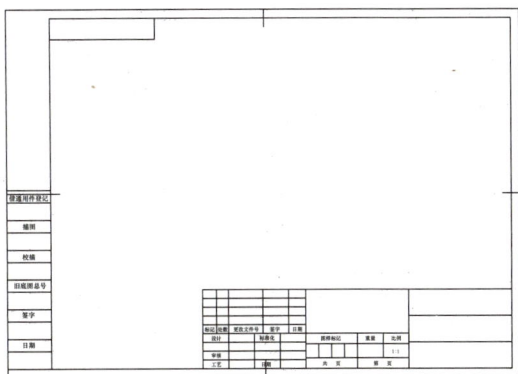

图 4-3 调入 A4 图幅

步骤 3：设置粗实线宽度。打开"图层特性管理器"对话框，将轮廓线层的线宽调整为 0.5mm。

步骤 4：填写标题栏。单击标题栏处任意位置，打开"标题栏编辑"对话框，如图 4-4 所示，输入企业名称（如"中等职业学校"），图样名称为"阶梯轴"，图样代号为"LJT-4-1"，产品名称或材料标记为"45"，单击"确定"按钮完成填写后的标题栏如图 4-5 所示。

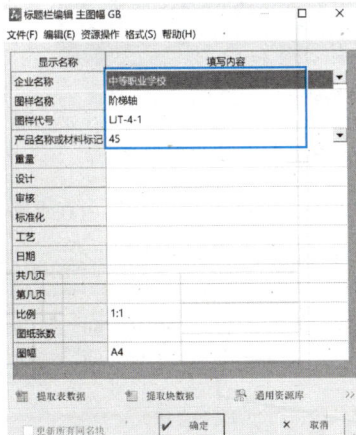

图 4-4 "标题栏编辑"对话框

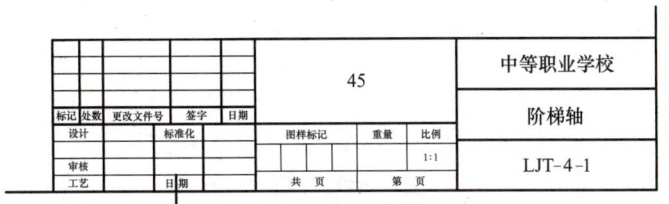

图 4-5 完成填写后的标题栏

步骤 5：绘制主视图。单击"机械"→"机械设计"→"轴设计"命令，如图 4-6 所示，调用"轴设计"命令。

在"轴设计"对话框中输入各段轴的数据。输入第 1 段轴的起始直径为 16mm（终止直

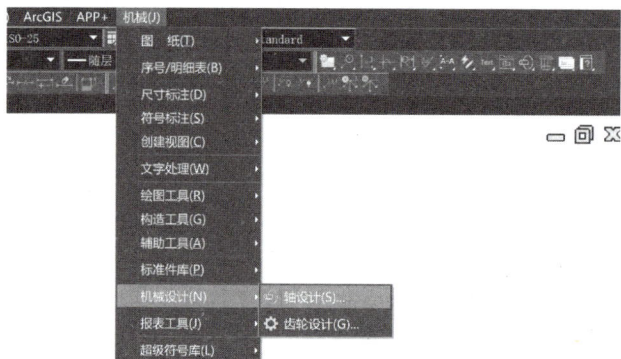

图4-6　调取"轴设计"命令

径不变），长度为10mm，然后按"添加"按钮，如图4-7所示。依次添加各段轴的直径和长度后，如图4-8所示。

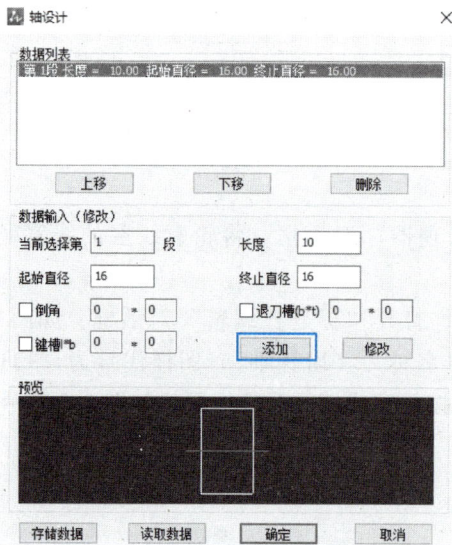

图4-7　输入第1段轴的数据

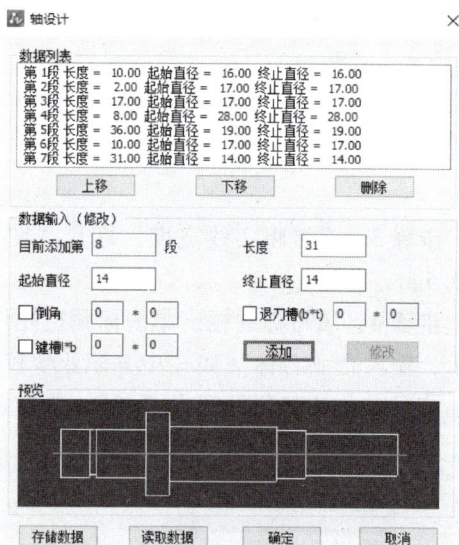

图4-8　输入1~7段轴的数据

单击"确定"按钮后在绘图区任意位置单击确定第1点，输入旋转角度"0"（或按〈Space〉键，或当图形呈水平方向放置时，单击确定第2点），如图4-9和图4-10所示。

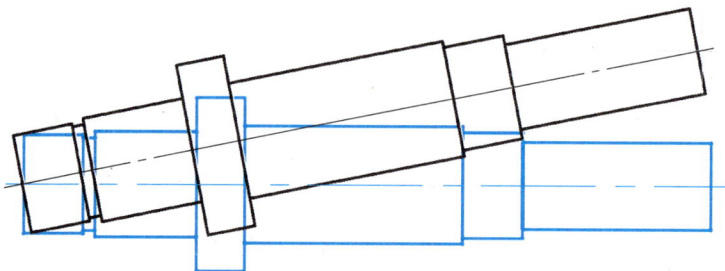

图4-9　单击确定第1点

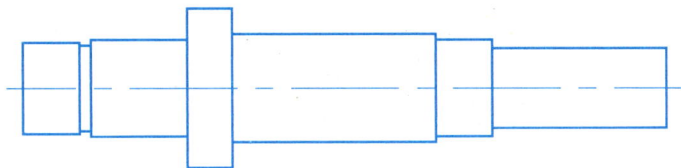

图 4-10 输入旋转角度确定第 2 点

命令行文本参考:

命令:_ZWMSHAFT
请输入轴的数据:　　　　　　　　　　　　　　　　//输入轴相关数据
请指定目标位置:　　　　　　　　　　　　　　　　//指定第 1 点
请确定轴的旋转角度:　　　　　　　　　　　　　　//指定第 2 点

步骤 6: 绘制倒角。单击"机械常用命令"工具栏(在工具栏空白处单击鼠标右键,选择"ZWCADM"→"机械常用命令",可调用此工具栏)中的"倒角"图标按钮█,或在命令行输入"DJ",按〈Space〉键后,打开"倒角设置"对话框,选择倒角类型并设置倒角长度,如图 4-11 所示。单击"确定"按钮,绘制 6 处倒角,如图 4-12 所示。

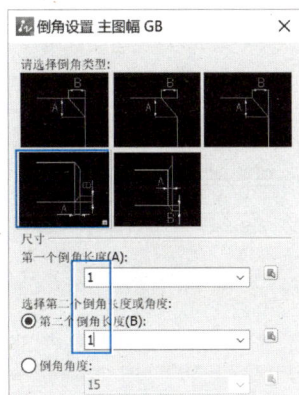

图 4-11 设置倒角参数

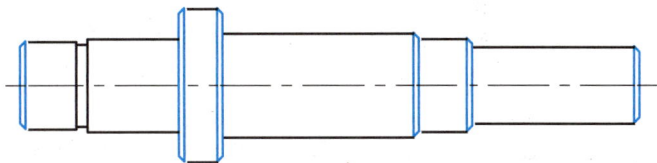

图 4-12 完成 6 处倒角绘制

步骤 7: 标注尺寸。在命令行输入"D",调用"尺寸标注"命令,标注阶梯轴的尺寸,如图 4-13 所示。

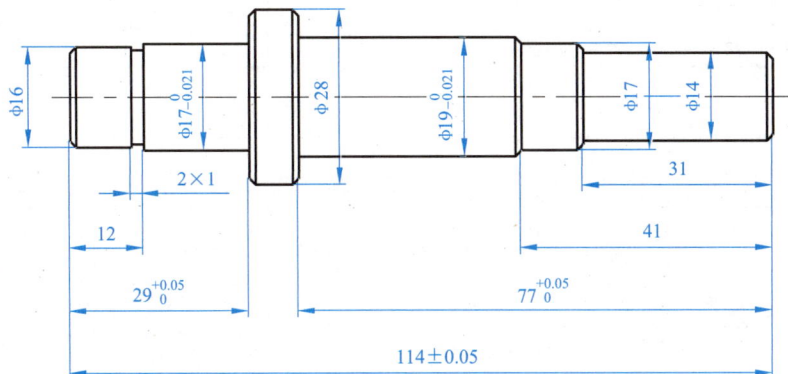

图 4-13 标注尺寸

步骤8：标注主视图上的表面粗糙度。单击"机械常用命令"工具栏中的"粗糙度"图标按钮 3.2 ，或在命令行输入"CC"，打开"粗糙度"对话框，设置表面粗糙度符号和数值，如图4-14所示，单击"添加到模板"按钮可保存模板以方便标注。设置完成后双击选择数值为Ra3.2的表面粗糙度模板，单击"确定"按钮，选择附着对象为$\phi17$mm圆柱面和$\phi19$mm圆柱面，标注两个Ra 3.2μm的表面粗糙度，如图4-15所示。

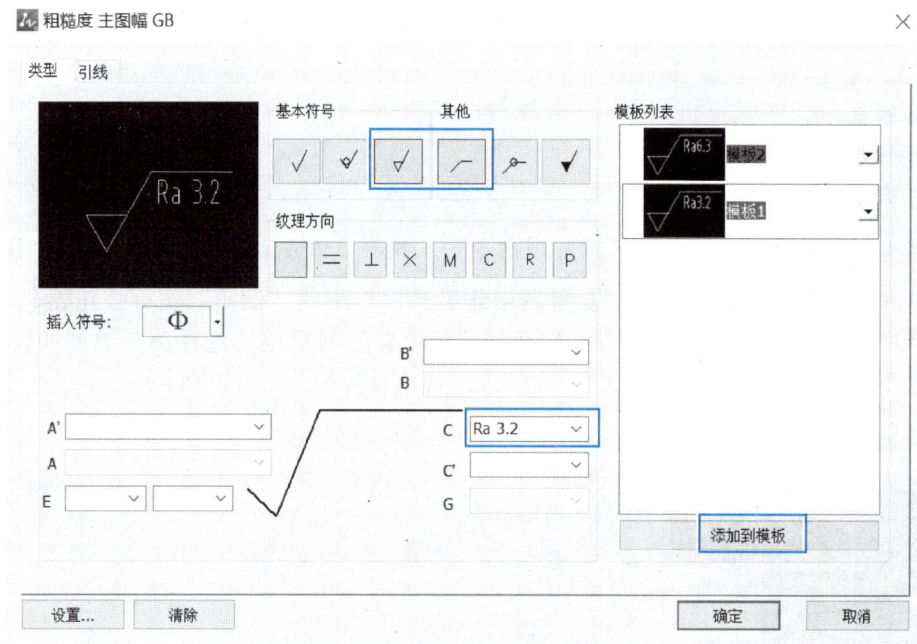

图4-14　设置表面粗糙度

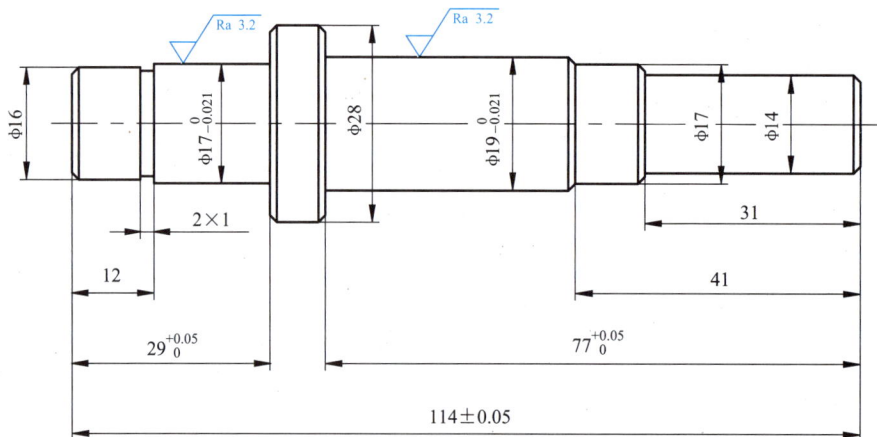

图4-15　标注两个 Ra 3.2μm 的表面粗糙度

命令行文本参考：

命令：CC
当前标准样式为 "GB"

```
当前活动图幅为"主图幅"
选择要附着的对象 或[退出(X)]:                                        //选择 φ17mm 圆柱面
指定插入点 或[配置(C)/引出引线(L)/无引线(N)]〈配置(C)〉
选择要附着的对象 或[退出(X)]:                                        //选择 φ19mm 圆柱面
附着成功!
```

步骤9：标注未注表面粗糙度。继续执行"粗糙度"命令，标注"Ra 6.3"和基本符号如图 4-16 所示。单击"绘图"工具栏中的"多行文字"图标按钮 ，或在命令行输入"T"，在基本符号的附近框选书写范围，如图 4-17 所示。打开"文本格式"对话框，设置字体的样式和字体的高度，如图 4-18 所示，输入符号"( )"后单击"OK"按钮 OK 确认，用"移动"命令调整位置后完成未注表面粗糙度的标注如图 4-19 所示。

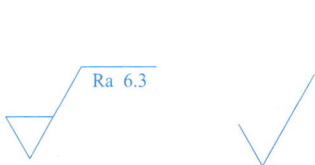

图 4-16　标注"Ra 6.3"和基本符号

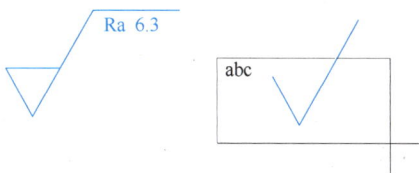

图 4-17　框选书写范围

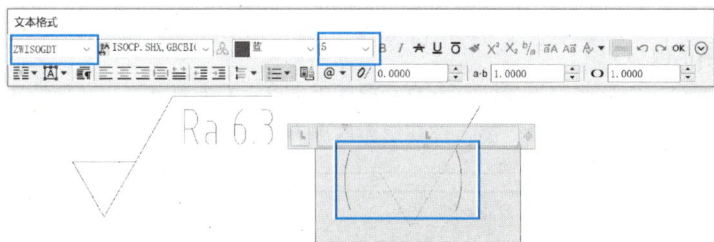

图 4-18　注写符号"( )"

图 4-19　完成未注表面
粗糙度的标注

步骤10：添加技术要求。单击"机械"→"文字处理"→"技术要求"命令，如图 4-20 所示，或在命令行输入"TJ"，调用"技术要求"命令。在打开的"技术要求"对话框中，单击"技术库"按钮，如图 4-21 所示，进入"词句库调用"对话框，单击"活塞件技术要

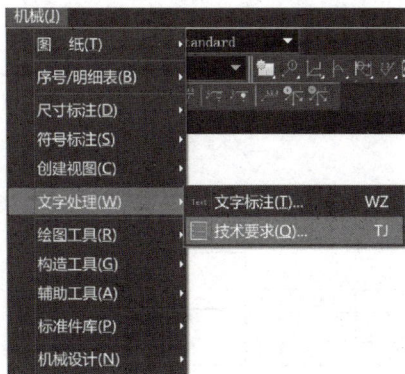

图 4-20　选择"技术要求"命令

图 4-21　单击"技术库"按钮

求",并勾选对应的技术要求,如图 4-22 所示。单击"确认"按钮返回到"技术要求"对话框,调整顺序并编辑内容后,勾选"自动编号",如图 4-23 所示。再按图 4-1 中的技术要求进行编辑和修改后,单击"确认"按钮后,在绘图区合适位置框选范围,添加技术要求,如图 4-24 所示。

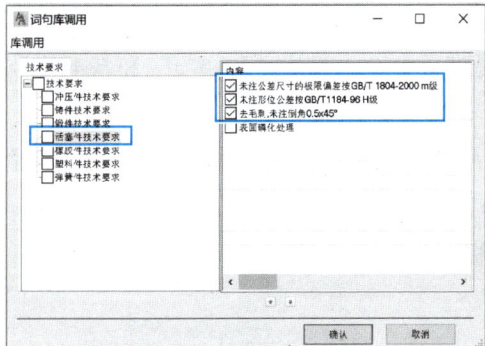

图 4-22　调用技术要求

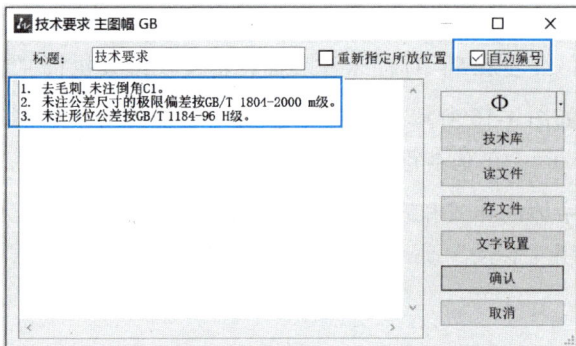

图 4-23　编辑技术要求

命令行文本参考:

命令:TJ
当前标准样式为 "GB"
当前活动图幅为 "主图幅"
以窗口的方式选择技术条件的文字范围!
文字范围的左上角点:　　　　　　　　　　　　//在绘图区单击确定左上角
指定标题位置 或[左对齐(L)/居中(M)]〈居中(M)〉　//在绘图区单击确定右下角

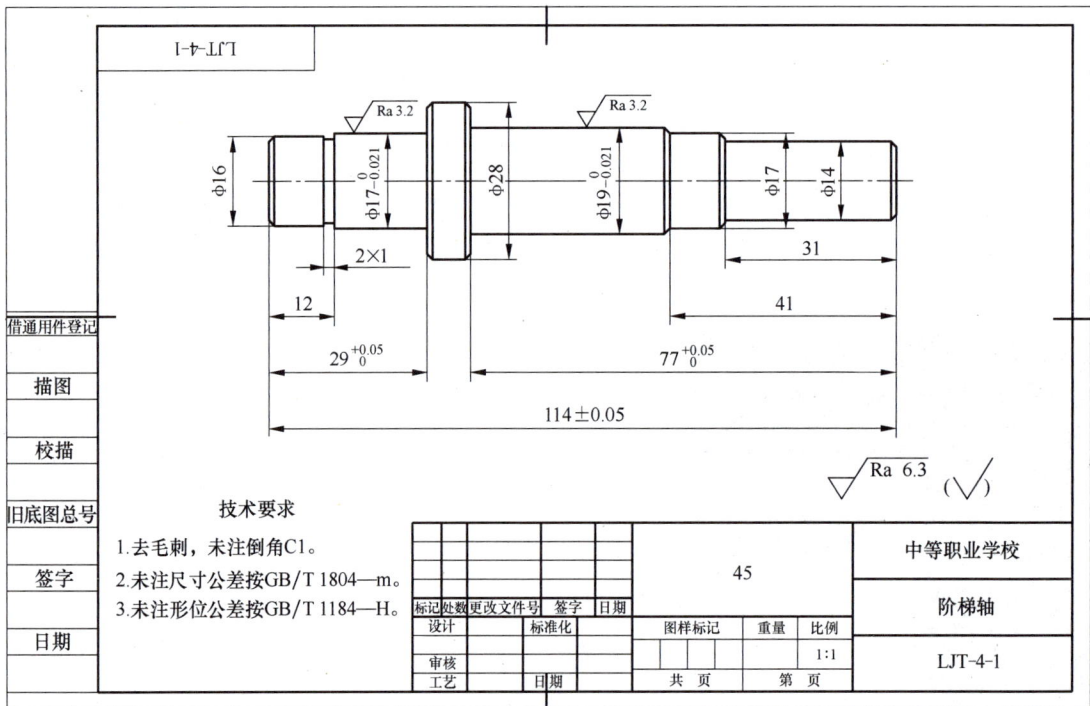

图 4-24　为零件图添加技术要求

步骤 11：检查图形，保存文件。检查无误后，单击"文件"→"保存"命令，输入文件名"阶梯轴零件图"后，单击"保存"按钮关闭文件。

任务拓展

绘制图 4-25 和图 4-26 所示的轴套类零件图。

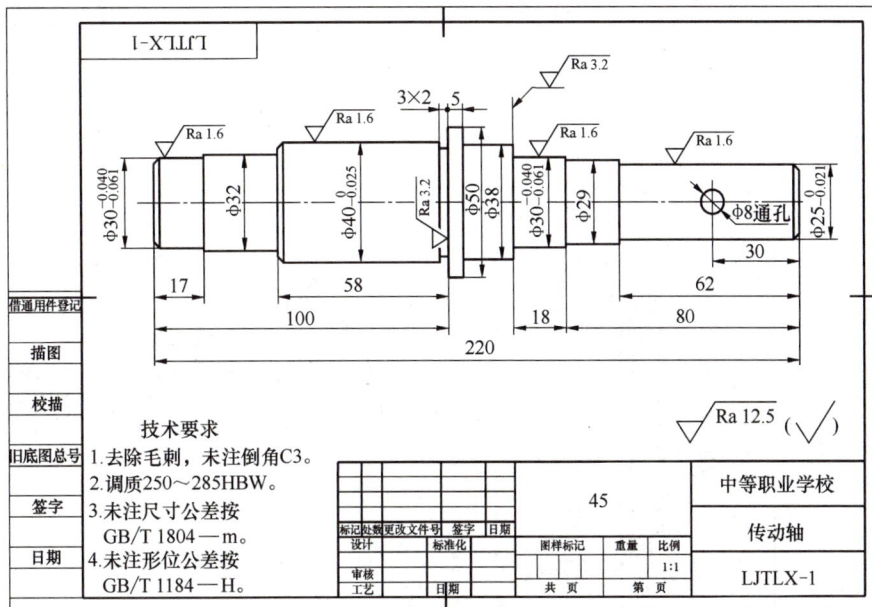

图 4-25 任务拓展图 1

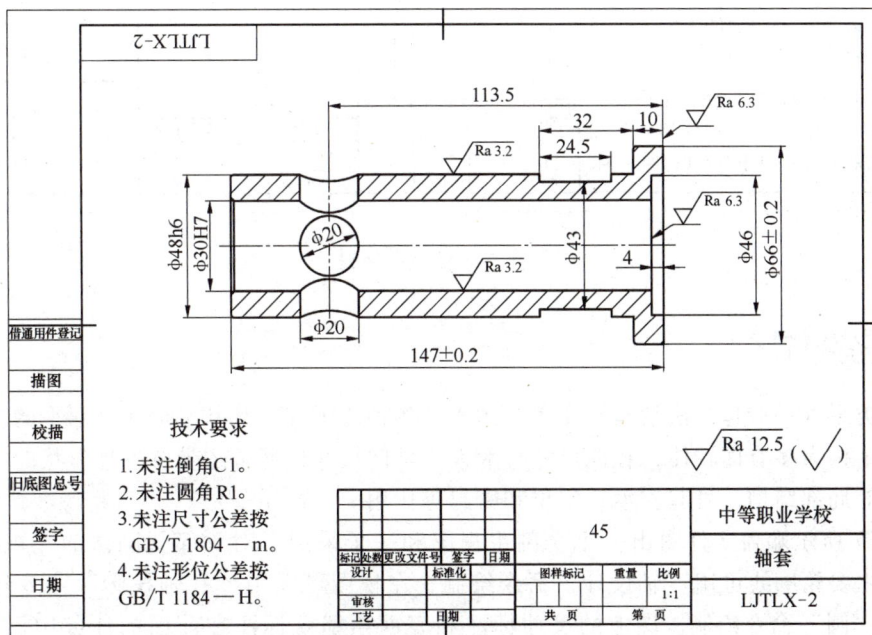

图 4-26 任务拓展图 2

任务二　绘制端盖零件图

任务要求

按照图示尺寸绘制图 4-27 所示的端盖零件图，并标注尺寸。A4 图幅，绘图比例 1：2。

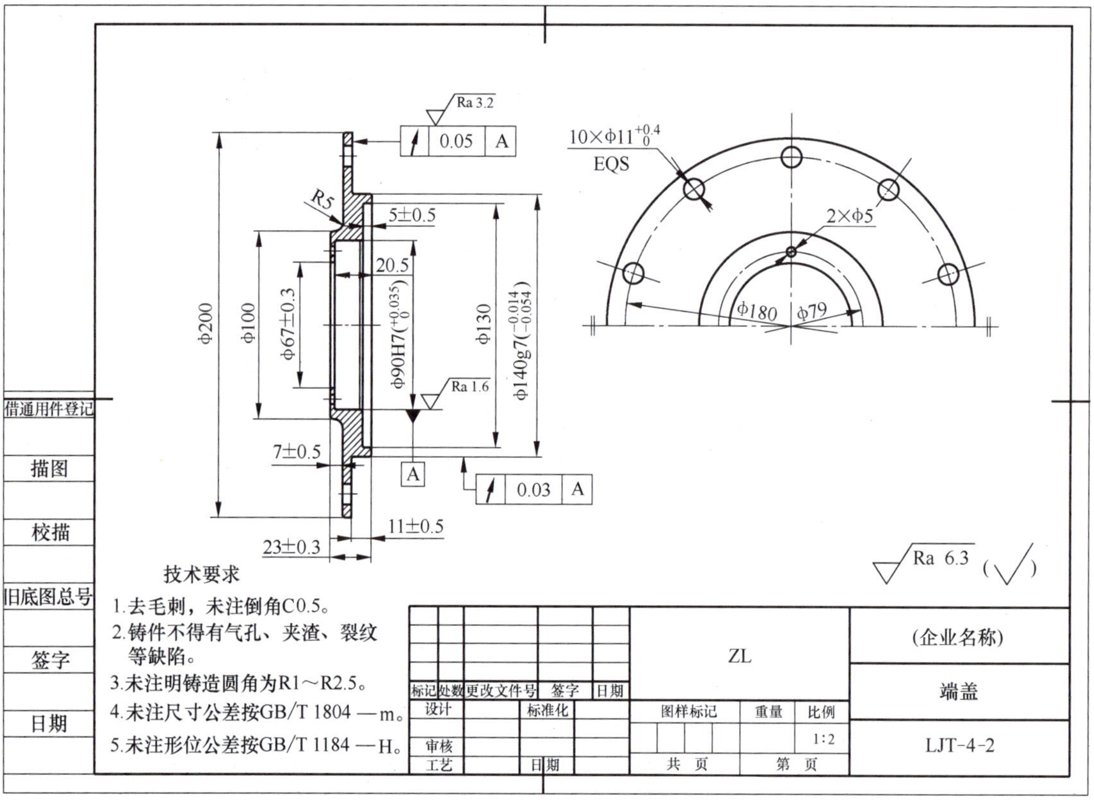

图 4-27　端盖零件图

任务分析

盘盖类零件一般包括法兰盘、端盖、阀盖和各种轮子等。其基本形状为扁平的盘状。它们的主要结构大多有回转体，径向尺寸一般大于轴向尺寸，通常还带有各种形状的凸缘、圆孔和肋板等局部结构，可起支承、定位和密封等作用。

图 4-27 所示端盖零件图由一个全剖主视图和一个采用了对称简化画法的左视图组成。主视图的主要轮廓线可用"轴设计"命令绘制，左视图可采用"孔轴投影"命令绘制，也可直接用"圆"命令绘制。图上的尺寸标注和表面粗糙度标注在前面的任务中已经学习，本次任务主要学习形位公差和基准符号的标注。

任务实施

步骤 1：启动中望 CAD 机械版 2024。

步骤 2：调用 A4 图幅和标题栏，取消勾选"代号栏"，绘图比例设置为 1∶2，如图 4-28 所示。设置粗实线宽度为 0.5mm。

步骤 3：填写标题栏。图样名称为"端盖"，图样代号为"LJT-4-2"，材料为"ZL"，如图 4-29 所示。

步骤 4：绘制主视图外轮廓。调用"轴设计"命令，输入外轮廓三段轴的尺寸，如图 4-30 所示。单击"确定"按钮后，绘制图形，并用"修剪"命令剪掉中间多余图线，如图 4-31 所示。

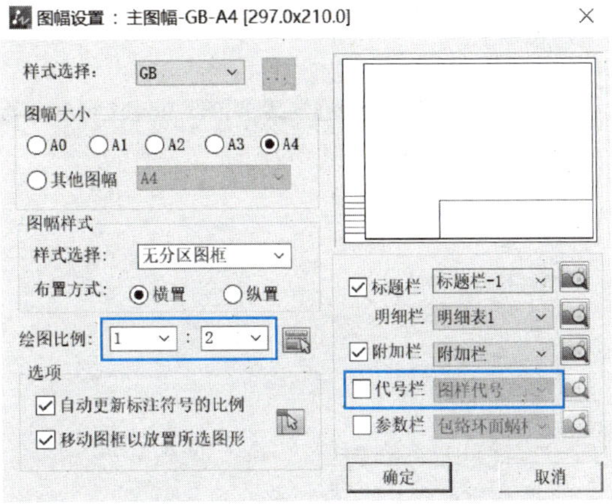

图 4-28　调用图幅并设置

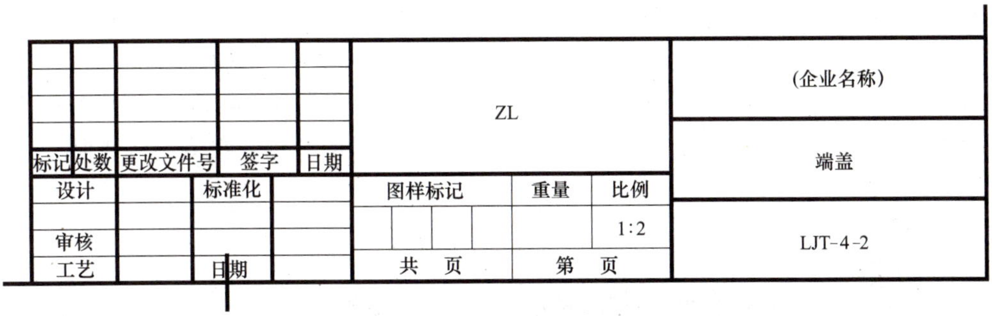

图 4-29　填写标题栏

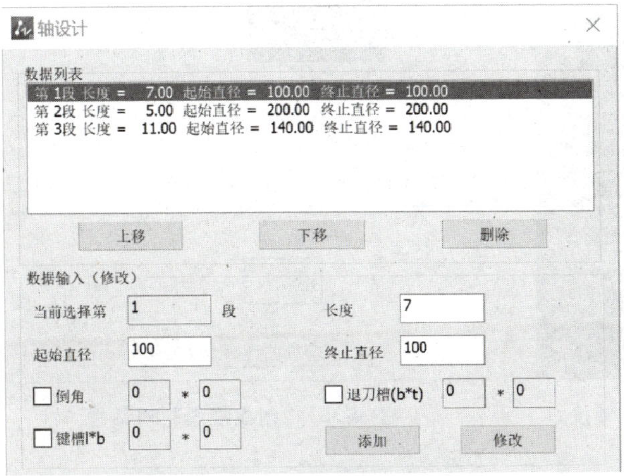

图 4-30　输入外轮廓各段轴尺寸

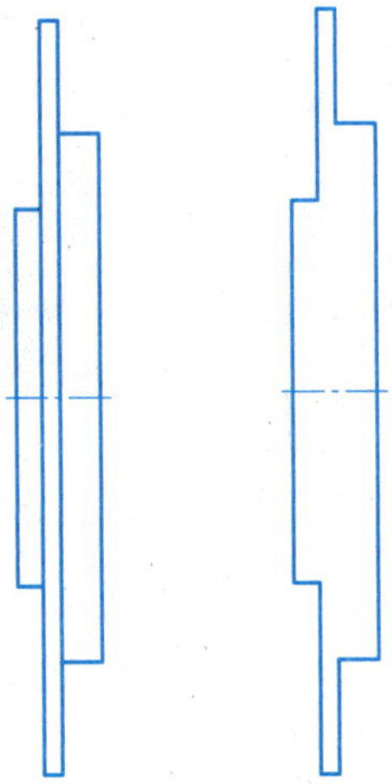

图 4-31　绘制外轮廓

步骤5：绘制主视图内轮廓。继续调用"轴设计"命令，输入内轮廓三段轴尺寸，如图 4-32 所示。单击"确定"按钮后，绘制图形如图 4-33 所示。

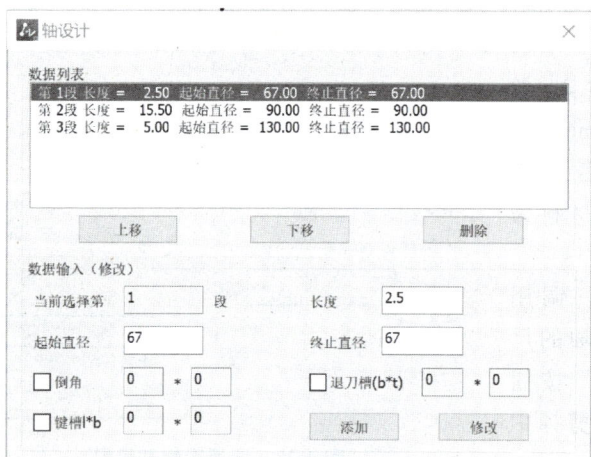

图 4-32　输入内轮廓各段轴尺寸　　　　　　　　图 4-33　绘制内轮廓

步骤6：绘制主视图的其余轮廓线及剖面线。调用"偏移""修剪""圆角过渡""倒角""图案填充"等命令绘制主视图其余轮廓线及剖面线，结果如图 4-34 所示。

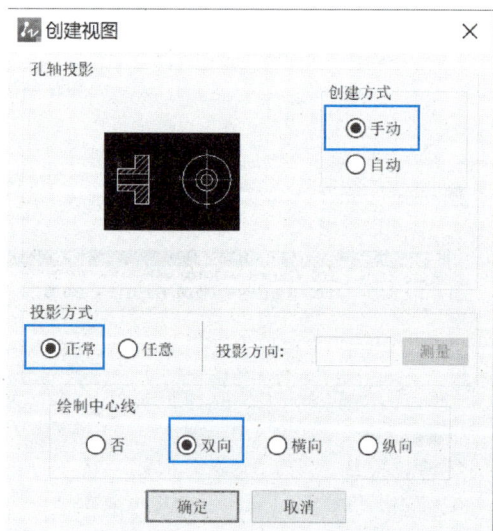

步骤7：绘制左视图主要轮廓线。单击"机械"→"构造工具"→"孔轴投影"命令，如图 4-35 所示，或在命令行输入"TY"，打开如图 4-36 所示的"创建视图"对话框。

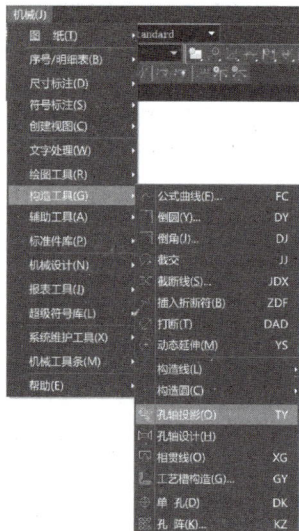

图 4-34　绘制其余轮　　　图 4-35　调用"孔轴投　　　图 4-36　"创建视图"对话框
廓线及剖面线　　　　　　影"命令

根据命令行的提示，选择主视图的轴线，然后依次选择需要投影的各交点，如图 4-37 所示。选择结束后按〈Enter〉键确定，在右边合适位置单击，投影出的左视图如图 4-38 所示。

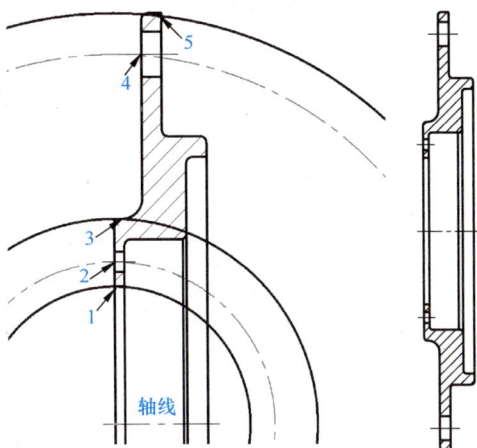

图 4-37 选择轴线和需要投影的各交点

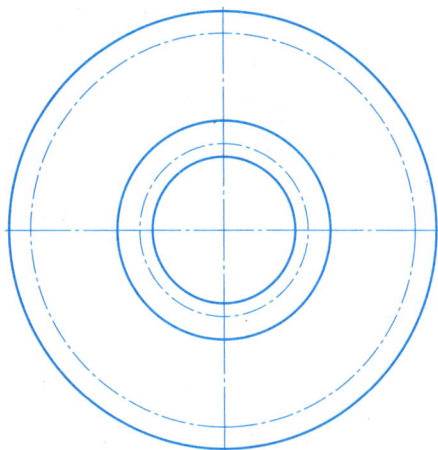

图 4-38 投影出的左视图

命令行文本参考：

命令：TY	
请选择轴线：	//选择轴线
请选择特征投影点：	//选择 1 处所在交点
请选择特征投影点：	//选择 2 处所在交点
请选择特征投影点：	//选择 3 处所在交点
请选择特征投影点：	//选择 4 处所在交点
请选择特征投影点：	//选择 5 处所在交点
请选择特征投影点：	//按〈Enter〉键结束选择
指定投影位置：	//在右边合适位置单击确定

步骤 8：绘制左视图其余轮廓线。调用"修剪""圆""阵列"等命令绘制 6 个小孔，在水平中心线的两端各绘制两条代表对称画法的平行细实线，如图 4-39 所示。

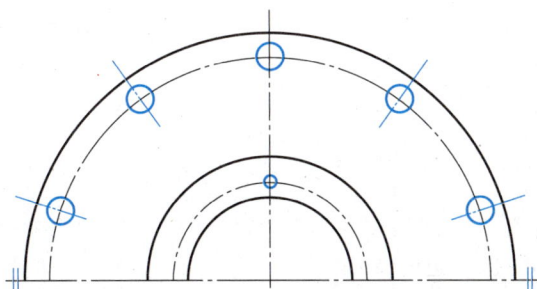

图 4-39 绘制左视图其余轮廓线

步骤 9：标注尺寸。运用前面所学的知识，标注主视图、左视图的尺寸，如图 4-40 所示。

步骤 10：标注基准"A"。单击"符号标注"工具栏（在工具栏空白处单击鼠标右键，选择"ZWCADM"→"符号标注"，可调用此工具栏）中的图标，或在命令行输入"JZ"，打开如图 4-41 所示的"基准标注符号"对话框，输入基准"A"，单击"确定"按钮。选择"φ90"孔的尺寸界线，调整位置后单击确认，如图 4-42 所示。

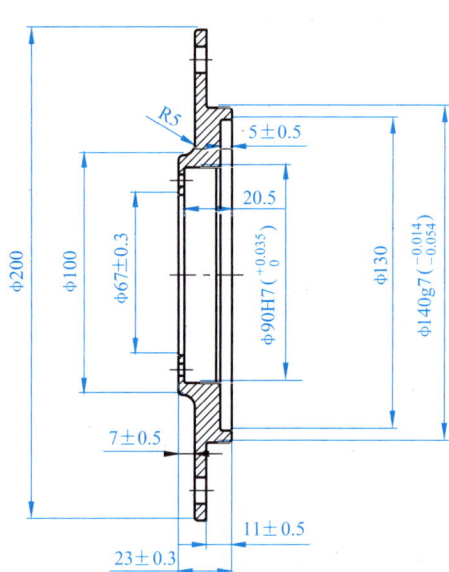

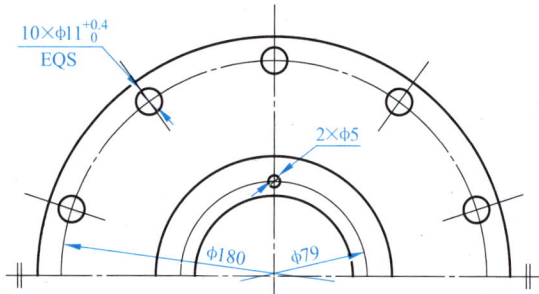

图 4-40 标注尺寸

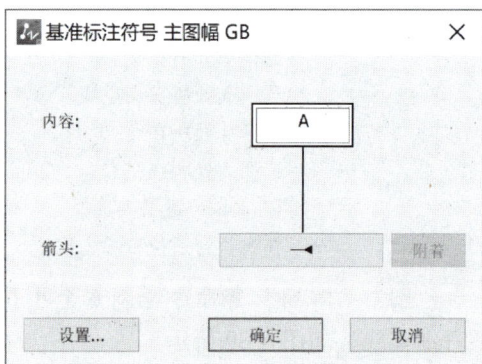

图 4-41 "基准标注符号"对话框

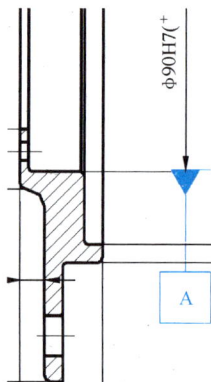

图 4-42 标注基准"A"

命令行文本参考：

命令：JZ
当前标准样式为"GB"
当前活动图幅为"主图幅"
选择要附着的对象或引出点 或[退出(X)]：   //单击"φ90"孔的尺寸界线
附着成功！
起始点或[配置(C)]〈配置(C)〉：   //调整位置后单击确认

步骤 11：标注第一个形位公差。单击"机械常用命令"工具栏（在工具栏空白处单击鼠标右键，选择"ZWCADM"→"机械常用命令"，可调用此工具栏）中的"形位公差"图标按钮，或在命令行输入"XW"，打开"形位公差"对话框，在符号处单击选择圆跳动公差，输入公差数值"0.05"，输入基准"A"，如图 4-43 所示。单击"确定"按钮后，选择"φ200"圆柱右端面，调整位置确认，标注形位公差如图 4-44 所示。

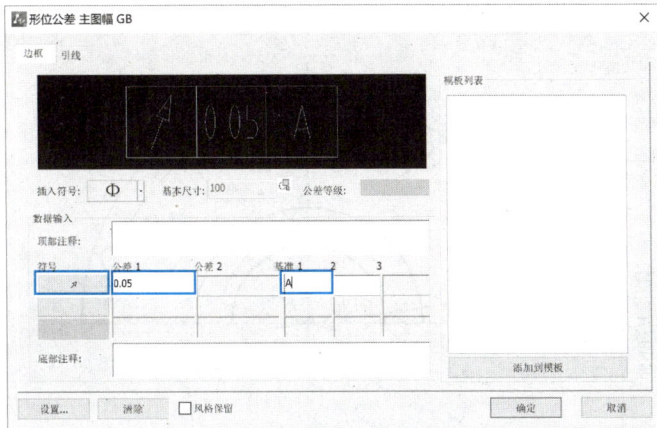

图 4-43　设置形位公差参数

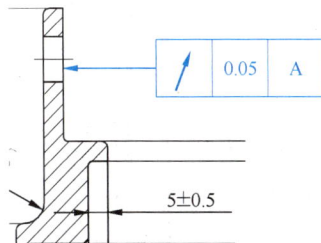

图 4-44　标注第一个形位公差

命令行文本参考：

命令:XW
当前标准样式为"GB"
当前活动图幅为"主图幅"
选择要附着的对象或引出点 或[退出(X)]：　　　　　　　　　　//单击要标注的表面
附着成功!
下一点或 [配置(C)/自动方向(A)/方向:右(R)/方向:左(L)/方向:上(U)/方向:下(D)/引线为多
线段(P)/无引线(N)]〈配置(C)〉：　　　　　　　　　　//单击确认

步骤 12：标注第二个形位公差。继续调用"形位公差"命令，在符号处单击选择圆跳动公差 ，输入公差数值"0.03"，输入基准"A"，单击"确定"按钮后，选择"φ140"圆柱面，输入字母"r"，向右折弯标注，调整位置后单击确认，标注形位公差如图 4-45 所示。

命令行文本参考：

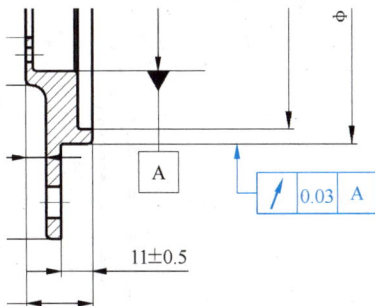

图 4-45　标注第二个形位公差

命令:XW
当前标准样式为"GB"
当前活动图幅为"主图幅"
选择要附着的对象或引出点 或[退出(X)]：　　　　　　　　//单击要标注的表面
附着成功!
下一点或 [配置(C)/自动方向(A)/方向:右(R)/方向:左(L)/方向:上(U)/方向:下(D)/引线为多
线段(P)/无引线(N)]〈配置(C)〉:R　　　　　　　　//输入"R",向右折弯标注
下一点或 [配置(C)/自动方向(A)/方向:右(R)/方向:左(L)/方向:上(U)/方向:下(D)/引线为多
线段(P)/无引线(N)]〈配置(C)〉：　　　　　　　　//单击确认

步骤 13：标注表面粗糙度。调用"粗糙度"命令，标注表面粗糙度"Ra 1.6""Ra 3.2"和未注表面粗糙度"Ra 6.3"，如图 4-46 所示。

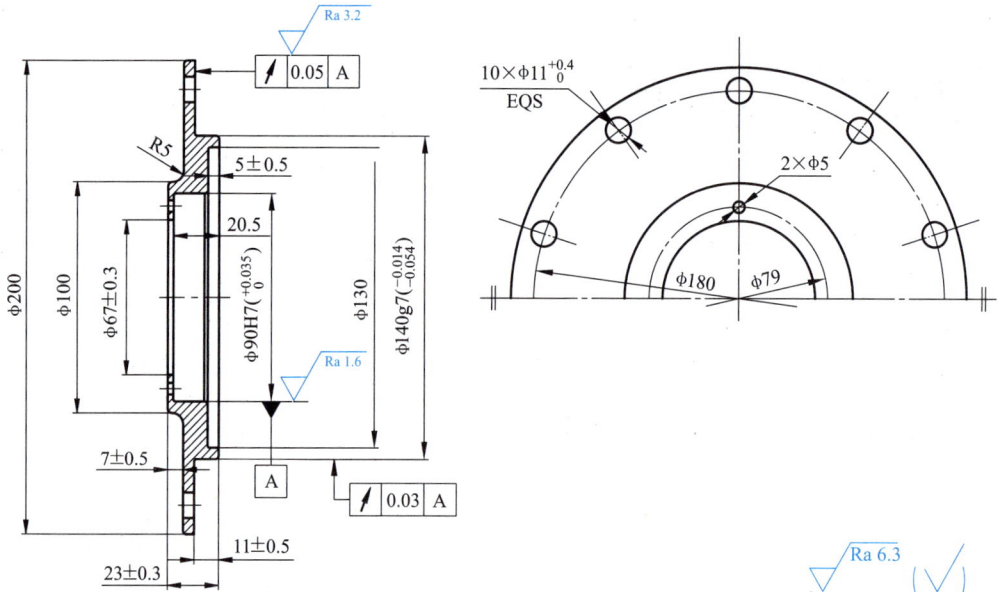

图 4-46　标注表面粗糙度

步骤 14：添加技术要求。在命令行输入命令"TJ"，添加技术要求，结果如图 4-47 所示。

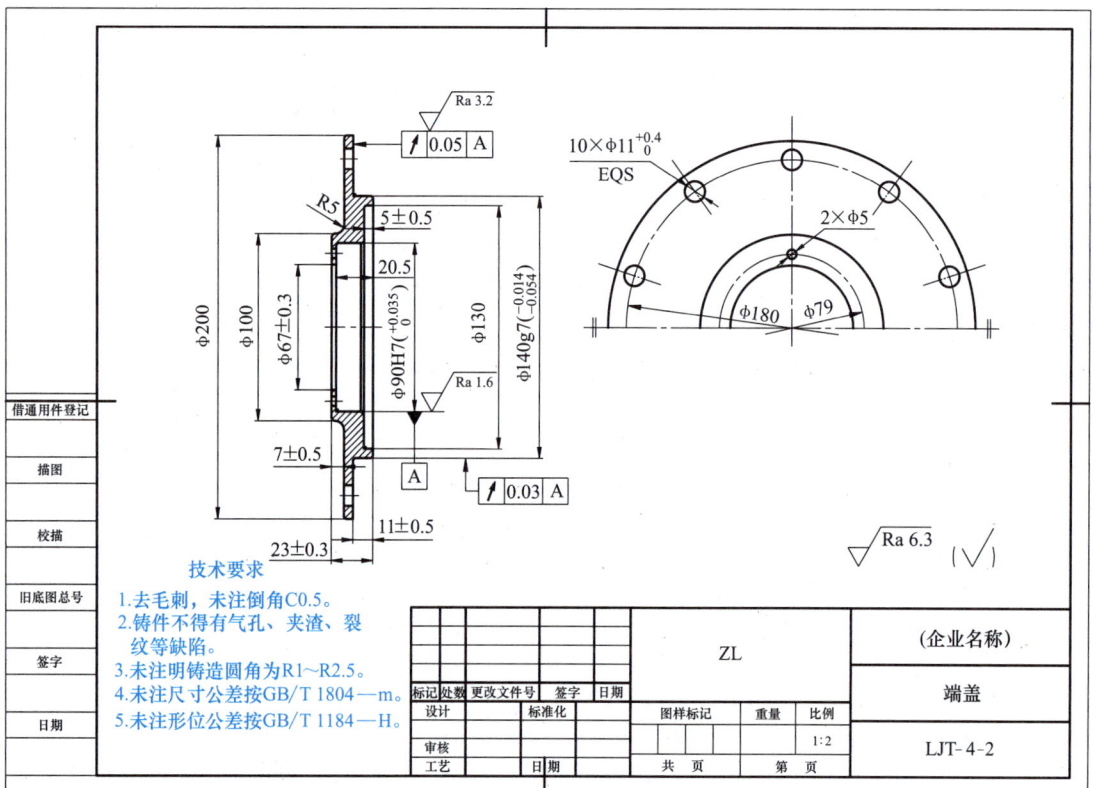

图 4-47　添加技术要求

步骤 15：检查图形，保存文件。检查无误后，单击"文件"→"保存"命令，输入文件名"端盖零件图"后，单击"保存"按钮关闭文件。

任务拓展

绘制图 4-48 和图 4-49 所示的盘盖类零件图。

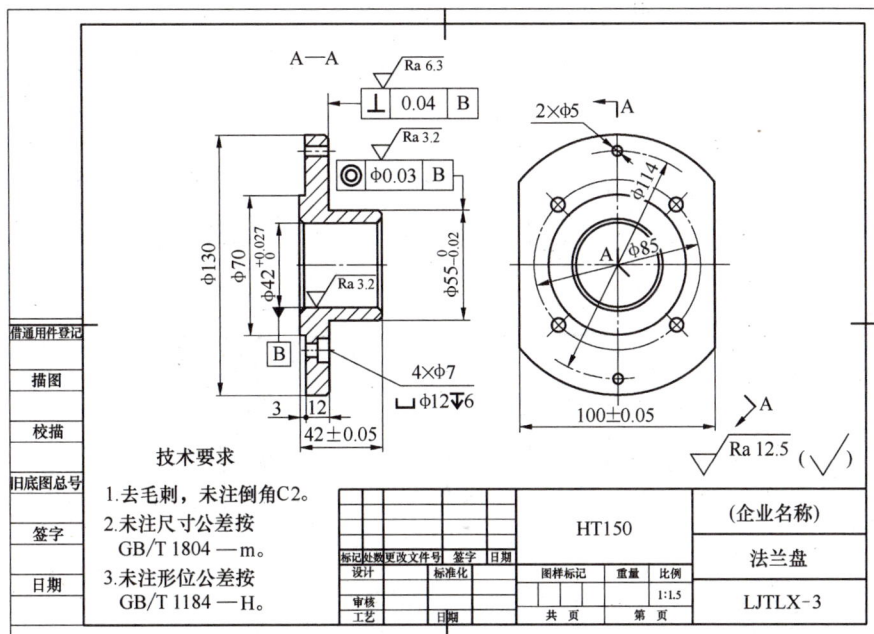

图 4-48　任务拓展图 1

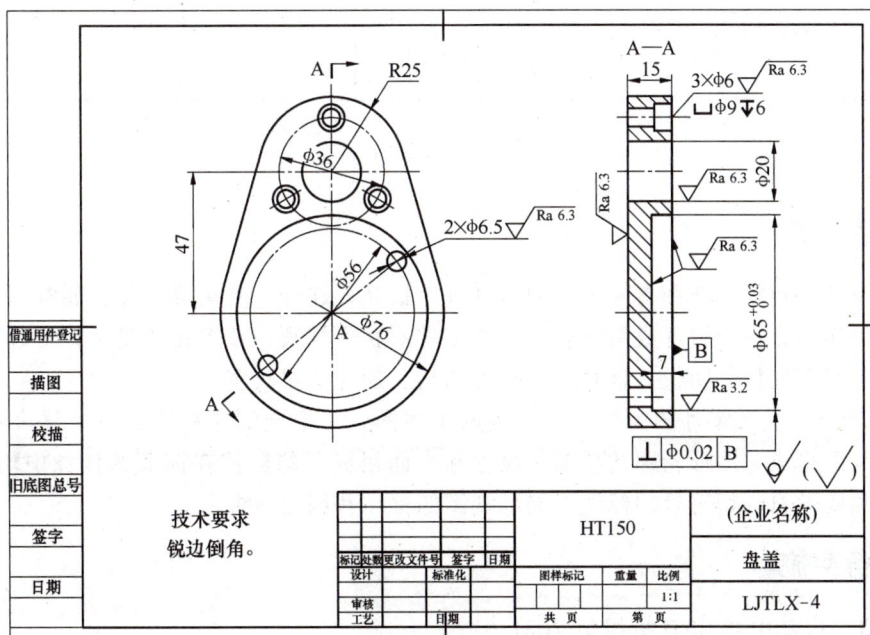

图 4-49　任务拓展图 2

任务三 绘制拨叉零件图

任务要求

按照图示尺寸绘制图 4-50 所示的拨叉零件图，并标注尺寸。

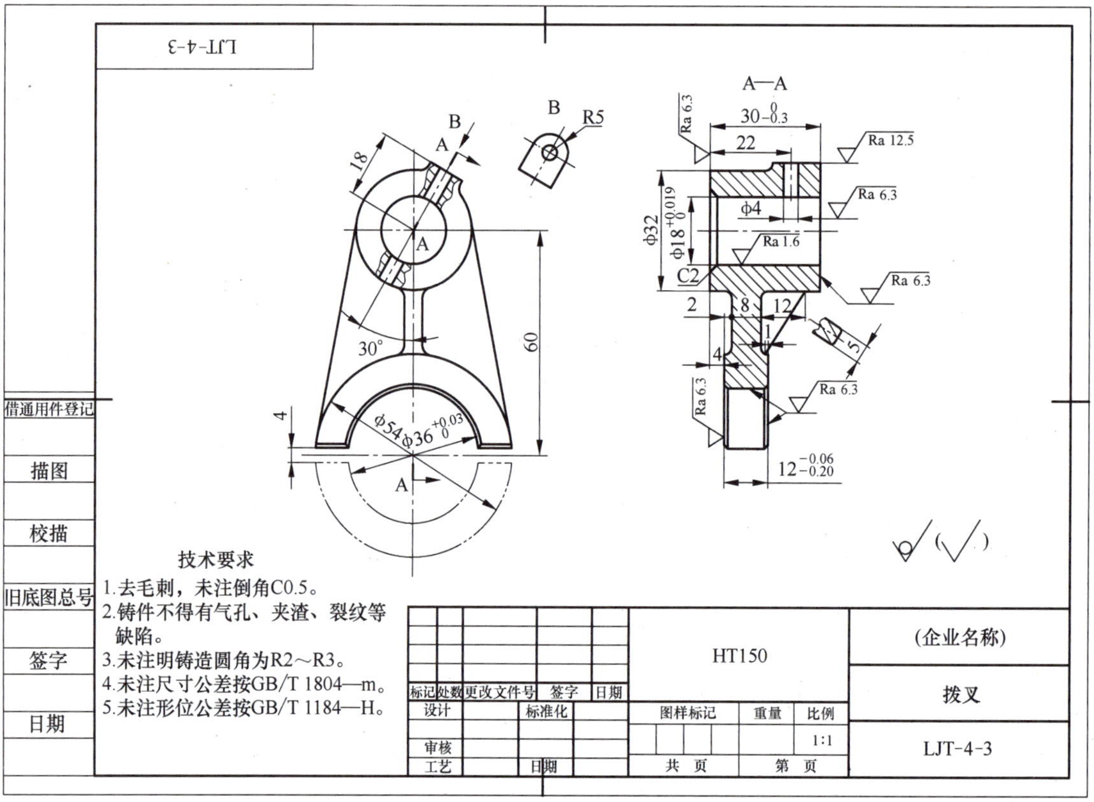

图 4-50 拨叉零件图

任务分析

叉架类零件包括叉杆和支架，一般有杠杆、拨叉、连杆、支座等零件，通常起传动、连接、支承等作用，多为铸件或锻件。叉架类零件形状不规则，外形比较复杂，常有弯曲或倾斜结构，并带有底板、肋板、轴孔、螺孔等结构，加工位置较多。

图 4-27 所示拨叉零件图由一个局部剖的主视图、一个全剖左视图、一个移出断面图和一个局部视图组成。图形轮廓的绘制、尺寸和表面粗糙度的标注在前面的任务中均已学习，本次任务主要学习剖切符号的标注、局部视图的标注和倒角的标注。

任务实施

步骤 1：启动中望 CAD 机械版 2024。

步骤 2：调用 A4 图幅和标题栏，绘图比例设置为 1：1，设置粗实线宽度为 0.5mm。

步骤 3：填写标题栏。图样名称为"拨叉"，图样代号为"LJT-4-3"，材料为"HT150"，如图 4-51 所示。

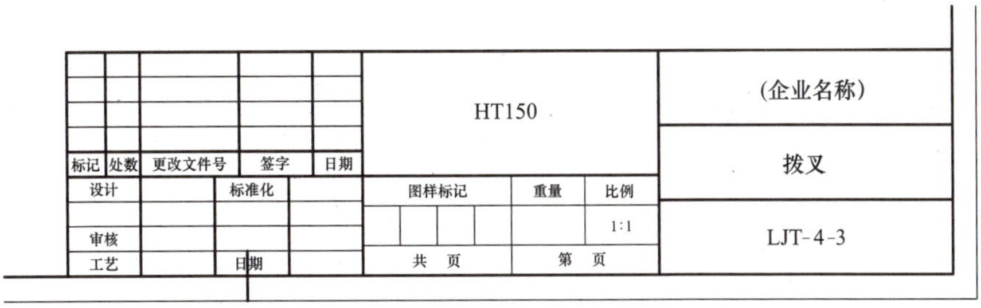

					HT150			(企业名称)	
标记	处数	更改文件号	签字	日期				拨叉	
设计		标准化			图样标记	重量	比例		
							1:1	LJT-4-3	
审核									
工艺		日期			共　页		第　页		

图 4-51　填写标题栏

步骤 4：绘制各视图的轮廓线。运用前面所学的绘图命令，绘制主视图、左视图、移出断面图和局部视图，如图 4-52 所示。

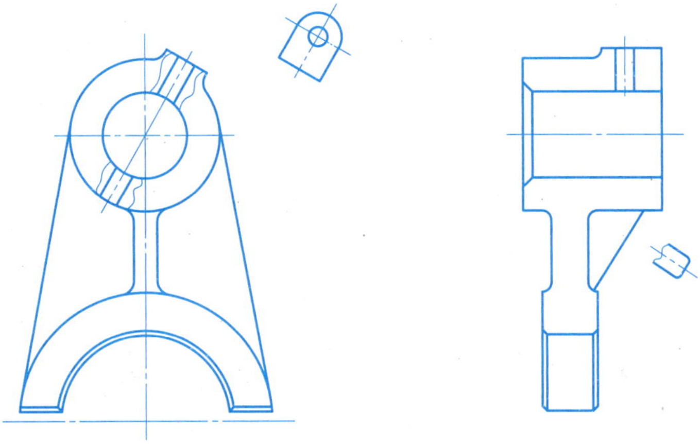

图 4-52　绘制各视图的轮廓线

步骤 5：绘制剖面线。在命令行输入"H"，调用"图案填充"命令，绘制剖面线。为方便编辑图形，三个视图分三次填充。由于图形轮廓的特点，主视图和左视图的剖面线用 135°绘制（填充角度为 90°），移出断面图的剖面线用 120°绘制（填充角度为 75°），如图 4-53 所示。

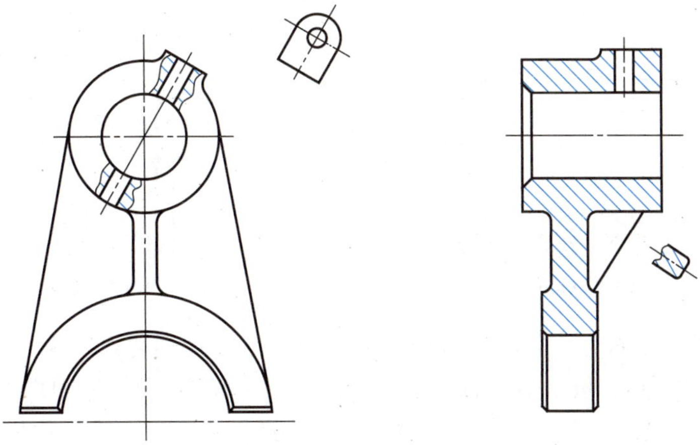

图 4-53　绘制剖面线

步骤 6：标注尺寸。在命令行输入"D"，调用"尺寸标注"命令，标注各视图的尺寸，如图 4-54 所示。

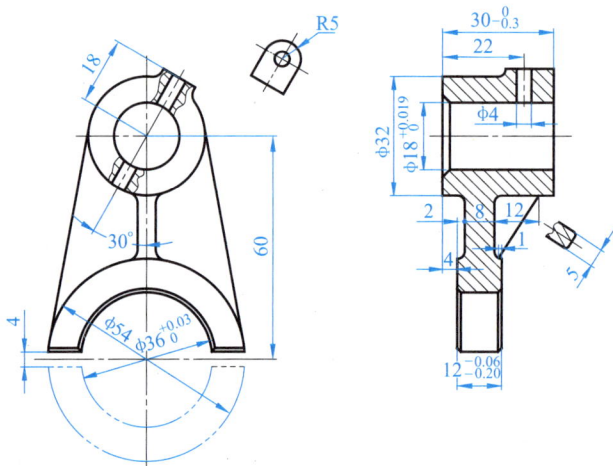

图 4-54　标注尺寸

步骤 7：标注倒角"C2"。单击"尺寸标注"工具栏（在工具栏空白处单击鼠标右键，选择"ZWCADM"→"尺寸标注"，可调用此工具栏）中的"倒角标注"图标按钮，或在命令行输入"DB"，根据命令行的提示，选择倒角线后按〈Enter〉键，弹出"倒角标注"对话框，如图 4-55 所示。确认长度后按"确定"按钮，在倒角附近单击标注位置，标注结果如图 4-56 所示。

命令行文本参考：

命令:DB	
选择倒角线 或[退出(X)]:	//单击要标注的倒角线
选择基线 或[退出(X)]〈回车 x 轴为基线〉:	//按〈Enter〉键确认
选择另一条倒角线 或[退出(X)]〈回车没有另一条倒角线〉:	//按〈Enter〉键确认
标注点 或 [配置(C)/改变标注方向(D)]〈改变标注方向〉:	//单击确认标注位置

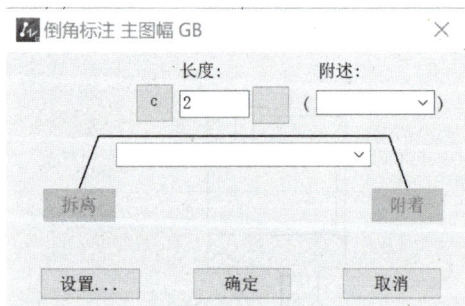

图 4-55　输入倒角尺寸

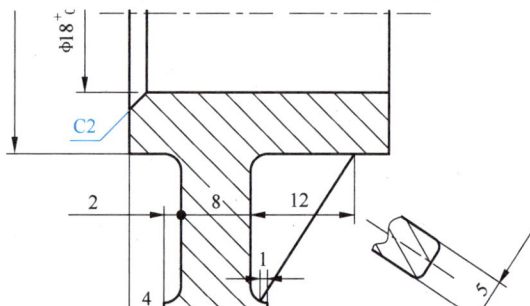

图 4-56　倒角标注结果

步骤 8：标注剖切符号。单击"机械"→"创建视图"→"剖切线"命令，如图 4-57 所示，或在命令行输入"PQ"，根据命令行提示，分别在图 4-58 所示的主视图"1""2""3"处单击，按〈Enter〉键结束选择；左右移动光标可选择投射方向，按〈Enter〉键确认，在左视图上方单击确定"A—A"的标注位置。

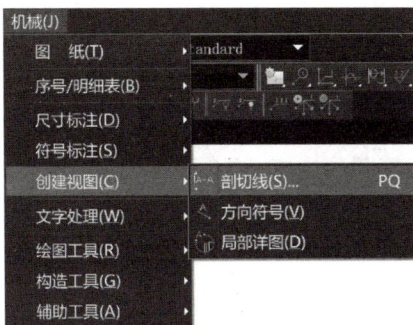

图 4-57 调用"剖切线"命令

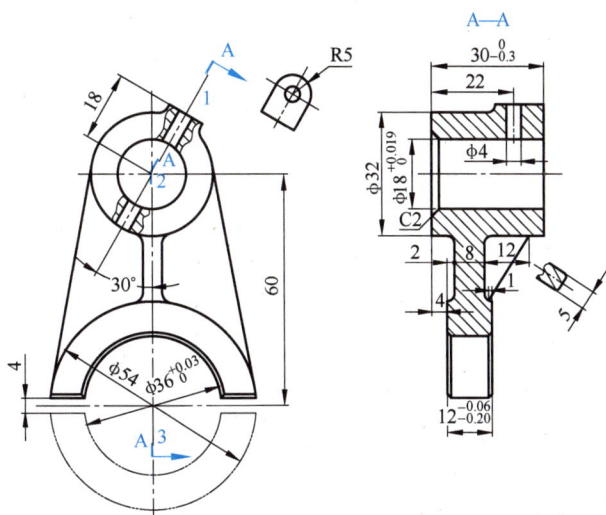

图 4-58 标注剖切符号

命令行文本参考：

命令:PQ	
选择点：	//在"1"处单击
指定剖切线的下一个点或［配置(C)］〈配置(C)〉：	//在"2"处单击
指定剖切线的下一个点或［配置(C)/半剖(H)］：	//在"3"处单击
指定剖切线的下一个点或［配置(C)/半剖(H)］：	//按〈Enter〉键结束选择
指定剖视方向或［配置(C)］〈配置(C)〉：	//选择投射方向后按〈Enter〉键确认
指定视图名称的原点或［配置(C)］〈配置(C)〉：	//在左视图上方单击确定"A—A"位置

双击剖切符号，打开"剖切符号"对话框，如图 4-59 所示，单击"设置"按钮，打开如图 4-60 所示的"剖切符号设置"对话框，设置线宽为 0.5mm，结果如图 4-61 所示。

图 4-59 "剖切符号"对话框

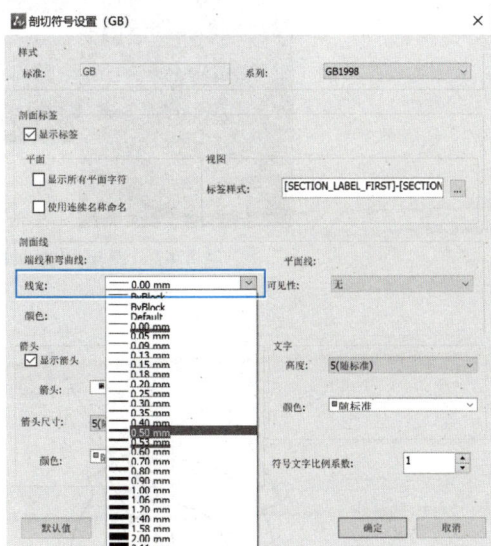

图 4-60 设置剖切符号的线宽

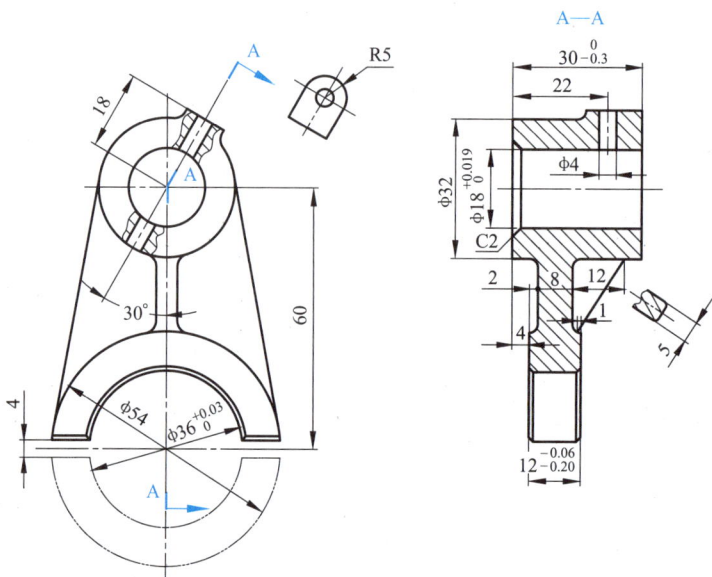

图 4-61　设置剖切符号线宽

步骤 9：标注局部视图符号。单击"机械"→"创建视图"→"方向符号"命令，如图 4-62 所示。根据命令行提示，在图 4-63 所示的主视图"1"处单击后打开如图 4-64 所示的"向视图符号"对话框，输入向视符号"B"后单击"确定"按钮返回到绘图区在"2"处单击确定箭头的方向，再在向视图上方"3"处单击确定视图名称的位置，完成局部视图标注，如图 4-63 所示。

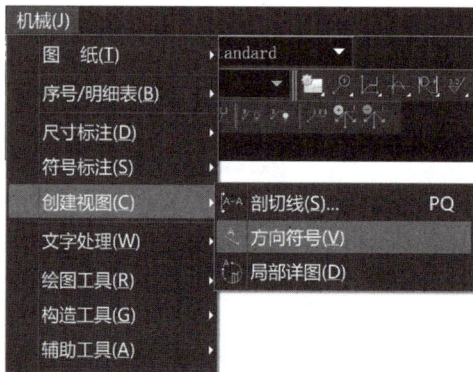

图 4-62　调用"方向符号"命令

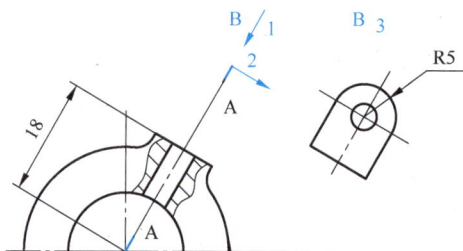

图 4-63　标注局部视图符号

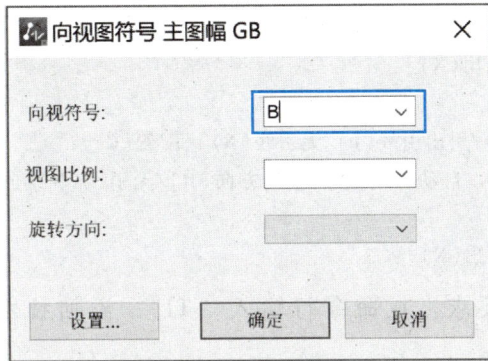

图 4-64 标注剖切符号

命令行文本参考：

命令：_ZWMVIEWDIRECTION
请确定源视图标记标注点或［配置(C)]〈配置(C)〉：   //在"1"处单击
请确定投影角度或［配置(C)]〈配置(C)〉：   //在"2"处单击
请确定目标视图标记标注点或［配置(C)]〈配置(C)〉：   //在"3"处单击确定"B"的位置

步骤 10：标注表面粗糙度。调用"粗糙度"命令，标注表面粗糙度如图 4-65 所示。在标注带引线的表面粗糙度时，单击附着的表面后，输入字母"L"，在绘图区域单击确认标注位置，按〈Enter〉键结束标注。

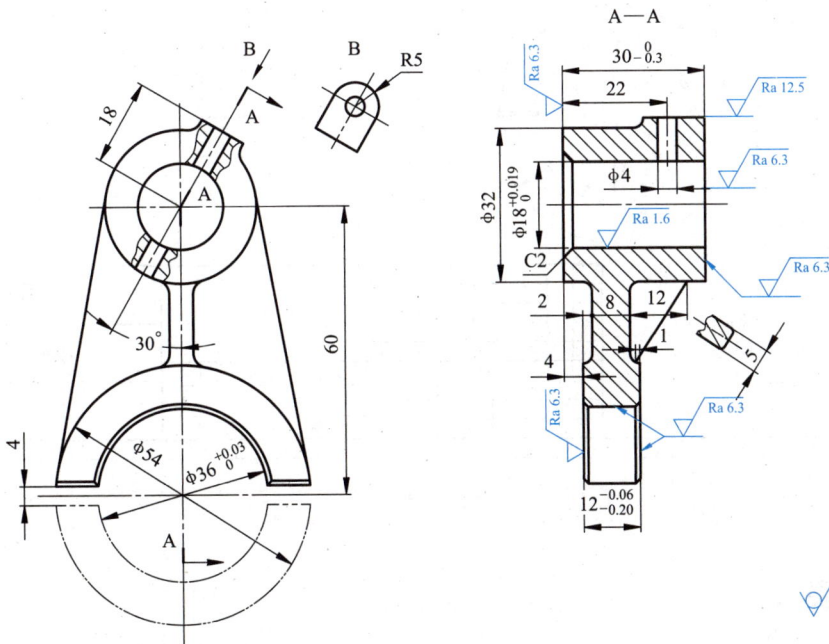

图 4-65 标注表面粗糙度

命令行文本参考:

命令:CC

选择要附着的对象 或[退出(X)]:   //单击选择表面

附着成功!

指定插入点 或[配置(C)/引出引线(L)/无引线(N)]〈配置(C)〉L   //输入"L"

指定插入点 或[配置(C)/自动方向(A)/改变方向(R)/无引线(N)/自动引线(T)/引线为多线段

(P)]〈配置(C)〉   //选择位置

选择要附着的对象 或[退出(X)]:   //按〈Enter〉键结束标注

步骤 11:添加技术要求。在命令行输入"TJ",添加技术要求,结果如图 4-66
所示。

步骤 12:检查图形,保存文件。检查无误后,单击"文件"→"保存"命令,输入文件
名"拨叉零件图"后单击"保存"按钮关闭文件。

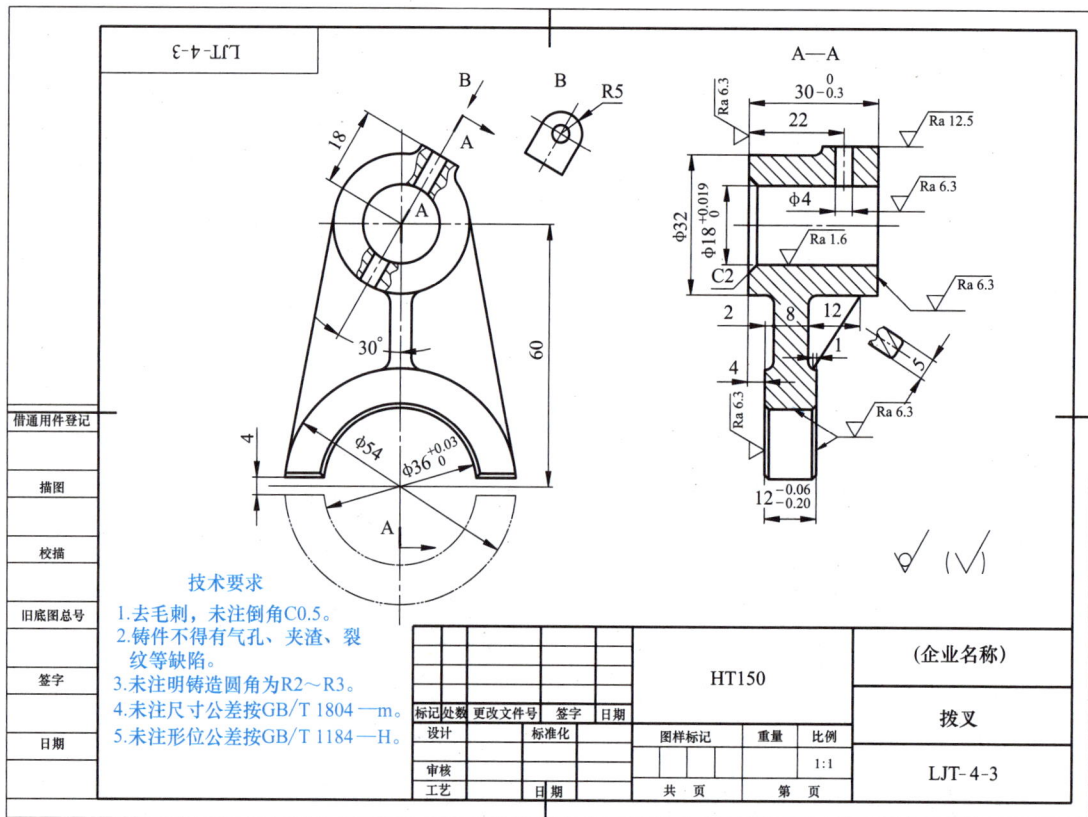

图 4-66　添加技术要求

任务拓展

绘制图 4-67 和图 4-68 所示的叉架类零件图。

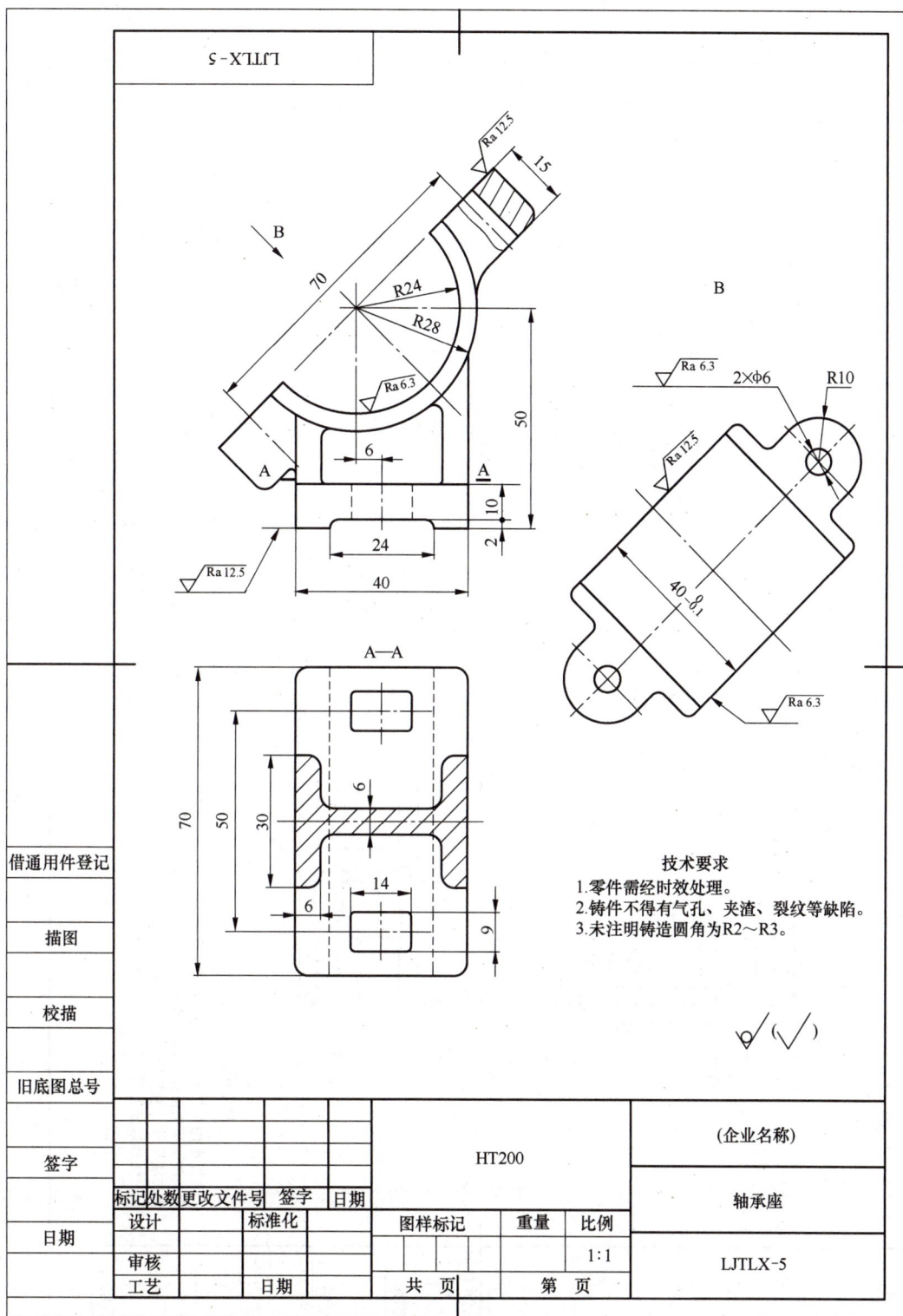

图 4-67 任务拓展图 1

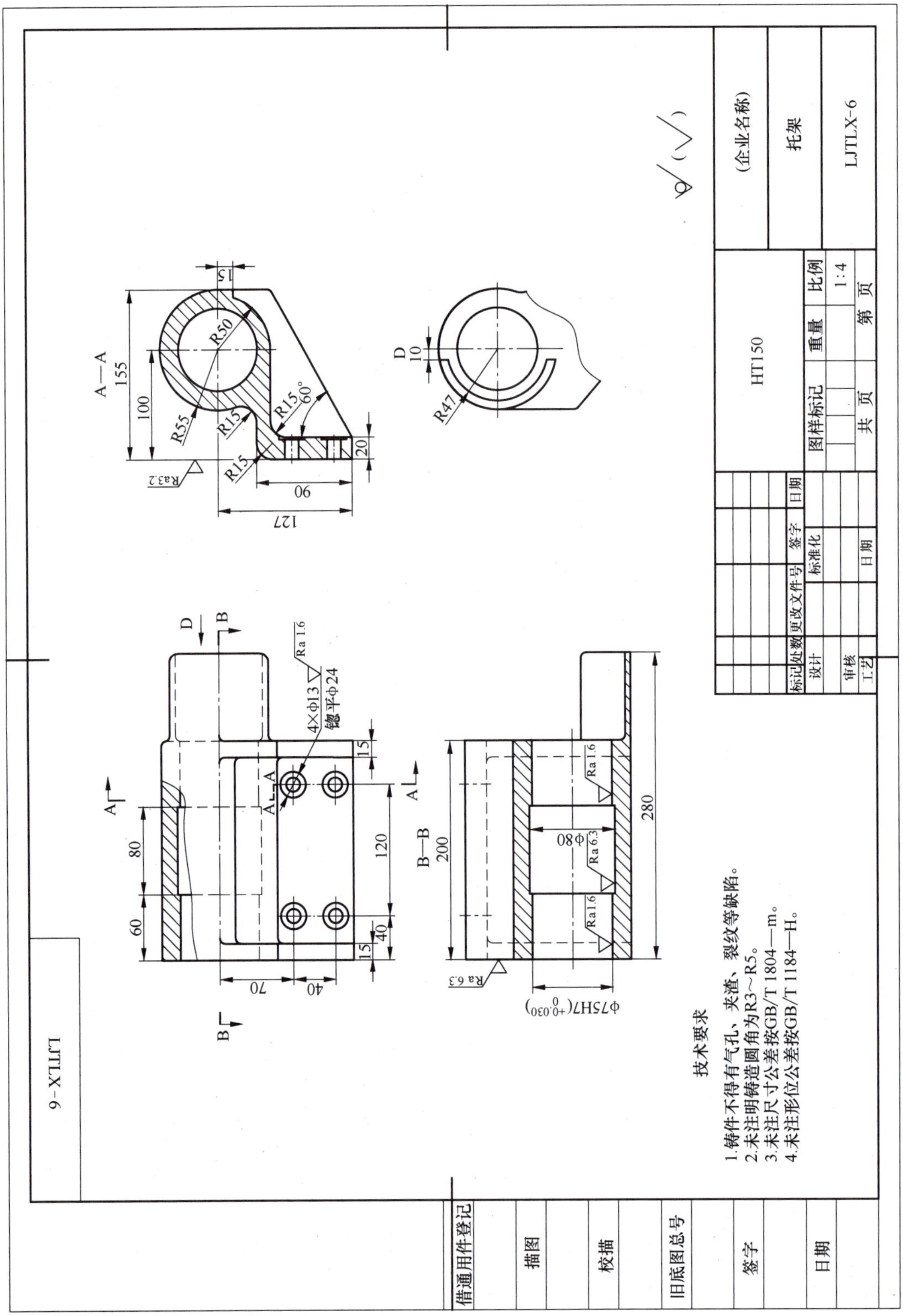
技术要求
1.铸件不得有气孔、夹渣、裂纹等缺陷。
2.未注明铸造圆角为R3~R5。
3.未注尺寸公差按GB/T 1804—m。
4.未注形位公差按GB/T 1184—H。
(企业名称)
托架
LJTLX-6
HT150
图样标记
重量
比例
1:4
共 页
第 页
标记
处数
更改文件号
签字
日期
设计
标准化
审核
工艺
日期
A—A
B—B
4×Φ13
锪平Φ24
Φ75H7($^{+0.030}_{0}$)
Φ80
借通用件登记
描图
校描
旧底图总号
签字
日期
LJTLX-6

图 4-68 任务拓展图 2

任务四 绘制泵体零件图

任务要求

按照图示尺寸绘制图 4-69 所示的泵体零件图并标注尺寸。A3 图幅，绘图比例 1∶1。

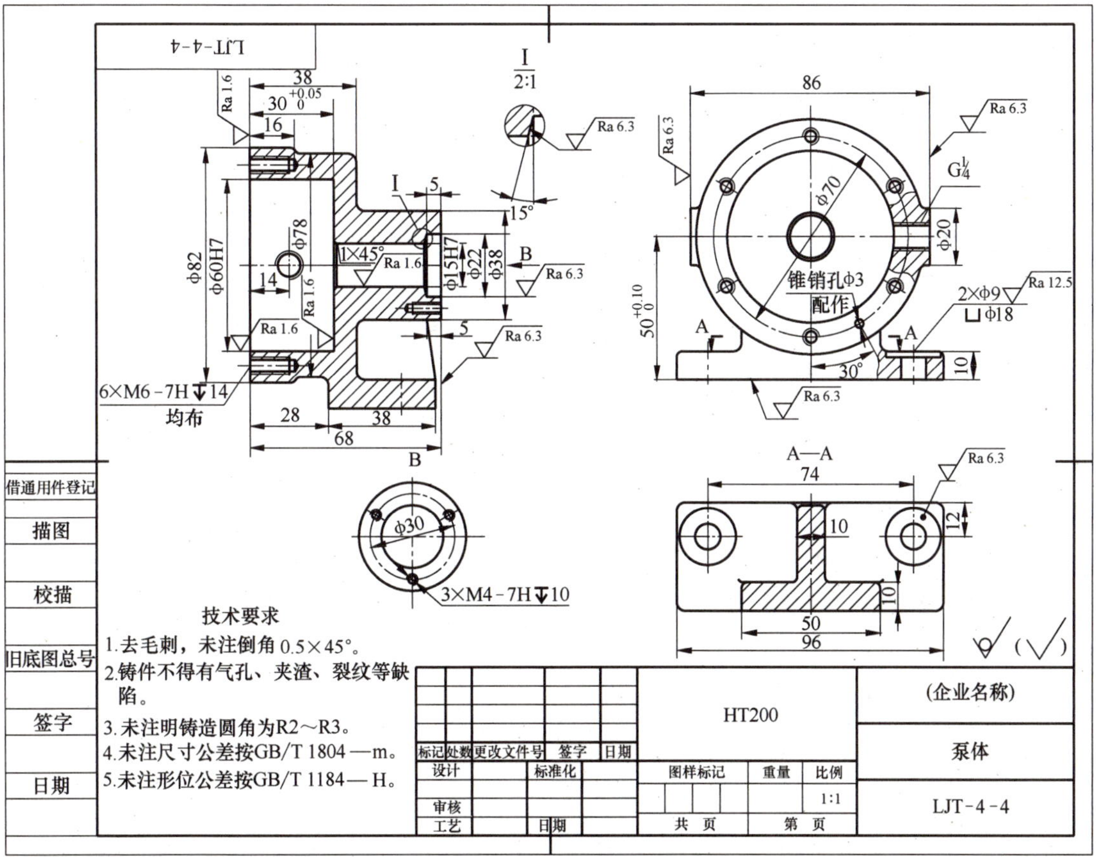

图 4-69 泵体零件图

任务分析

箱体类零件一般有箱体、泵体、阀体、阀座等。箱体类零件是用来支承、包容、密封和保护运动着的零件或其他零件的，多为铸件。箱体类零件的结构比较复杂，加工位置较多，为了清楚地表达其复杂的内、外结构和形状，所采用的视图也较多。

图 4-69 所示泵体零件图用了五个视图来表达，分别为全剖主视图、局部剖左视图、A—A 全剖视图、B 向局部视图和一个局部放大图。图形轮廓的绘制、尺寸标注、表面粗糙度的标注、剖切符号标注等在前面的任务中均已学习，本次任务主要学习局部放大图的绘制及标注、引线的标注和倒角的标注。

任务实施

步骤1：启动中望CAD机械版2024。

步骤2：调用A3图幅和标题栏，绘图比例设置为1：1，设置粗实线宽度为0.5mm。

步骤3：填写标题栏。图样名称为"泵体"，图样代号为"LJT-4-4"，材料为"HT200"，如图4-70所示。

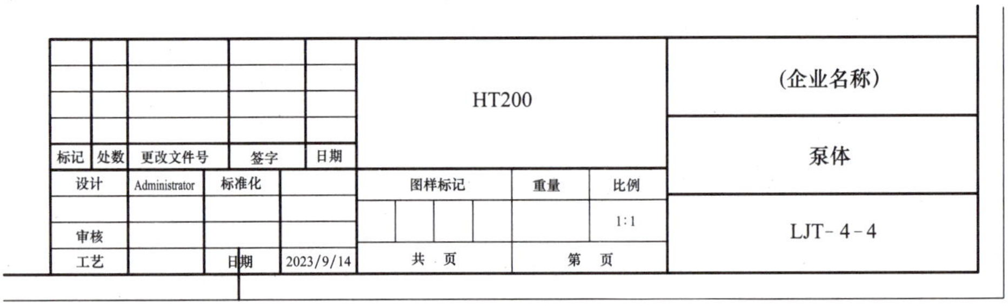

						HT200			（企业名称）
标记	处数	更改文件号	签字	日期					泵体
设计		Administrator	标准化		图样标记		重量	比例	
审核								1：1	LJT-4-4
工艺			日期	2023/9/14	共　页		第　页		

图4-70　填写标题栏

步骤4：绘制视图。运用前面所学的绘图命令，绘制主视图、左视图、A—A剖视图以及B向局部视图，如图4-71所示。

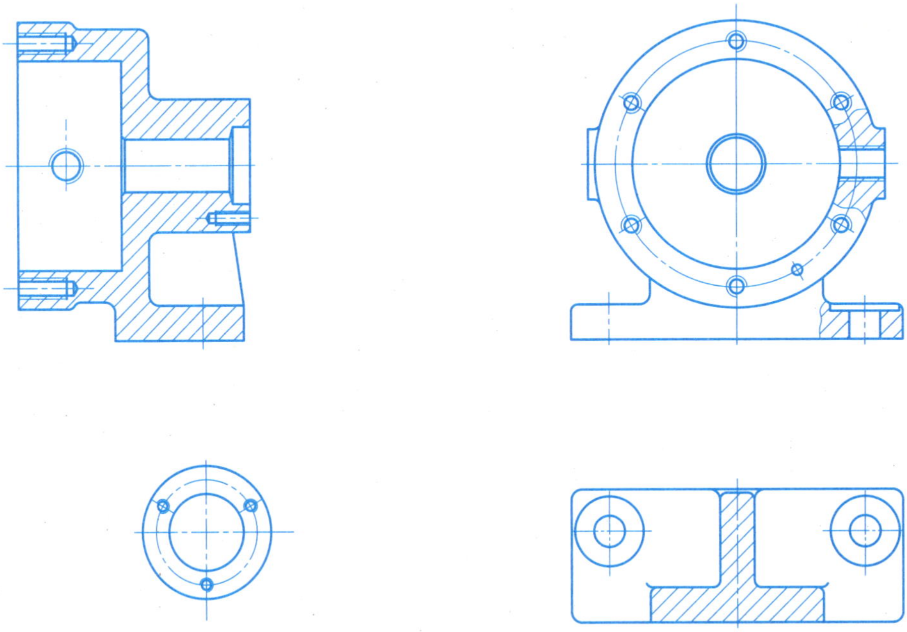

图4-71　绘制视图

步骤5：绘制局部放大图。单击"机械"→"创建视图"→"局部详图"命令，如图4-72所示，调用"局部详图"命令。根据命令行提示，在图4-73中"1"处单击确定圆心，在"2"处单击确定圆的大小，在"3"处单击确定标签位置，同时打开图4-74所示的"局部视图符号"对话框，设置局部放大图的比例和视图的名称。单击"确定"按钮后，在图4-73的"4"处单击确定局部放大图的放置位置，完成后的结果如图4-75所示。

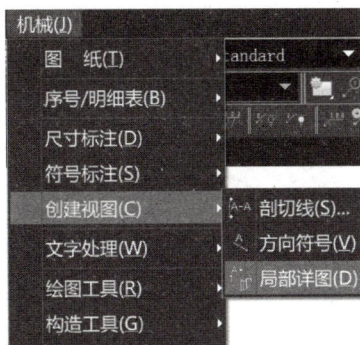

图 4-72 "局部详图"命令

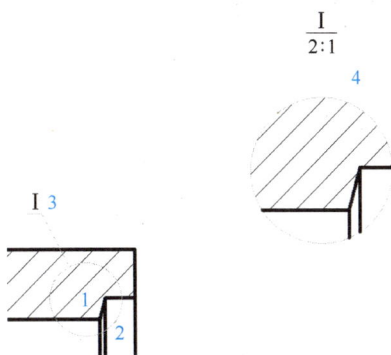

图 4-73 绘制局部视图的步骤

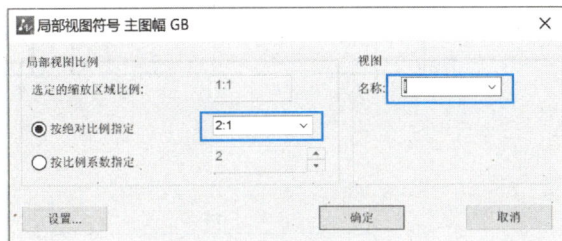

图 4-74 局部放大图设置

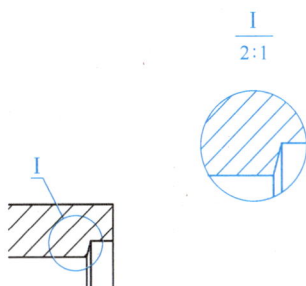

图 4-75 创建局部放大图

命令行文本参考：

```
命令:_ZWMDETAI
圆心 或 [矩形(R)/对象(O)/退出(X)]：          //在图 4-73 中"1"处单击
指定半径 或 [直径(D)]：                      //在图 4-73 中"2"处单击
指定标签位置：                              //在图 4-73 中"3"处单击
放置局部视图：                              //生成局部放大图
请指定目标位置：                            //在图 4-73 中"4"处单击
```

步骤 6：标注尺寸。在命令行输入"D"，调用"尺寸标注"命令，标注各视图的尺寸，如图 4-76 所示。

步骤 7：标注引线尺寸。单击"尺寸标注"工具栏中的"引线标注"图标，或在命令行输入"YX"，系统弹出如图 4-77 所示的"引线标注"对话框，输入线上文字"6×M6-7H↓14"和线下文字"均布"后单击"确定"按钮，在图 4-78 所示的绘图区域"1"处单击，指定下一点时单击"2"处，按〈Esc〉键完成并退出标注。

命令行文本参考：

```
命令:YX
                                          //在对话框中输入内容
选择要附着的对象或引出点 或 [退出(X)]：      //单击图 4-78 中"1"处
下一点或 [配置(C)/自动方向(A)/改变方向(R)/引线为多线段(P)/无引线(N)]〈配置(C)〉：
                                          //单击图 4-78 中"2"处
选择要附着的对象或引出点 或 [退出(X)]：*取消*   //按〈Esc〉键退出标注
```

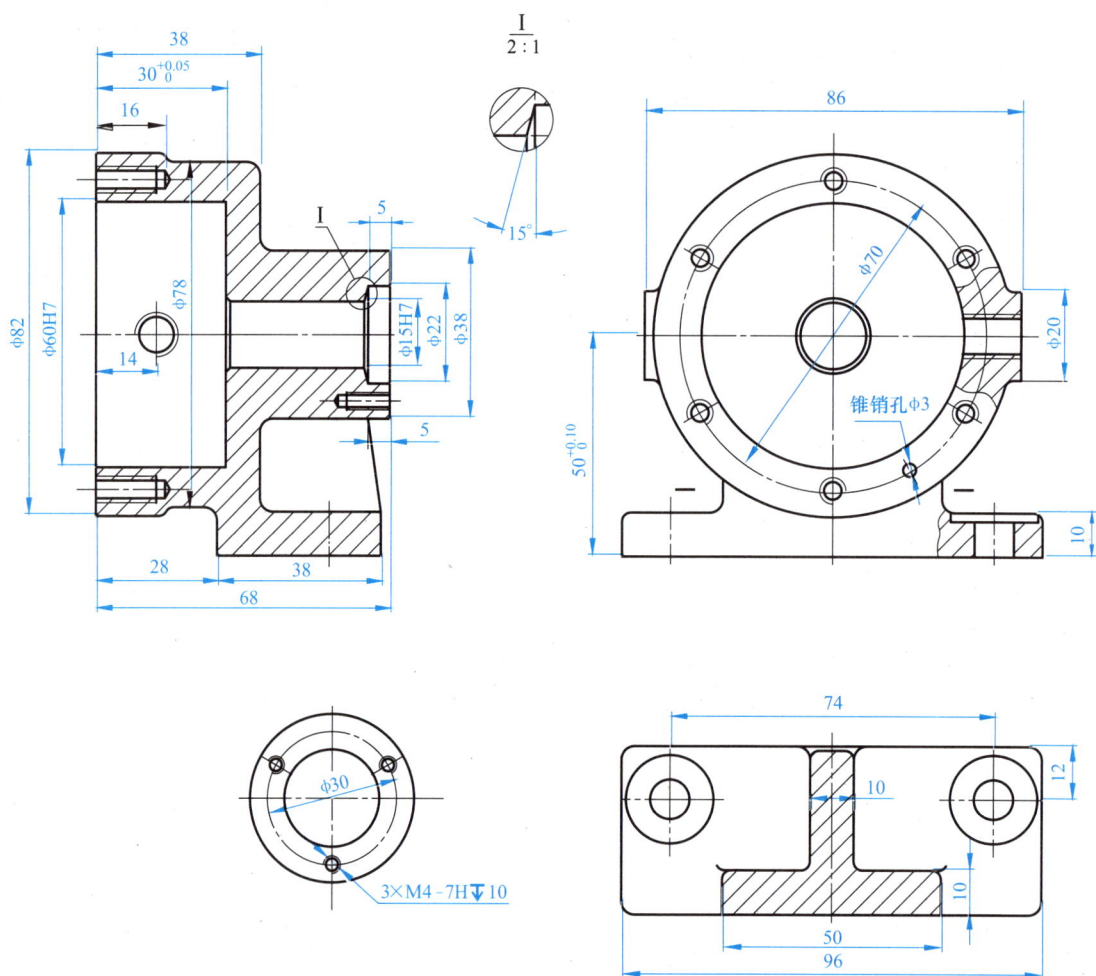

图 4-76　标注尺寸

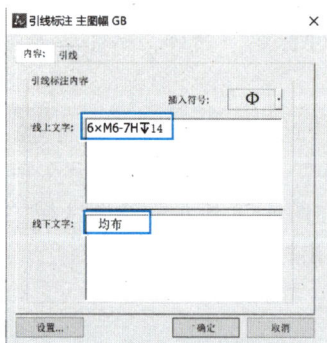

图 4-77　"引线标注"对话框

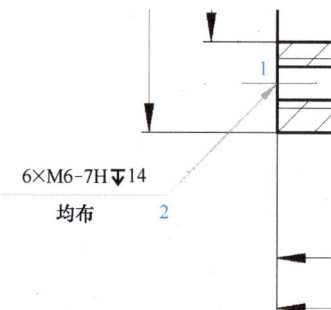

图 4-78　标注引线尺寸

　　若不需要箭头，则可双击尺寸回到"引线标注"对话框进行设置，如图 4-79 所示。单击"设置"按钮后，打开如图 4-80 所示"引线标注设置"对话框，将箭头样式设置为"无"。标注螺纹尺寸如图 4-81 所示。

用同样的方法标注管螺纹和沉孔尺寸，如图 4-82 所示。若需要输入一些常用符号，则可单击"引线标注"对话框中的"插入符号"按钮，从符号库中调用，如图 4-83 所示。

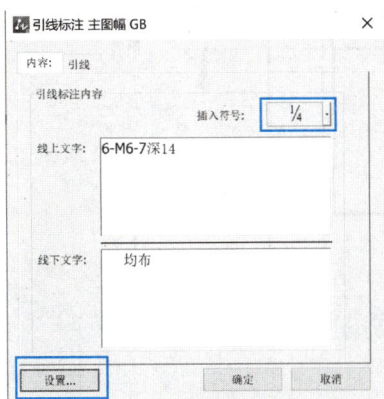

图 4-79　更改引线标注设置

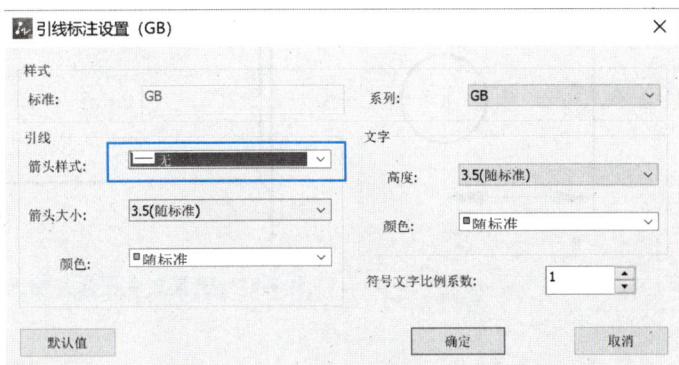

图 4-80　"引线标注设置"对话框

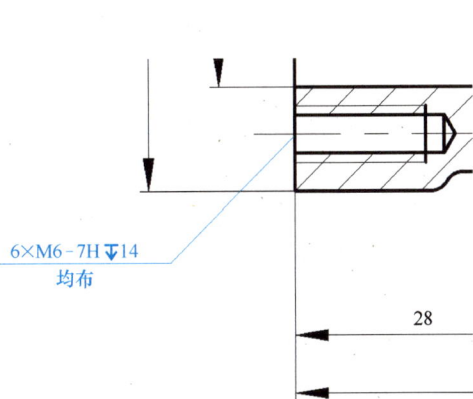

图 4-81　标注螺纹尺寸

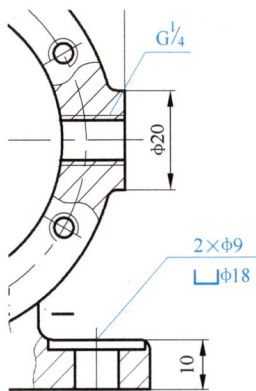

图 4-82　标注管螺纹和沉孔尺寸

步骤 8：标注 1×45° 倒角和注写文字"配作"。用"直线"命令绘制引出线，留出注写文字的空间。单击"绘图"工具栏中的"多行文字"图标按钮，或在命令行输入"T"，在尺寸线附近框选书写范围，在弹出的"文本格式"对话框中字号等参数，然后输入文字"1×45°"，如图 4-84 所示，检查无误后单击"OK"按钮完成注写，结果如图 4-85 所示。

用同样的方法注写文字"配作"，如图 4-86 所示。

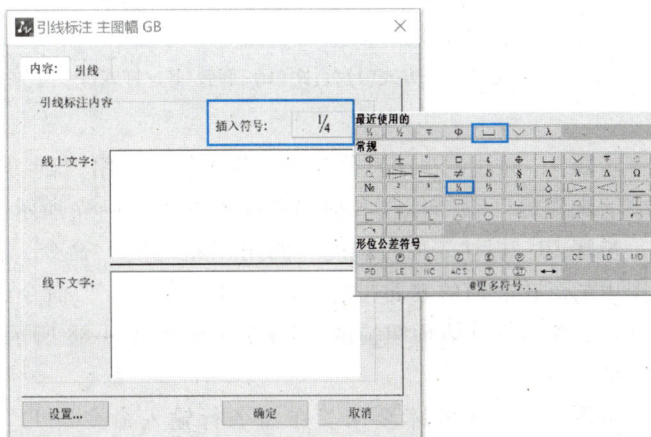

图 4-83　常用符号库

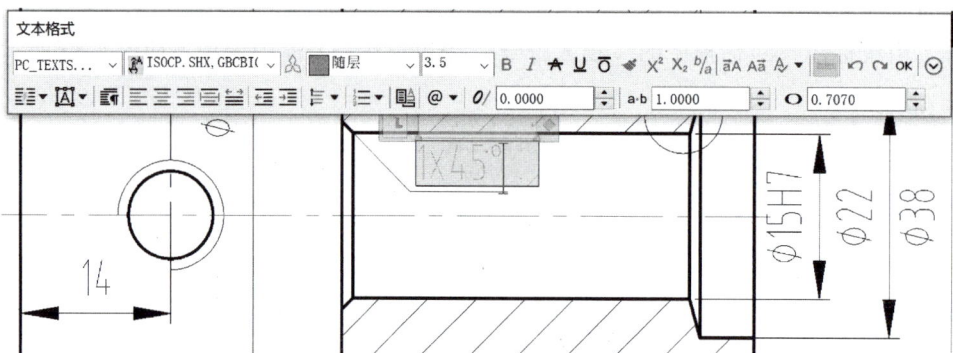

图 4-84　设置文本格式并输入文字

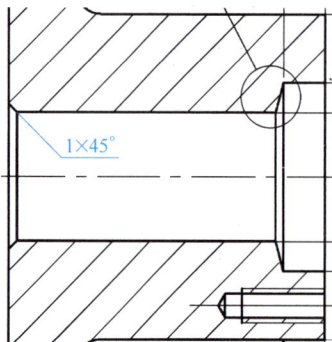

图 4-85　注写倒角尺寸

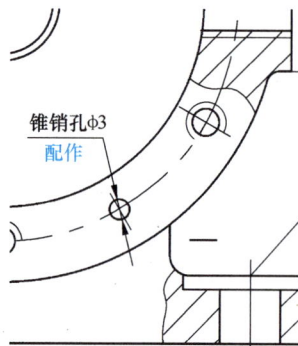

图 4-86　注写"配作"

命令行文本参考：

命令:T
MTEXT
当前文字样式:"样式 1"　文字高度:3.5 注释性:否
指定第一个角点：　　　　　　　　　　　　　　　　　//单击确定文本书写范围左上角
指定对角点或［对齐方式(J)/行距(L)/旋转(R)/样式(S)/字高(H)/方向(D)/字宽(W)/栏(C)］：
　　　　　　　　　　　　　　　　　　　　　　　　//单击确定文本书写范围右下角

步骤 9：标注剖视图符号和局部视图符号。用"剖切线"命令标注"A—A"剖切符号，用"方向符号"命令标注 B 向局部视图，如图 4-87 所示。

步骤 10：标注表面粗糙度。调用"粗糙度"命令，标注表面粗糙度。在标注 A—A 剖视图中的沉孔底面的表面粗糙度时，可先用"yx"命令绘制出引线，再将引线的箭头设置成圆点，然后标注表面粗糙度"Ra 6.3"，如图 4-88 所示。完成其他表面粗糙度的标注，如图 4-89 所示。

步骤 11：添加技术要求。在命令行输入命令"TJ"，添加技术要求，结果如图 4-90 所示。

步骤 12：检查图形，保存文件。检查无误后，单击"文件"→"保存"命令，输入文件名"泵体零件图"后，单击"保存"按钮关闭文件。

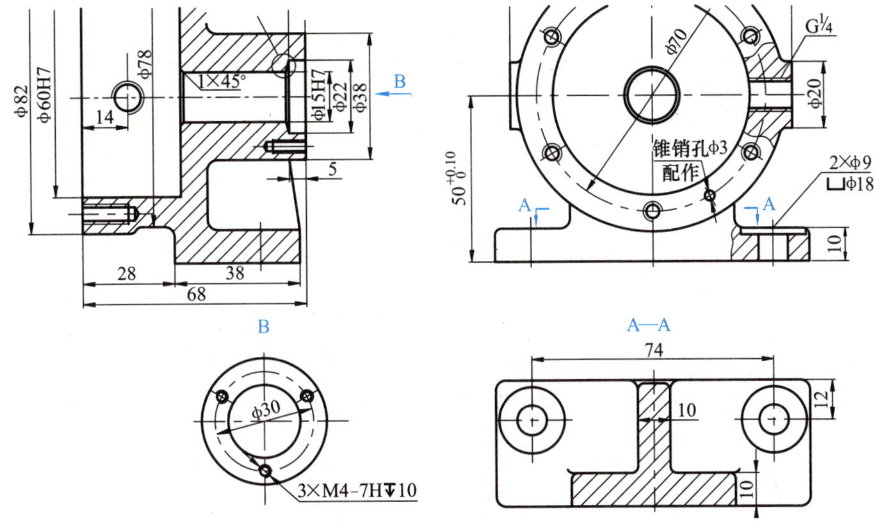

图 4-87 标注剖视图符号和局部视图符号

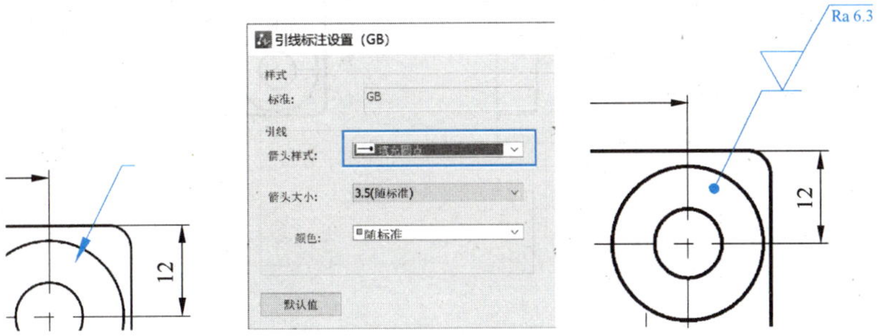

图 4-88 标注沉孔底面的表面粗糙度"Ra 6.3"

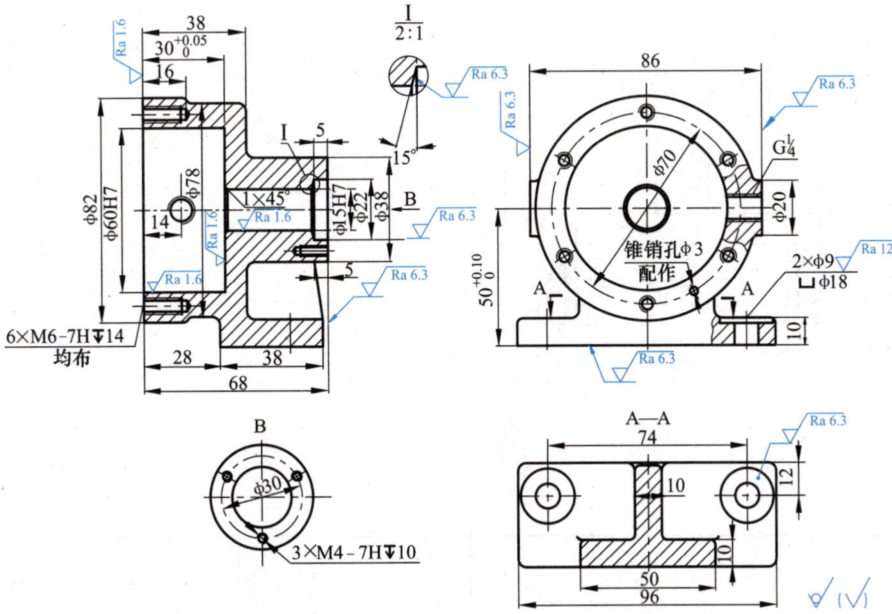

图 4-89 标注表面粗糙度结果

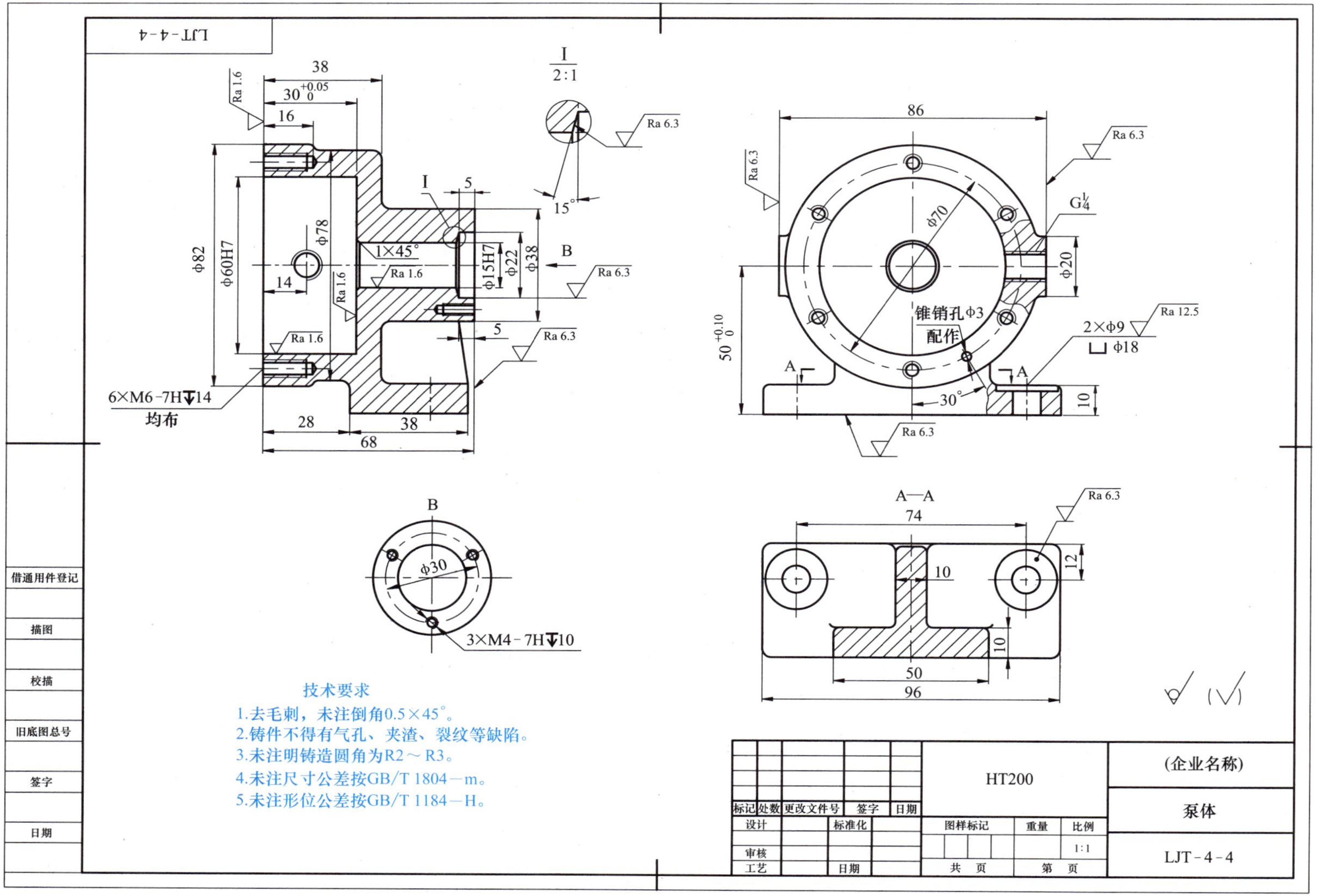

LJT-4-4
I
2:1
15°
6×M6-7H↧14
均布
B
锥销孔ϕ3
配作
2×ϕ9
⌴ ϕ18
G¼
A—A
3×M4-7H↧10
技术要求
1.去毛刺，未注倒角0.5×45°。
2.铸件不得有气孔、夹渣、裂纹等缺陷。
3.未注明铸造圆角为R2～R3。
4.未注尺寸公差按GB/T 1804—m。
5.未注形位公差按GB/T 1184—H。
HT200
(企业名称)
泵体
LJT-4-4
借通用件登记
描图
校描
旧底图总号
签字
日期

图 4-90　添加技术要求

任务拓展

绘制图 4-91 和图 4-92 所示的箱体类零件图。

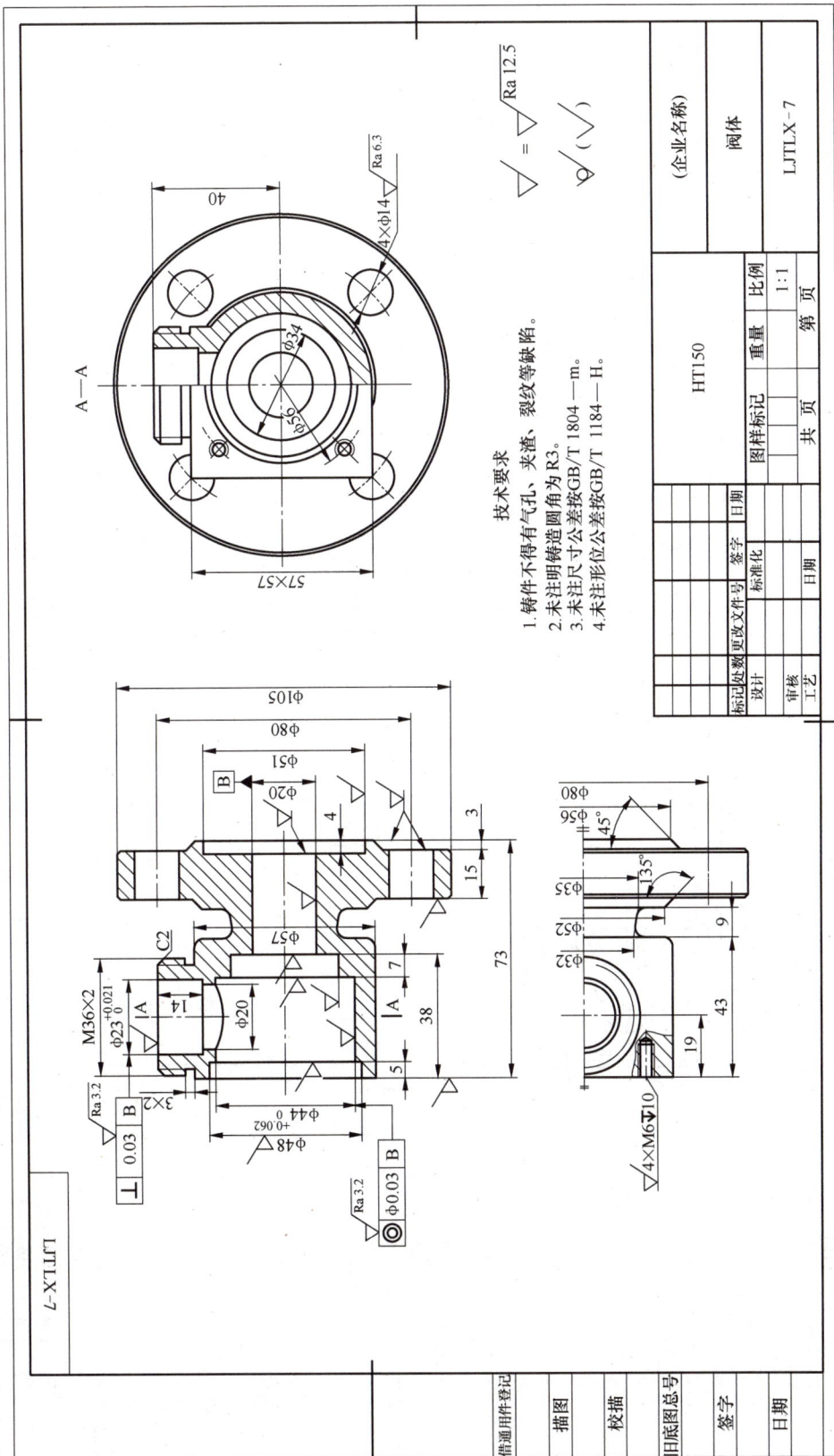

图 4-91 任务拓展图图 1.

技术要求
1. 铸件不得有气孔、夹渣、裂纹等缺陷。
2. 未注明铸造圆角为R3。
3. 未注尺寸公差按GB/T 1804—m。
4. 未注形位公差按GB/T 1184—H。

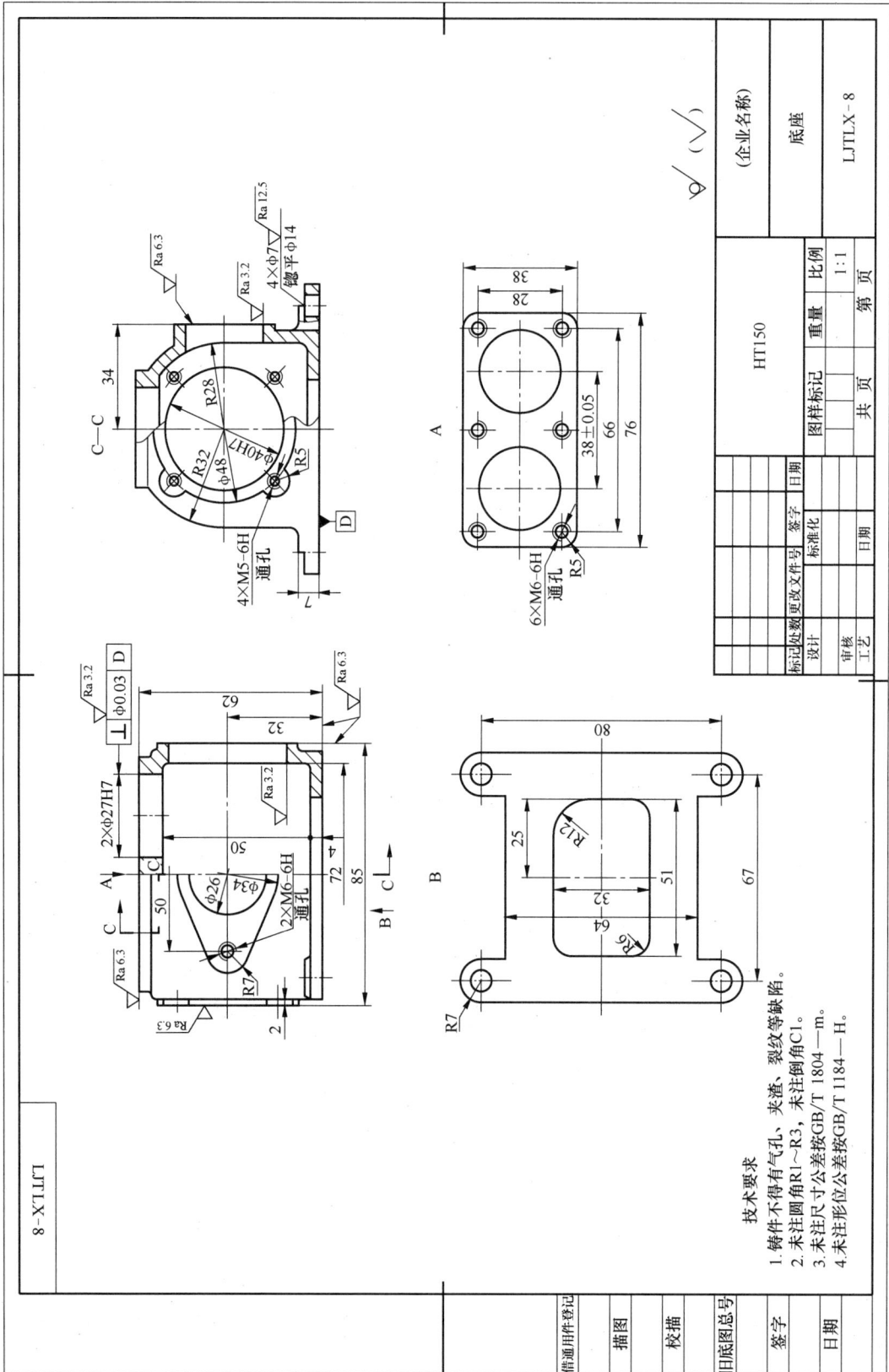

图 4-92　任务拓展图 2

技术要求
1. 铸件不得有气孔、夹渣、裂纹等缺陷。
2. 未注圆角R1~R3，未注倒角C1。
3. 未注尺寸公差按GB/T 1804—m。
4. 未注形位公差按GB/T 1184—H。

项目五

装配图绘制

项目描述

本项目主要学习装配图的绘制，在项目四中已经学习了零件图的绘制，装配图和零件图的区别在于多了零部件序号的标注、标准件的调用以及明细表⊖的填写。通过本项目的学习，掌握如何标注零部件序号、如何调用标准件以及如何生成明细表，并能完成简单装配图的绘制。

项目简介

本项目由3个任务组成，分别为绘制轴承托架视图、调用轴承托架标准件、标注轴承托架序号和生成明细表，这些任务所包含的命令及缩写见下表。

任务名称	相关命令	命令缩写或快捷键
任务一　绘制轴承托架视图	带基点复制	〈Ctrl+Shift+C〉键
任务二　调用轴承托架标准件	出库	XL
任务三　标注轴承托架序号和生成明细表	标注序号	XH
	生成明细表	MX

任务一　绘制轴承托架视图

任务要求

已知轴承托架各零件图如图 5-1～图 5-4 所示，完成图 5-5 所示的装配图。

⊖ 本书中"明细表"即现行标准中的"明细栏"，但为与软件中术语一致，本书统一使用"明细表"。

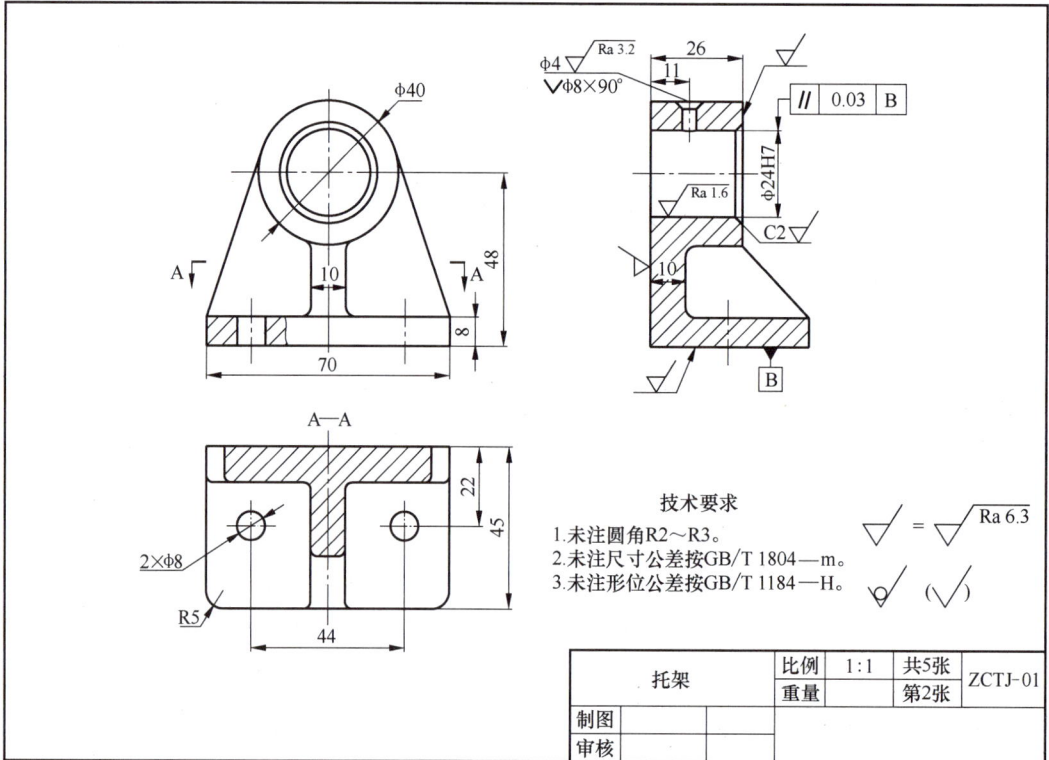

图 5-1　托架零件图

技术要求

1. 未注圆角R2~R3。
2. 未注尺寸公差按GB/T 1804—m。
3. 未注形位公差按GB/T 1184—H。

托架	比例	1:1	共5张	ZCTJ-01
	重量		第2张	
制图				
审核				

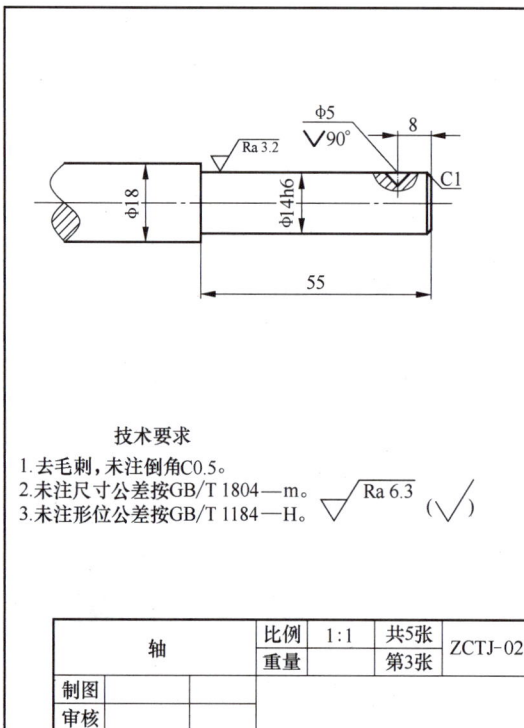

图 5-2　轴零件图

技术要求

1. 去毛刺，未注倒角C0.5。
2. 未注尺寸公差按GB/T 1804—m。
3. 未注形位公差按GB/T 1184—H。

轴	比例	1:1	共5张	ZCTJ-02
	重量		第3张	
制图				
审核				

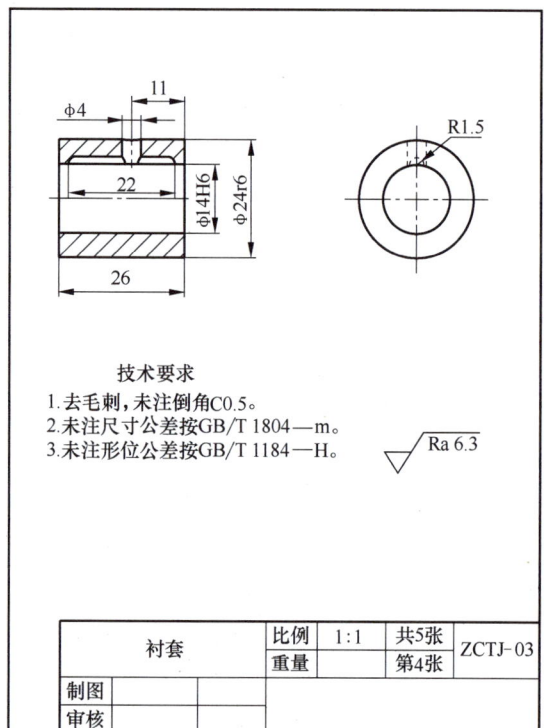

图 5-3　衬套零件图

技术要求

1. 去毛刺，未注倒角C0.5。
2. 未注尺寸公差按GB/T 1804—m。
3. 未注形位公差按GB/T 1184—H。

衬套	比例	1:1	共5张	ZCTJ-03
	重量		第4张	
制图				
审核				

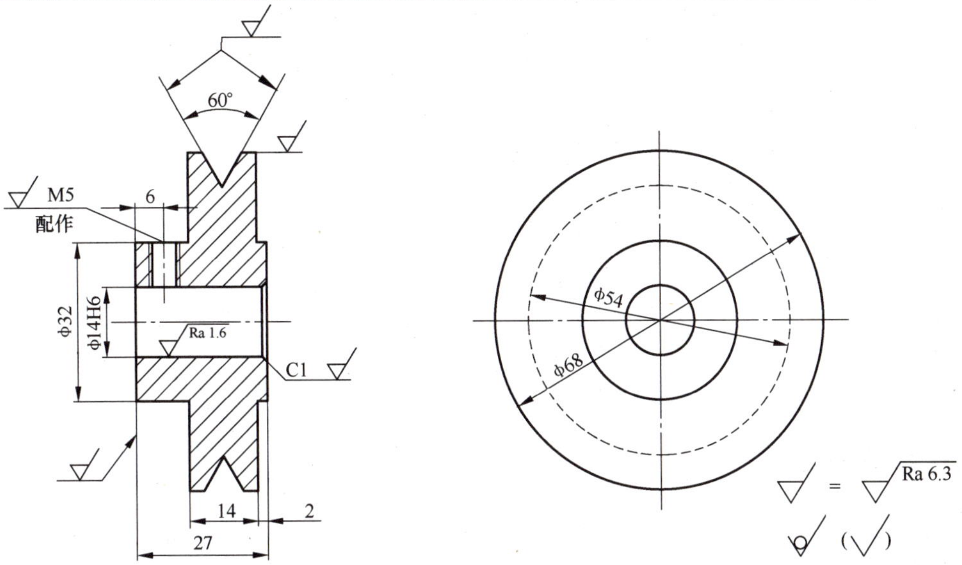

技术要求

1. 去毛刺，未注倒角C0.5。
2. 未注尺寸公差按GB/T 1804—m。
3. 未注形位公差按GB/T 1184—H。

		滑轮	比例	1:1	共5张	ZCTJ-05
			重量		第5张	
制图						
审核						

图 5-4　滑轮零件图

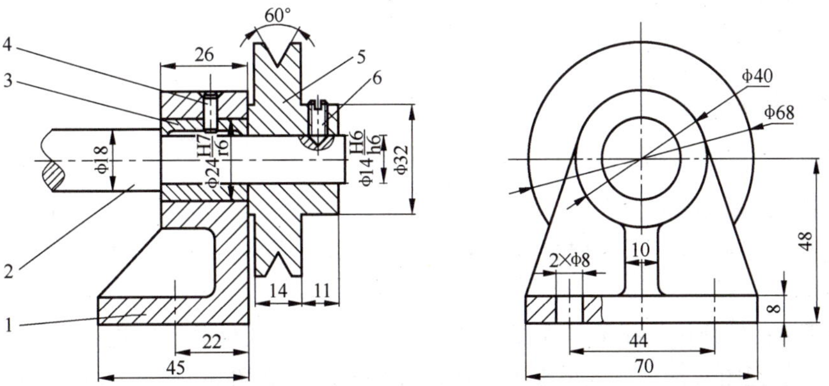

6		螺钉M6×12	3	Q235-A		GB/T 71—2018
5	ZCTJ-04	滑轮	3	HT200		
4		销4×12	1	45		GB/T 119.1—2000
3	ZCTJ-03	衬套	3	QAL10-3-1.5		
2	ZCTJ-02	轴	3	45		
1	ZCTJ-01	托架	3	HT200		
序号	图号	名称	数量	材料	单件 总计 重量	备注
						轴承托架
标记 处数 更改文件号 签字 日期						
设计		标准化		图样标记	重量	比例
审核						1:1
工艺		日期		共5页	第1页	ZCTJ-00

图 5-5　轴承托架装配图

在本次任务中，只需完成装配图中视图部分的绘制，如图 5-6 所示。

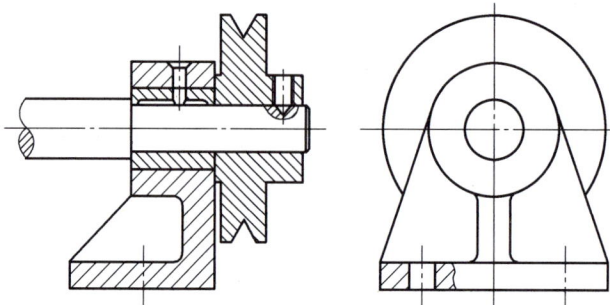

图 5-6　绘制轴承托架视图

📋 任务分析

在设计的过程中，一般是先画出装配图再拆画零件图。与手工绘图相比，在 CAD 中进行装配设计比较容易且更为有效。无论是已知零件图画装配图还是已知装配图画零件图，只需要将现有方案复制编辑即可。本次任务是已知轴承托架的 4 个零件图（假设零件图已经画好）绘制装配图。在绘制的过程中，可直接将原零件图复制到装配图后进行适当编辑，也可以根据零件创建图层，将不同的零件放置在不同的图层中，这样更方便日后的编辑与管理。

为方便画图，可按照装配顺序来绘制装配图的主要零件。轴承托架的装配顺序：件 1 托架→件 3 衬套→件 2 轴→件 5 滑轮→件 6 螺钉。

在本任务中，须完成的结果如图 5-6 所示。

📑 任务实施

步骤 1：启动中望 CAD 机械版 2024。

步骤 2：设置图形界限为 420mm×297mm。

步骤 3：调用中望 CAD 机械版 2024 中的图层，将图层中的"1 轮廓实线层"线宽调整为 0.5mm。

步骤 4：打开件 1 托架零件图，如图 5-1 所示，关闭标注等图层，复制图 5-7 所示的主、左视图到装配图文件中，或根据零件图尺寸，直接绘制图 5-7 所示的主、左视图，后同。

步骤 5：根据装配图视图要求，利用"镜像"命令将左视图移到左边，由于装配图可省略倒角等工艺结构，去掉倒角后视图如图 5-8 所示。

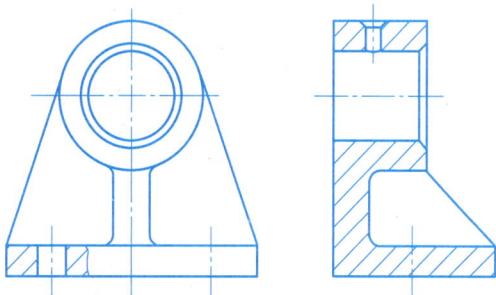

图 5-7　复制主、左视图到装配图文件中

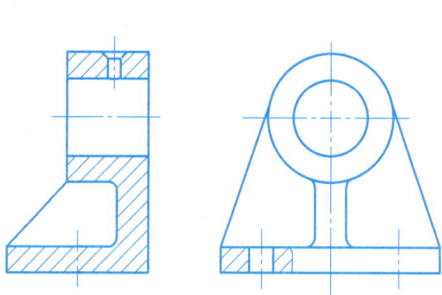

图 5-8　编辑托架视图

步骤 6：打开件 3 衬套零件图（见图 5-3），关闭标注等图层，选择主视图后单击鼠标右键，选择"带基点复制"，选择一个基点，如图 5-9 所示，然后将其复制到装配图文件中。

步骤 7：由基点定位后，删除相贯线，更改衬套剖面线方向，如图 5-10 所示。

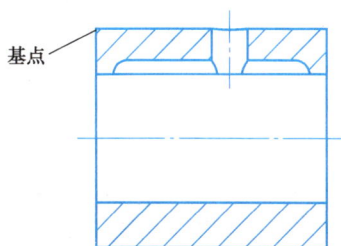

图 5-9　选择衬套主视图

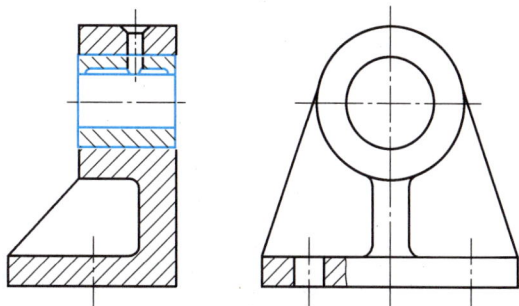

图 5-10　复制衬套主视图到装配图中

步骤 8：打开件 2 轴零件图（见图 5-2），关闭标注等图层，选择图 5-11 所示主视图后单击鼠标右键，选择"带基点复制"，或按快捷键〈Ctrl+Shift+C〉，将它复制到装配图文件中，如图 5-12 所示。

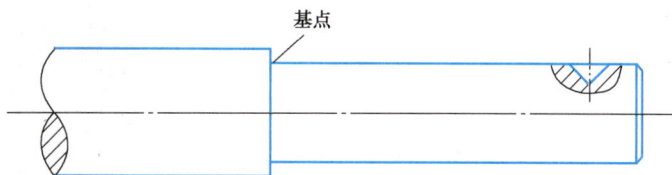

图 5-11　选择轴主视图

步骤 9：打开件 5 滑轮零件图（见图 5-4），关闭标注等图层，编辑滑轮主视图、左视图，如图 5-13 所示。单击鼠标右键选择"带基点复制"，将它复制到装配图文件中，如图 5-14 所示。

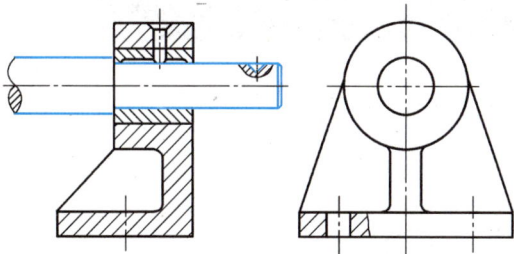

图 5-12　复制轴到装配图中

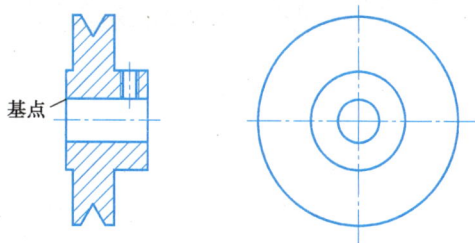

图 5-13　编辑滑轮主视图、左视图

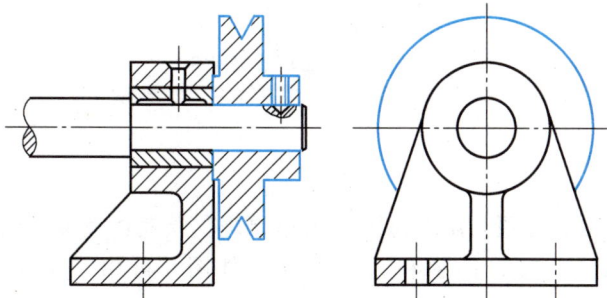

图 5-14　复制滑轮主视图、左视图到装配图中

步骤 10：完成视图的绘制，保存文件，文件名为"轴承托架装配图"。

知识拓展

中望 CAD 的复制功能有直接复制、带基点复制等方式。在装配图中，如果零件间有一定的装配关系，选择"带基点复制"，可以使操作更加方便。选择要复制的对象后，设定一个基点，单击鼠标右键，选择"带基点复制"，选定一个方便定位的基点，如图 5-15 所示。"带基点复制"的快捷键为〈Ctrl+Shift+C〉，复制对象后用〈Ctrl+V〉快捷键选择对应基点粘贴，结果如图 5-16 所示。

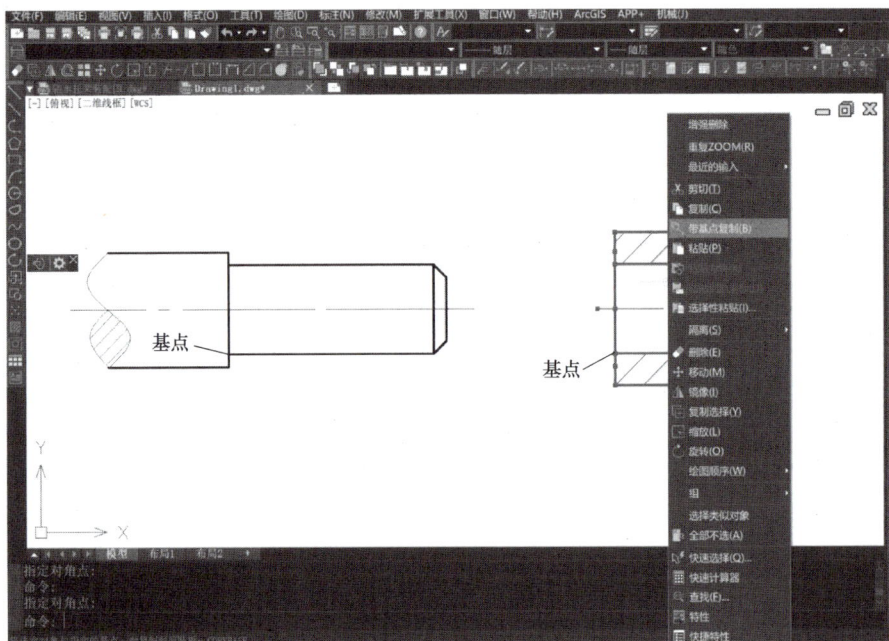

图 5-15　选择一个基点

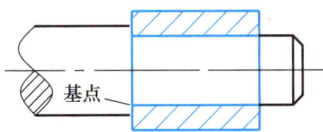

图 5-16　带基点复制结果

任务拓展

根据图 5-17 所示的千斤顶装配示意图和工作原理，绘制图 5-18～图 5-21 所示的旋转杆零件图、底座零件图、顶盖零件图和起重螺杆零件图，再用"带基点复制"命令图绘制 5-22 所示的千斤顶视图。

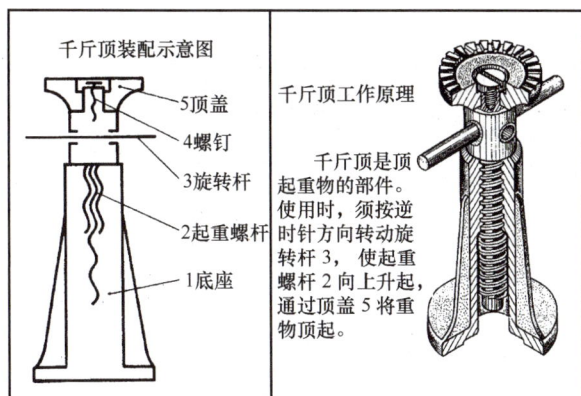

图 5-17 千斤顶装配示意图和工作原理

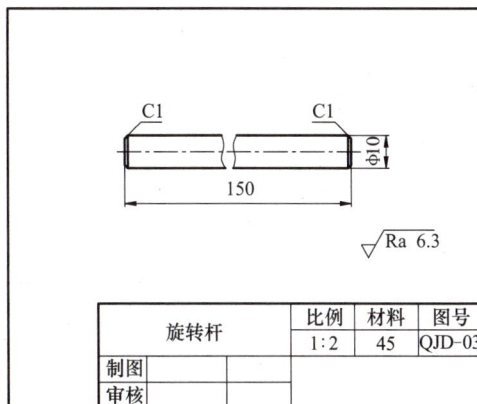

图 5-18 旋转杆零件图

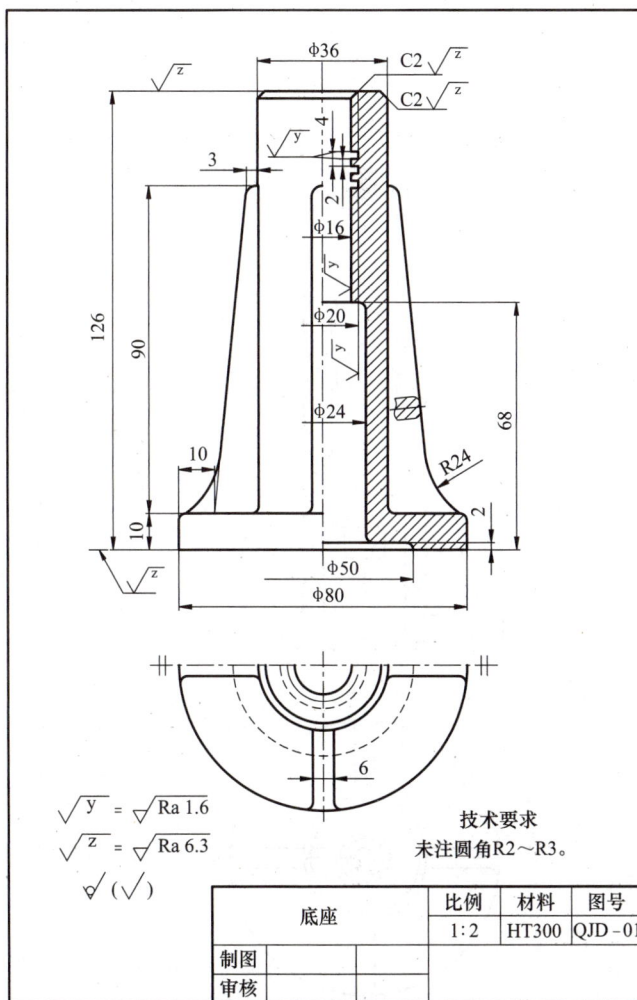

图 5-19 底座零件图

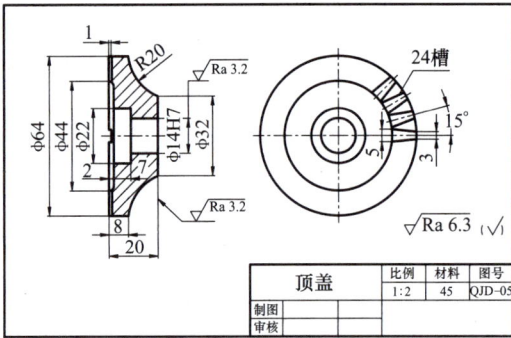

图 5-20 顶盖零件图

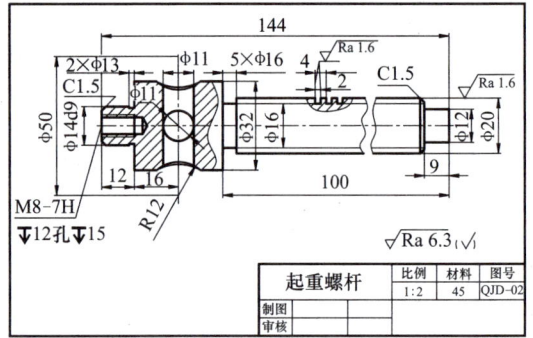

图 5-21 起重螺杆零件图

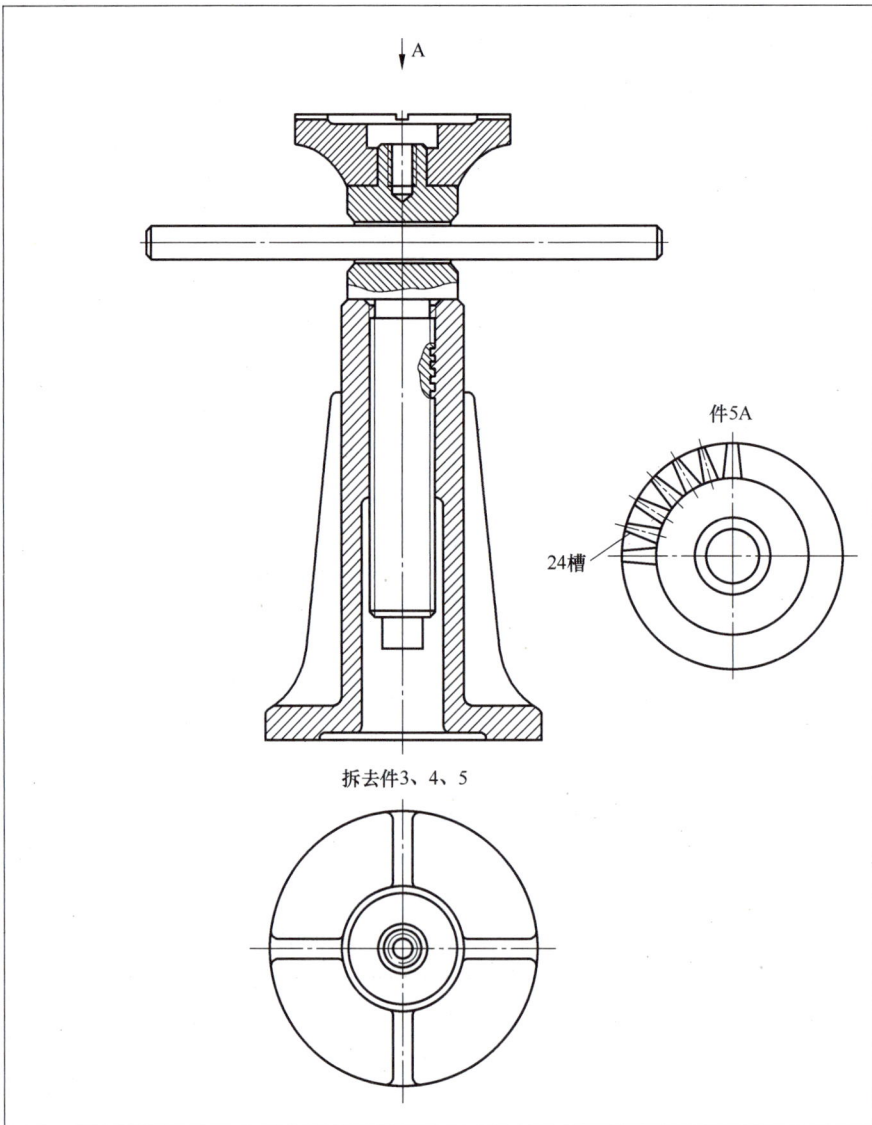

图 5-22 千斤顶视图

任务二　调用轴承托架标准件

任务要求

调用轴承托架标准件——紧定螺钉和圆柱销，并完成轴承托架装配图的尺寸标注，如图 5-23 所示。

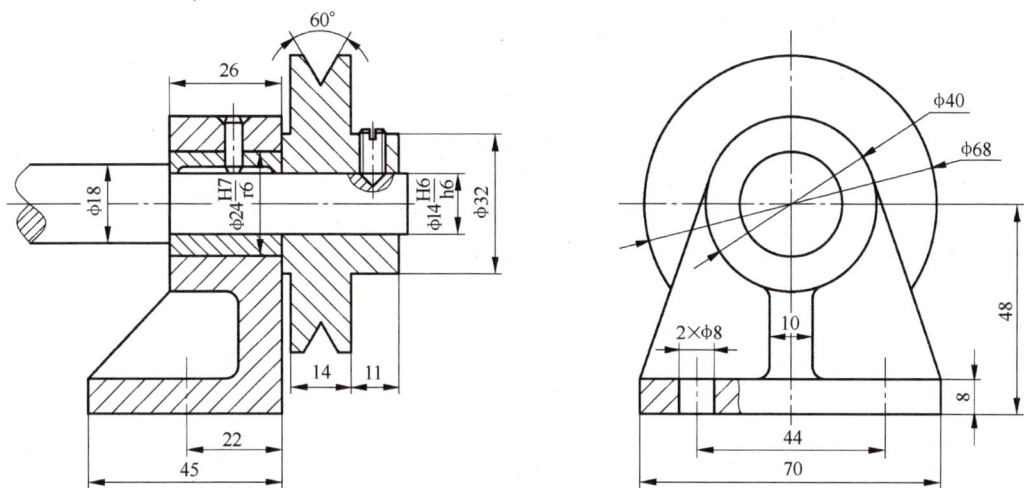

图 5-23　调入标准件并标注尺寸

任务分析

装配图中的标准件是不用绘制的，从零件库里调入即可。装配图中的尺寸标注方法同零件图，在装配图中，只需要标注性能规格尺寸、装配尺寸、安装尺寸、外形尺寸和其他重要尺寸等 5 类尺寸。

任务实施

步骤 1： 启动中望 CAD 机械版 2024，打开任务一中绘制好的轴承托架装配图。

步骤 2： 装入紧定螺钉。单击 "机械" → "标准件库" → "出库" 命令，选择 "开槽锥端紧定螺钉"，选择直径 d 为 "6"，设置螺钉长度为 12，单击 "零件出库" 按钮确认出库，如图 5-24 所示。

步骤 3： 选择紧定螺钉，选择图 5-25 所示基点，将紧定螺钉装入图中。

步骤 4： 装入圆柱销。继续调用 "出库" 命令，选择 "圆柱销 A 型"，选择直径 "d" 为 4，设置长度为 "12"，单击 "零件出库" 按钮确认出库，如图 5-26 所示。再将它装入图中，如图 5-27 所示。

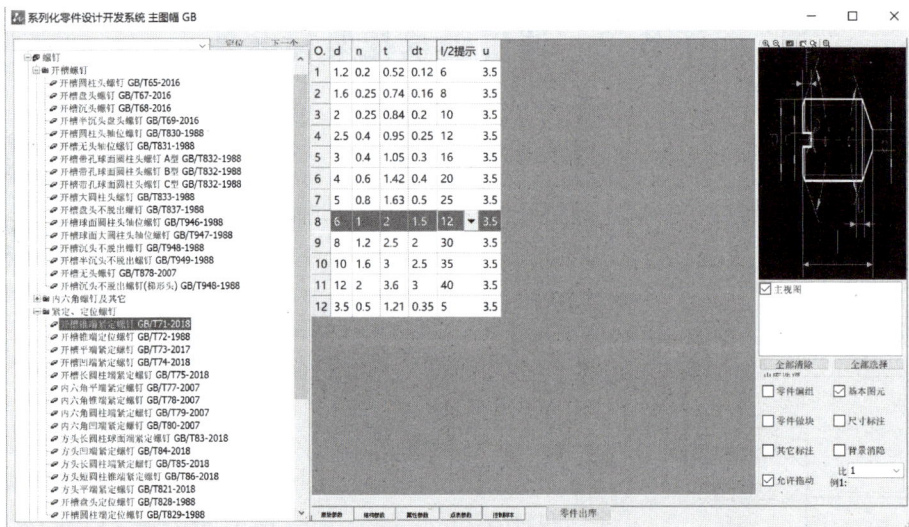

图 5-24　调用紧定螺钉

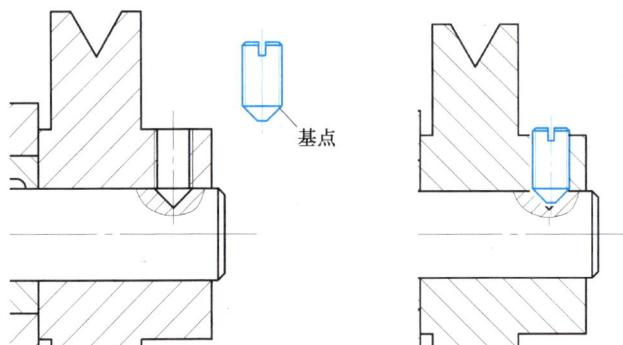

图 5-25　装入紧定螺钉

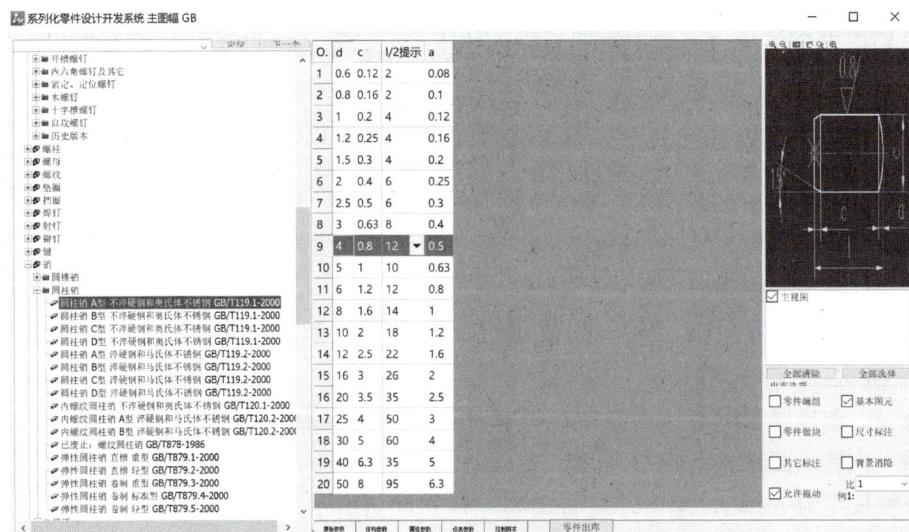

图 5-26　调用圆柱销

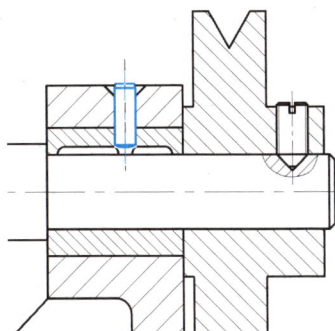

图 5-27 装入圆柱销

步骤 5：标注装配图尺寸如图 5-28 所示。

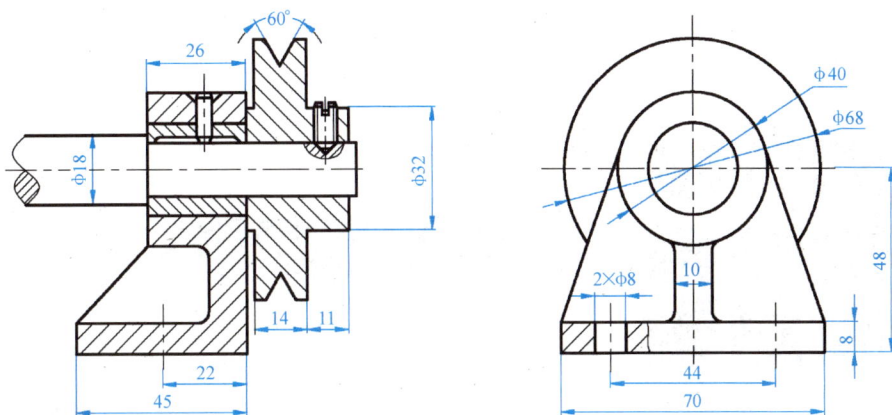

图 5-28 标注装配图尺寸

步骤 6：标注装配图中的两个配合尺寸，如图 5-29 所示。配合尺寸的标注设置如图 5-30~图 5-32 所示。

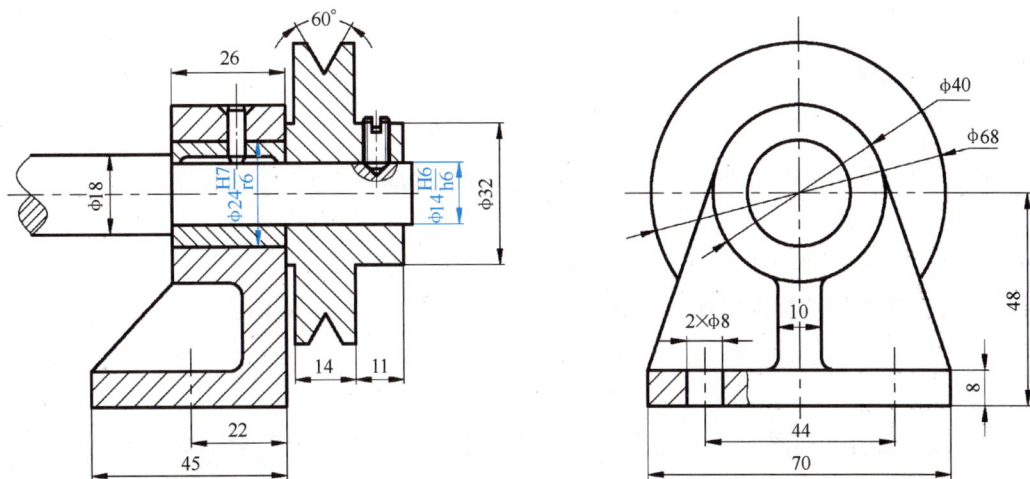

图 5-29 标注两个配合尺寸

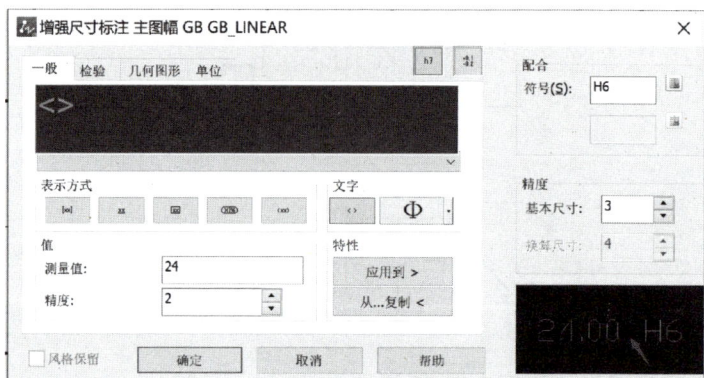

图 5-30 "增强尺寸标注"对话框

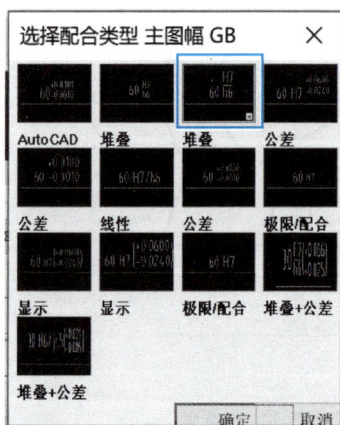

图 5-31 "选择配合类型"对话框

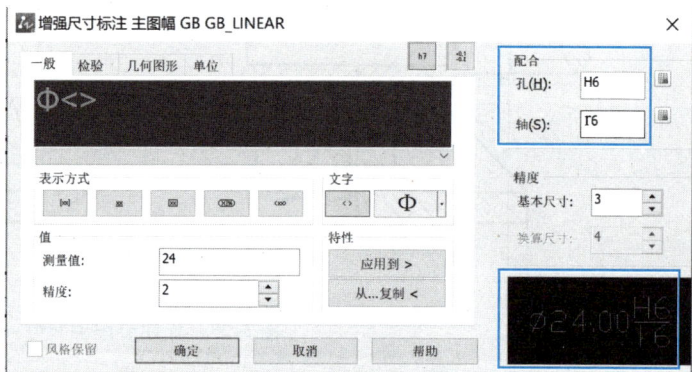

图 5-32 输入公差带代号

步骤 7：完成后保存文件。

知识拓展

1. 功能

调用标准件用于绘制标准件，包括螺栓、螺钉、螺母、销、键、轴承等。

2. 命令调用

命令行：ZWM_SPART_OUT（缩写：XL）

菜单："机械"→"标准件库"→"出库"

图标："机械"工具栏中的"出库"图标按钮

3. 说明

执行命令后打开如图 5-33 所示的"系列化零件设计开发系统"对话框，先在左边列表里选择标准件的类型，再在中间对话框里输入标准件的参数，最后单击下方的"零件出库"按钮，即可调出对应的标准件。

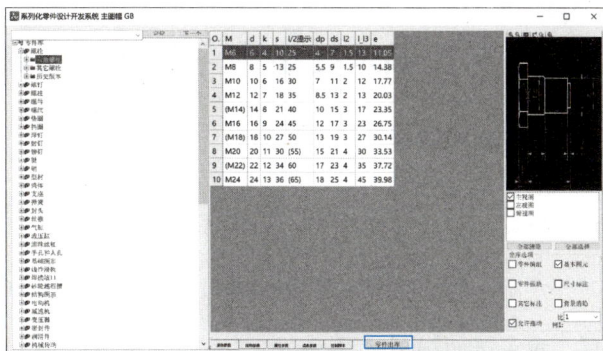

图 5-33 "系列化零件设计开发系统"对话框

任务拓展

调用图 5-34 所示螺钉，并完成千斤顶装配图的尺寸标注，如图 5-35 所示。

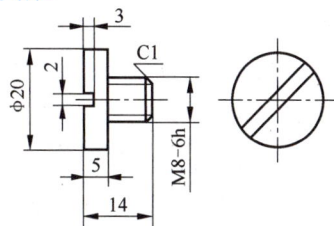

图 5-34 螺钉

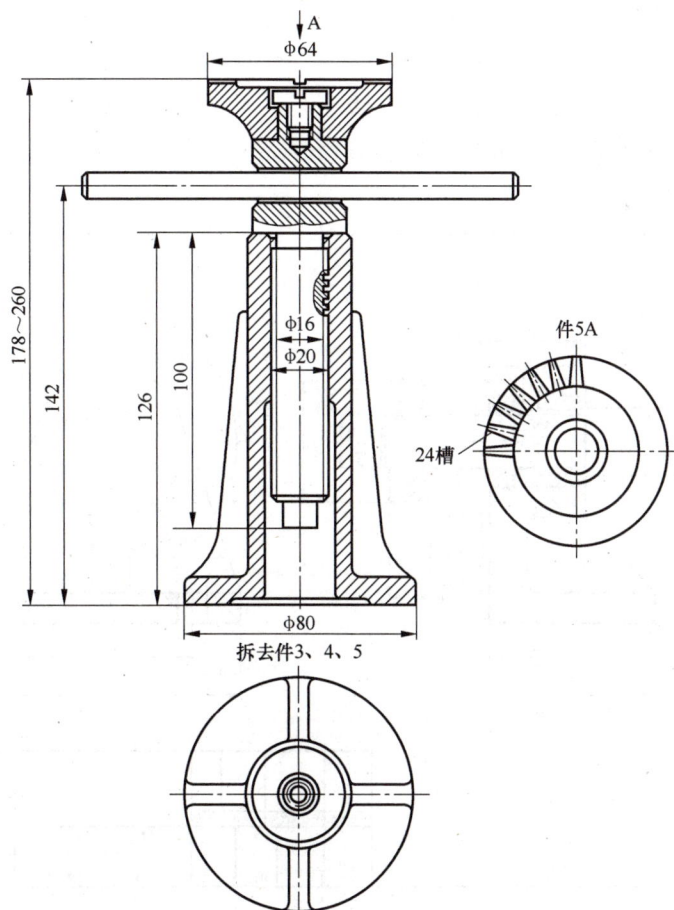

图 5-35 千斤顶装配图的尺寸标注

任务三　标注轴承托架序号和生成明细表

任务要求

标注轴承托架装配图序号，并生成明细表，如图 5-5 所示。

任务分析

先标注零部件序号，再生成明细表。

任务实施

步骤 1：启动中望 CAD 机械版 2024。

步骤 2：打开任务二中绘制好的结果，单击图幅设置图标按钮 ，设置图幅大小为"A3"，图幅样式为无分区图框，布置方式为"横置"，勾选"标题栏"，如图 5-36 所示。确定后，结果如图 5-37 所示。

步骤 3：单击"机械"→"序号明细表"→"标注序号"命令，打开"引出序号"对话框，设置序号类型为直线型，设置引线末端箭头类型为黑点，如图 5-38 所示。

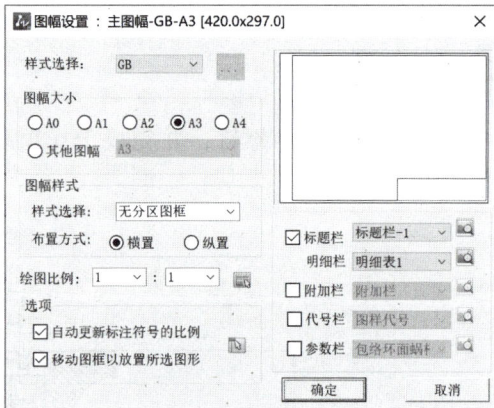

图 5-36　"图幅设置"对话框

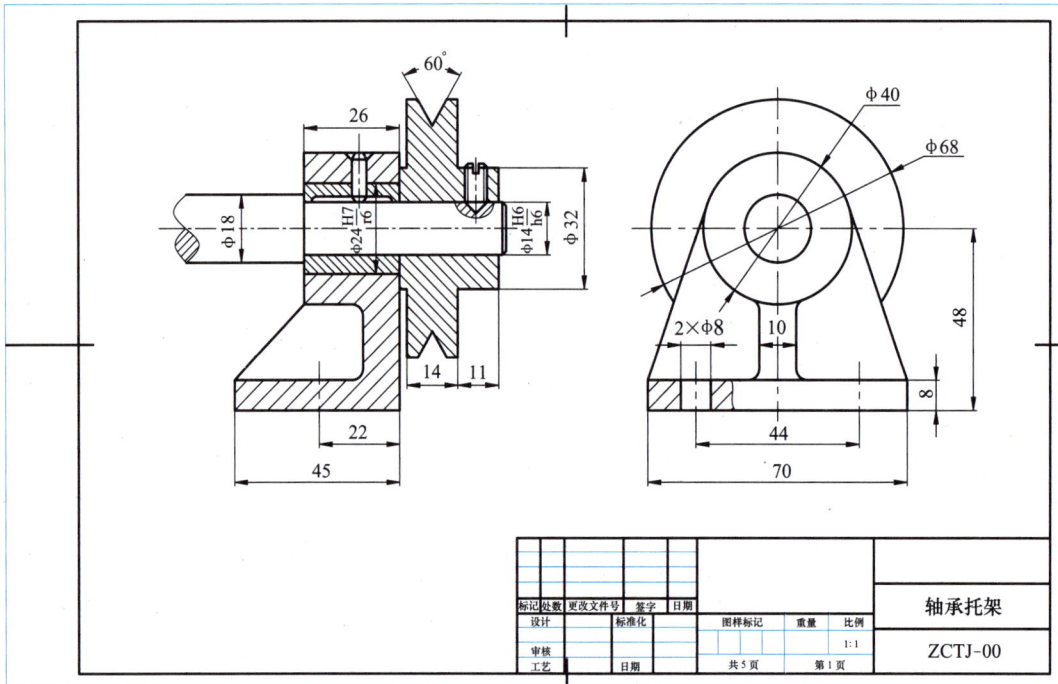

图 5-37　绘制标题栏和图框

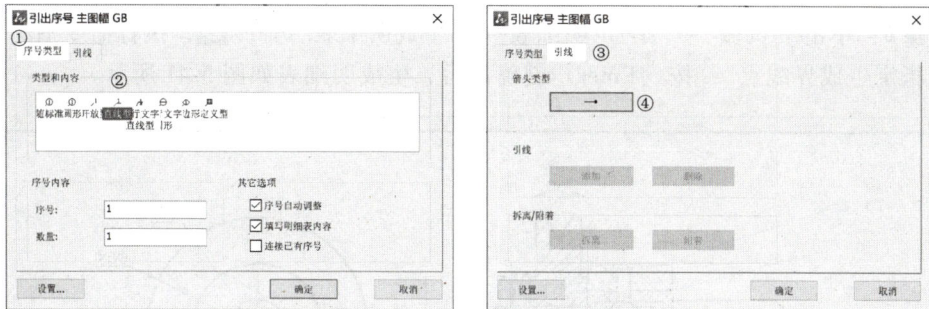

图 5-38 "引出序号"对话框

步骤 4：在装配图中托架位置单击，弹出图 5-39 所示的"序号输入"对话框，填入名称"托架"，填入材料"HT200"，单击"确定"按钮确认。

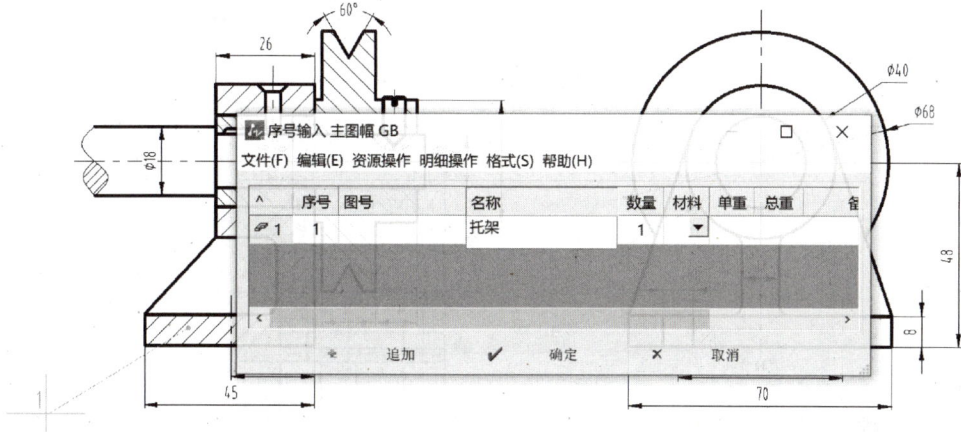

图 5-39 "序号输入"对话框

步骤 5：按同样的方法在装配图中恰当位置单击，填入各零件的名称和材料，标注序号 1~6，结果如图 5-40 所示。

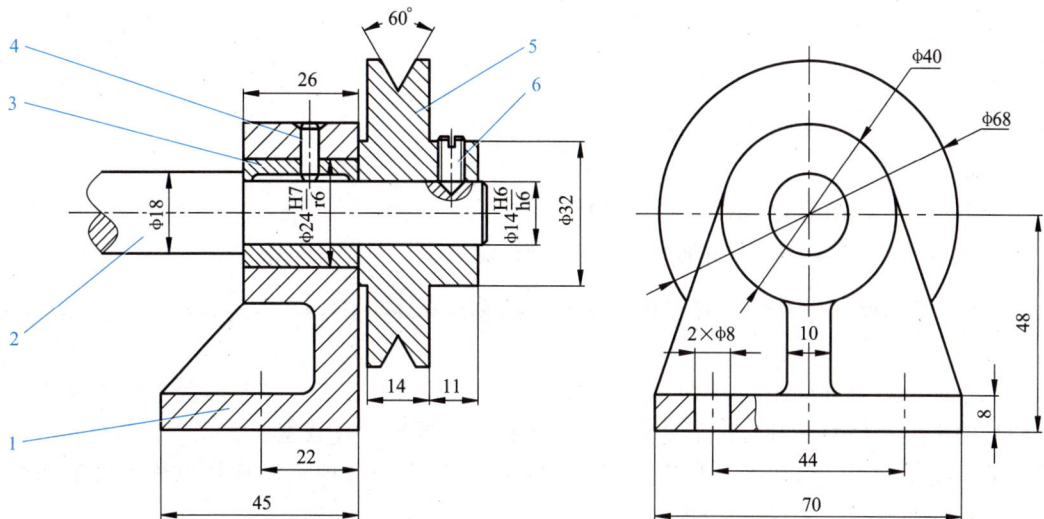

图 5-40 注写序号 1~6

步骤 6：单击“机械”→“序号/明细表”→“生成明细表”命令，执行命令后，命令行提示“指定生成界线点”，按〈Enter〉键确认后，生成明细表如图 5-41 所示。

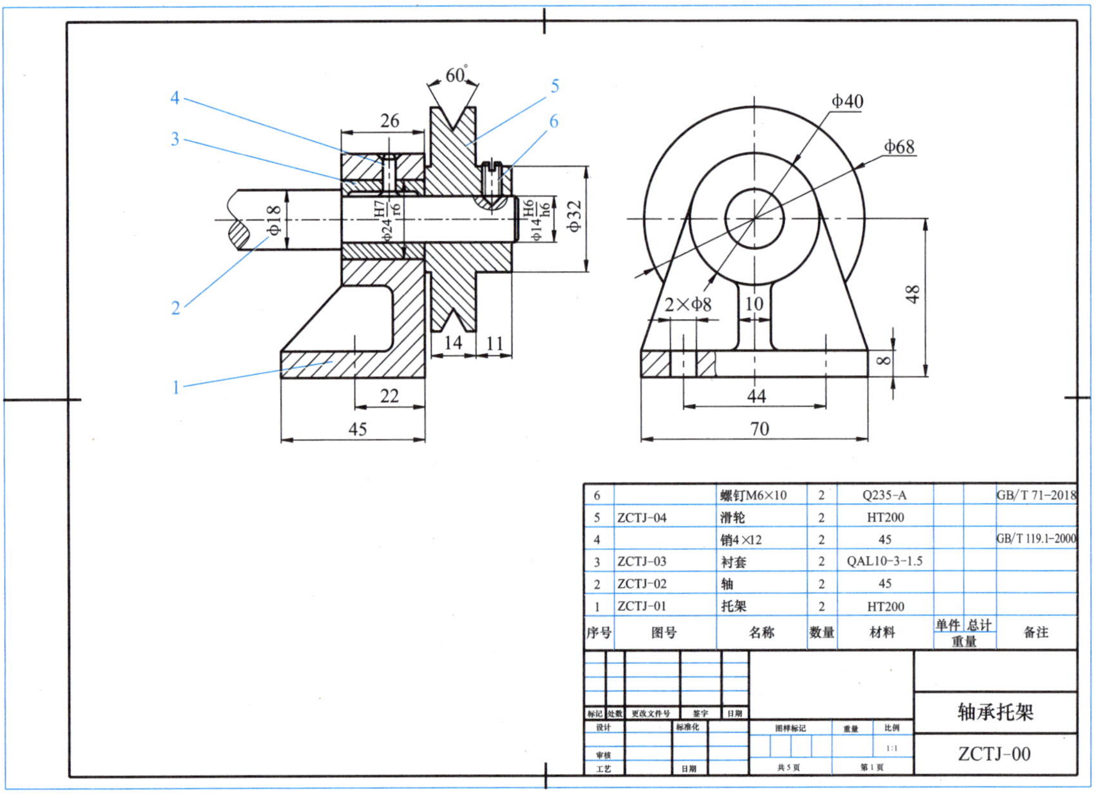
60°
26
4
3
5
6
φ40
φ68
φ18
φ24 H7/r6
φ14 H6/h6
φ32
2
1
14
11
22
45
2×φ8
10
48
8
44
70
6 | | 螺钉M6×10 | 2 | Q235-A | | | GB/T 71-2018
5 | ZCTJ-04 | 滑轮 | 2 | HT200
4 | | 销4×12 | 2 | 45 | | | GB/T 119.1-2000
3 | ZCTJ-03 | 衬套 | 2 | QAL10-3-1.5
2 | ZCTJ-02 | 轴 | 2 | 45
1 | ZCTJ-01 | 托架 | 2 | HT200
序号 | 图号 | 名称 | 数量 | 材料 | 单件 总计 重量 | 备注
标记 处数 更改文件号 签字 日期
设计 标准化
审核
工艺 日期
图样标记 重量 比例
1:1
共 5 页 第 1 页
轴承托架
ZCTJ-00

图 5-41 生成明细表

知识拓展

一、标注序号

1. 功能

注写装配图中的零件序号。

2. 命令调用

命令行：ZWMBALLOON（缩写：XH）

菜单：“机械”→“序号/明细表”→“标注序号”

图标：“机械”工具栏中的“标注序号”图标按钮

3. 说明

执行命令后打开如图 5-42 所示的“引出序号”对话框，先在“序号类型”选项卡里选择序号的类型，序号一共有以下 8 种类型：随标准、圆形、开放型、直线型、两行文字直线型、两行文字圆形、多边形、自定义型。然后在“引线”选项卡里选择引线末端箭头的类型，常用的箭头类型为黑点或箭头，如图 5-43 所示。

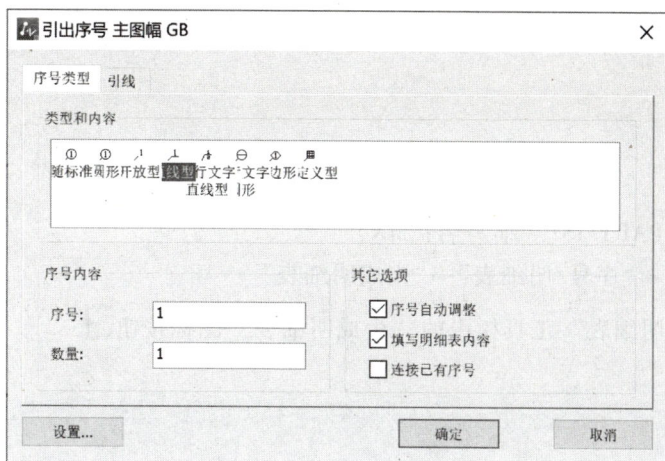

图 5-42 选择序号类型

图 5-43 选择引线末端箭头类型

设置好后单击"确定"按钮，回到绘图区域，在零件的恰当位置单击后弹出图 5-44 所示的"序号输入"对话框，输入对应序号零件的名称、数量、材料等信息，也可以在后期进行再次编辑。

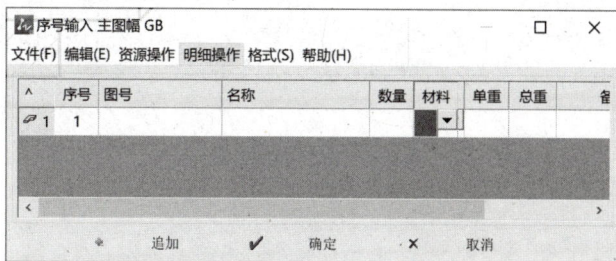

图 5-44 输入明细表内容

二、生成明细表

1. 功能

生成明细表。

2. 命令调用

命令行：ZWMPARTLIST（缩写名：MX）

菜单："机械"→"序号/明细表"→"生成明细表"

图标："序号/明细表"工具栏中的"生成明细表"图标按钮

3. 格式

命令:MX

ZWMPARTLIST

请指定生成界线点或[反向(R)/指定位置(S)/生成行数(7)]〈7〉：　　　//按〈Enter〉键确认

4. 说明

1）指定生成界线点时，一般按〈Enter〉键后默认生成在标题栏上方，也可在屏幕上指定新位置。

2）双击明细表可再次编辑信息。

3）可以单击"序号/明细表"工具栏（在工具栏空白处单击鼠标右键，选择"ZW-CADM"→"序号/明细表"，可调用此工具栏）图标按钮进行编辑，如图5-45所示。

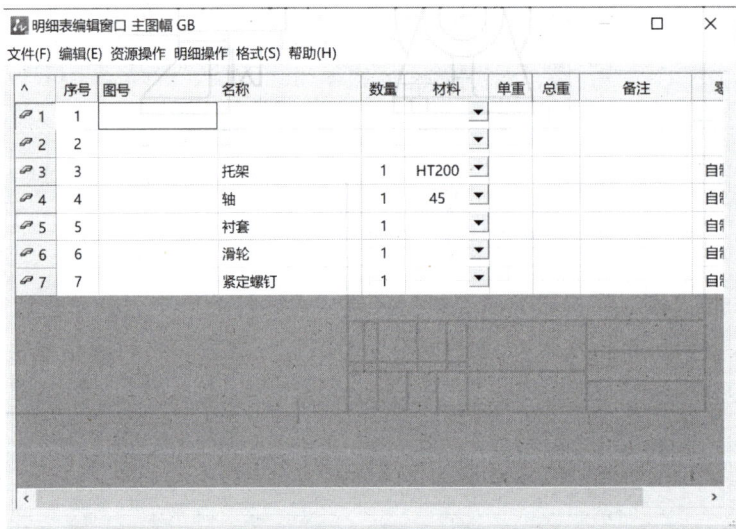

图 5-45　编辑明细表

任务拓展

标注千斤顶各零件序号，并生成明细表，如图5-46所示。

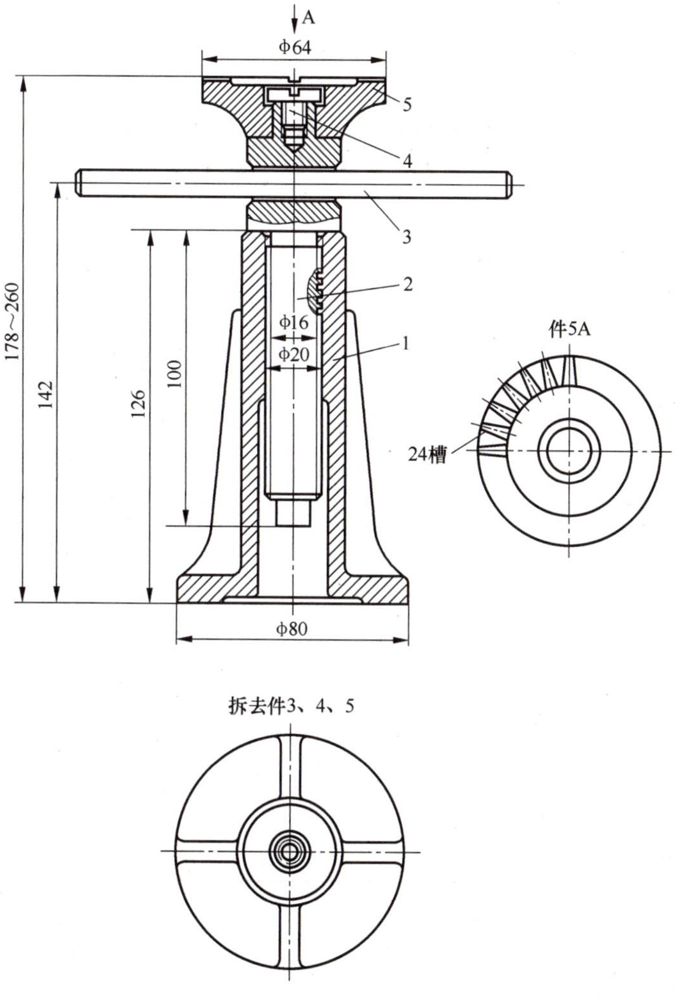

件5A

24槽

拆去件3、4、5

5	QJD-05	顶盖	1	45	
4	QJD-04	螺钉	1	30	GB/T 67—2016
3	QJD-03	旋转杆	1	45	
2	QJD-02	起重螺杆	1	45	
1	QJD-01	底座	1	HT300	
序号	图号	名称	数量	材料	单件 | 总计 重量	备注

标记	处数	更改文件号	签字	日期					千斤顶
设计		标准化			图样标记	重量	比例		
审核							1:1		QJD-00
工艺		日期			共 页		第 页		

图 5-46 千斤顶装配图

项目六

图形打印与发布

项目描述

本项目主要学习图形打印与发布。创建完图形之后，通常要打印在图纸上，也可生成一份电子图样，以便从互联网上进行访问。打印的图形可以是单一视图，或者更为复杂的视图排列。根据不同的需要，可以打印一个或多个视口，或设置选项以决定打印的内容和图像在图纸上的位置。通过本项目的学习，掌握打印、发布、输出等常用命令的使用，并能将 DWG 文档转换成 PDF 文档或者其他格式，或将图形打印出纸质图样。

项目简介

本项目由 3 个任务组成，分别为设置交换齿轮轴图形输出、打印压盖图样、设置拨叉图形为其他打印格式，这些任务所包含的命令及缩写见下表。

任务名称	相关命令	命令缩写或快捷键
任务一　设置交换齿轮轴图形输出	打印	〈Ctrl+P〉键
任务二　打印压盖图样	—	—
任务三　设置拨叉图形为其他打印格式	发布	Pub
	输出	Export

任务一　设置交换齿轮轴图形输出

任务要求

图 6-1 所示为一减速器的交换齿轮轴，文件为".dwg"格式，要求将其转换成 PDF 文件格式（即 PDF 文件输出）。

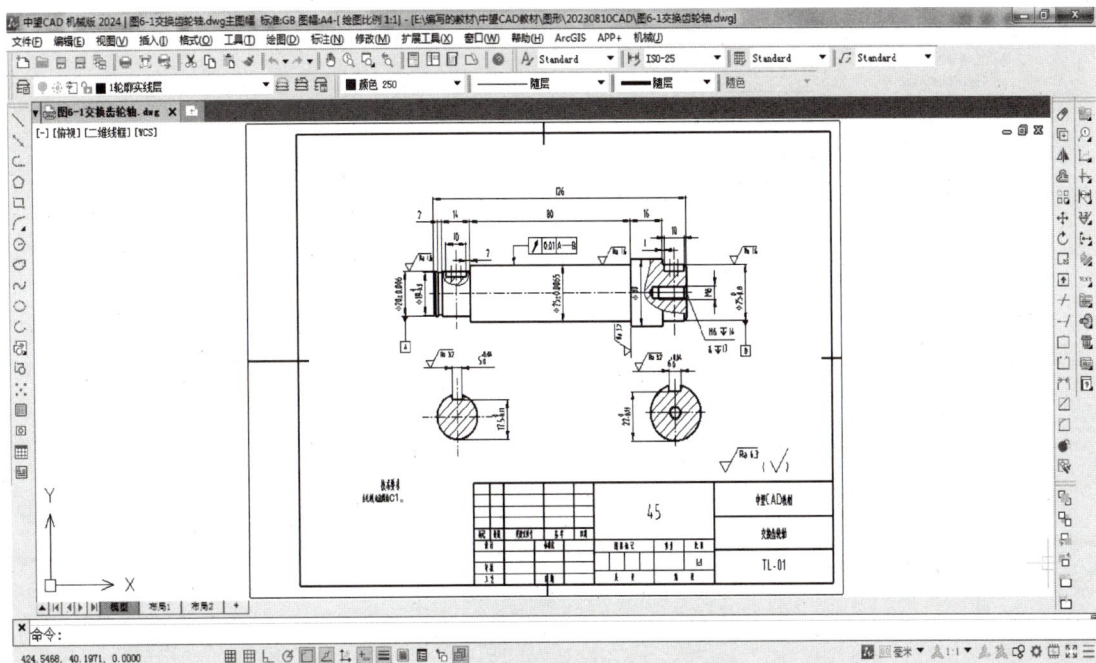

图 6-1　"交换齿轮轴.dwg"文件

任务分析

DWG 格式是中望 CAD 的默认保存格式，将"交换齿轮轴.dwg"文件转换成".pdf"文件格式需要用到"打印"命令，通过打印设置，选择合适的参数和打印选项，最终将文件转换为 PDF 格式输出并保存在指定位置。

任务实施

步骤 1：启动中望 CAD 机械版 2024，并在文档中打开"交换齿轮轴.dwg"文件，打开后如图 6-1 所示。

步骤 2：单击菜单栏中的"文件"→"打印"命令（图 6-2）或按快捷键〈Ctrl+P〉，弹出"打印-模型"对话框，如图 6-3 所示。

步骤 3：设置"打印-模型"对话框中各参数。

1）"打印机/绘图仪"选项组：单击"名称"下拉列表框，选择"DWG to PDF.pc5"；单击"纸张"下拉列表框，根据零件图的大小选择合适的图幅，如选择"ISO A4（297.00×210.00 毫米）"，如图 6-4 所示；再单击"特性"按钮，弹出"绘图仪配置编辑器-DWG to PDF.pc5"对话框，单击"设备和文档设置"→"DWG to PDF.pc5"→"用户定义图纸尺寸"→"修改标准图纸尺寸（可打印区域）"，在对话框下方弹出"修改标准图纸尺寸"，先选择需打印纸张的尺寸大小，如选择"ISO A4（297.00×210.00 毫米）"，如图 6-5 所示；再单击右端的"修改"按钮，弹出"自定义图纸尺寸-可打印区域"对话框，将可打印区域上、下、左、右的距离都改为 0，单击"下一步"按钮，如图 6-6 所示。再单击"下一步"→"完成"→"确定"→"确定"按钮，完成特性设置。

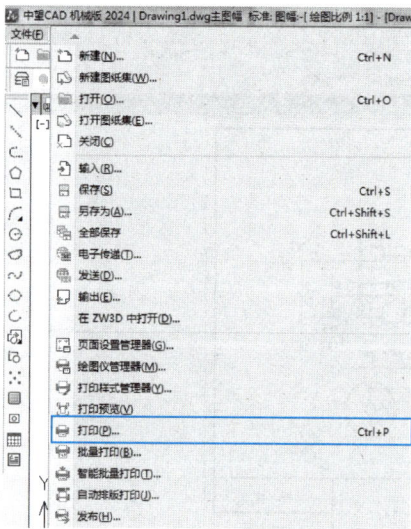

图 6-2 单击"文件"→"打印"命令

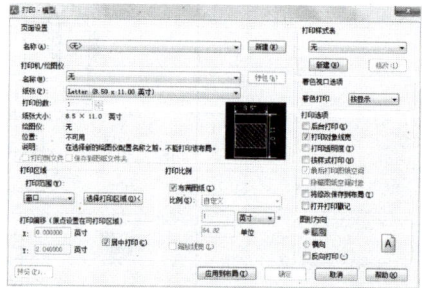

图 6-3 "打印-模型"对话框

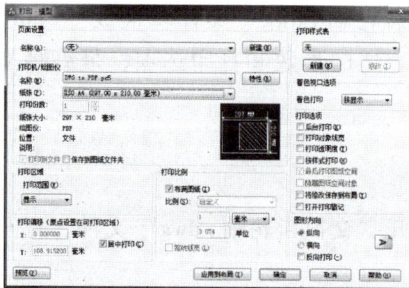

图 6-4 "打印机/绘图仪"选项组的设置

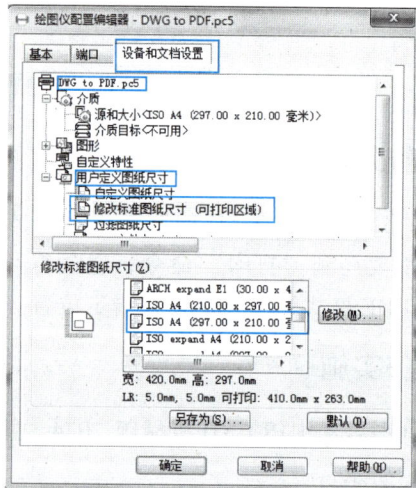

图 6-5 "绘图仪配置编辑器-DWG to PDF. pc5"对话框

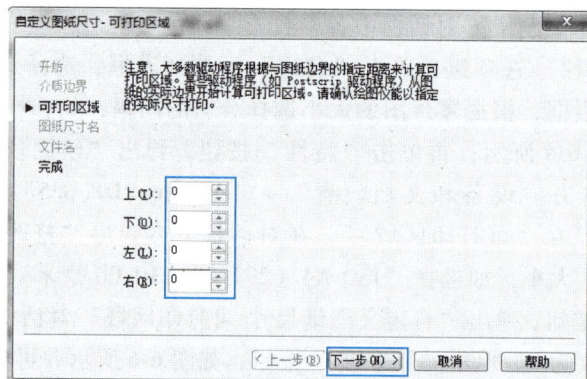

图 6-6 "自定义图纸尺寸-可打印区域"对话框

2）"打印区域"选项组：单击"打印区域"选项组的"打印范围"下拉列表框，选择"窗口"，如图6-7所示。命令行提示"指定窗口第一点"，单击图纸左上角出现的方框点；命令行再提示"指定窗口第二点"，单击图纸右下角出现的方框点，如图6-8所示。

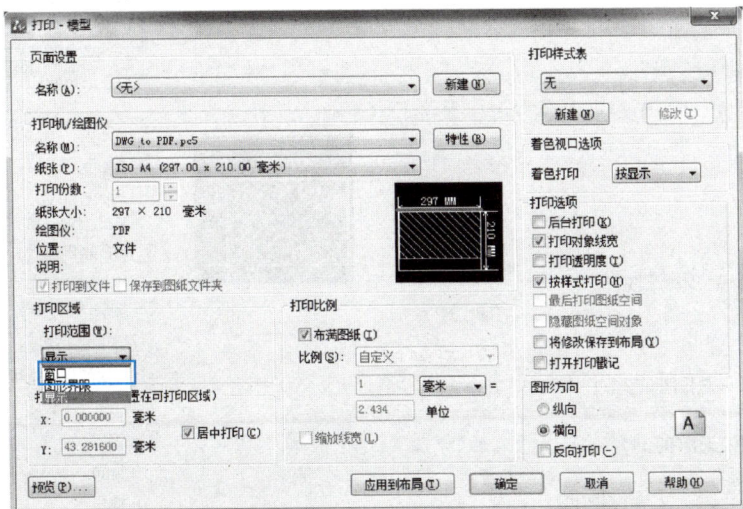

图6-7 "打印区域"→"打印范围"的设置

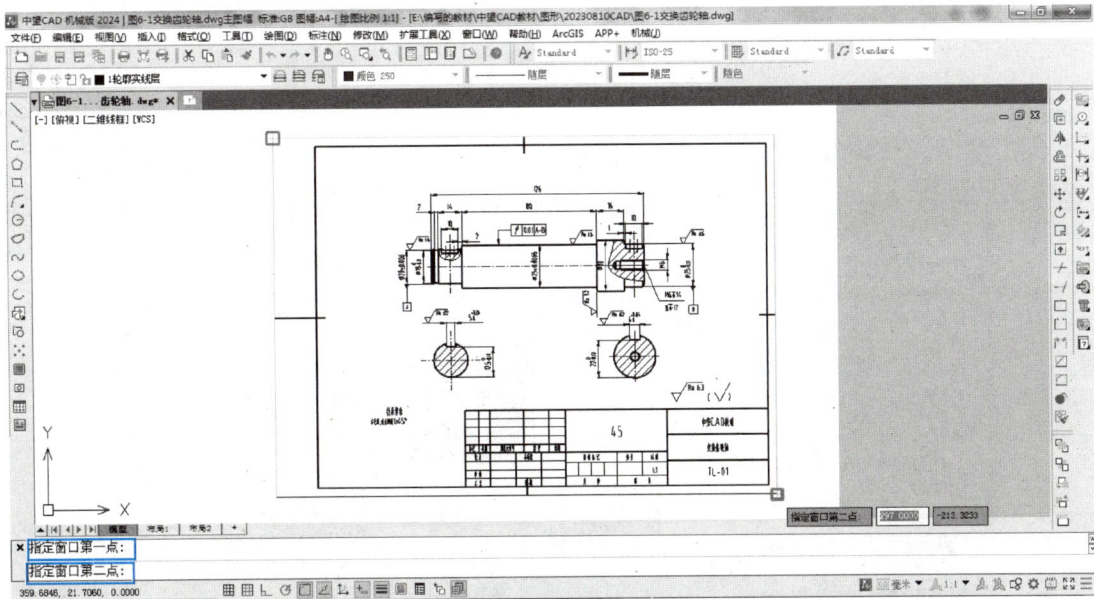

图6-8 打印窗口的选择

3）"打印样式表"选项组：单击"打印样式表"下拉列表框，选择"Monochrome.ctb"（单色打印），如图6-9所示。

4）其他选项组中复选框的设置如图6-10所示，也可以根据绘图工程人员的不同打印效果要求勾选不同的复选框。

5）单击"打印-模型"对话框左下角的"预览（P）…"按钮，显示设置后预览的打印效果，如图6-11所示。预览效果若与绘图工程人员要求相符，则可按〈Esc〉键退出预览，

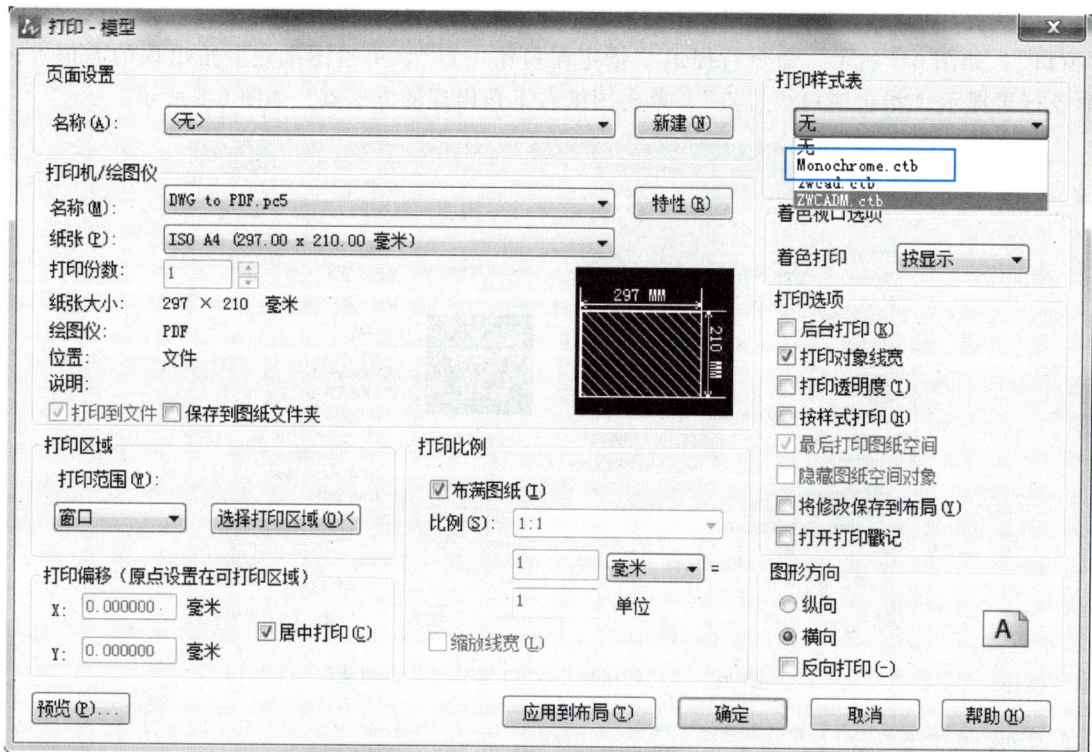

图 6-9 "打印样式表"选项组的设置

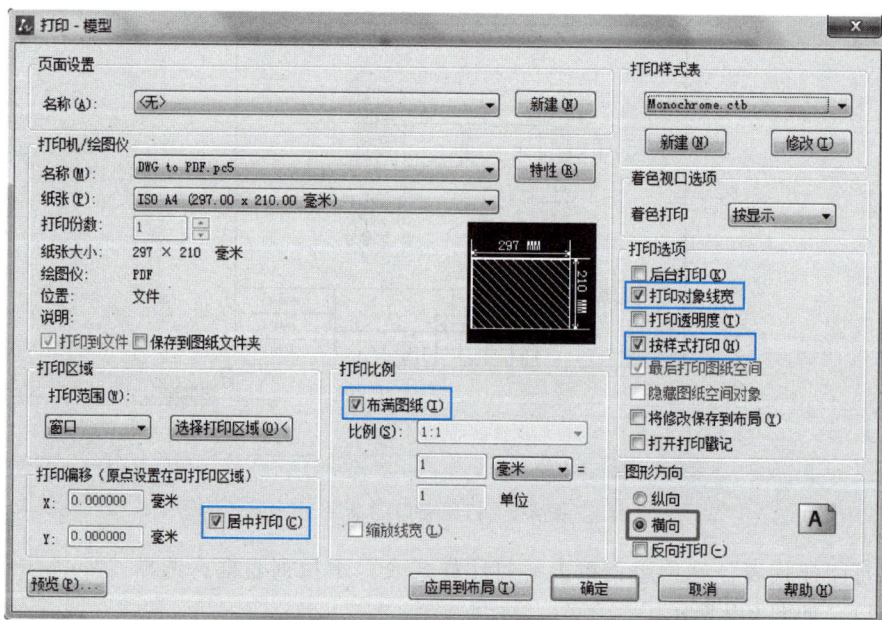

图 6-10 其他选项组中复选框的设置

单击"确定"按钮后，系统弹出"另存为"对话框，将文件保存到指定位置，完成 DWG 文件转换成 PDF 文件。

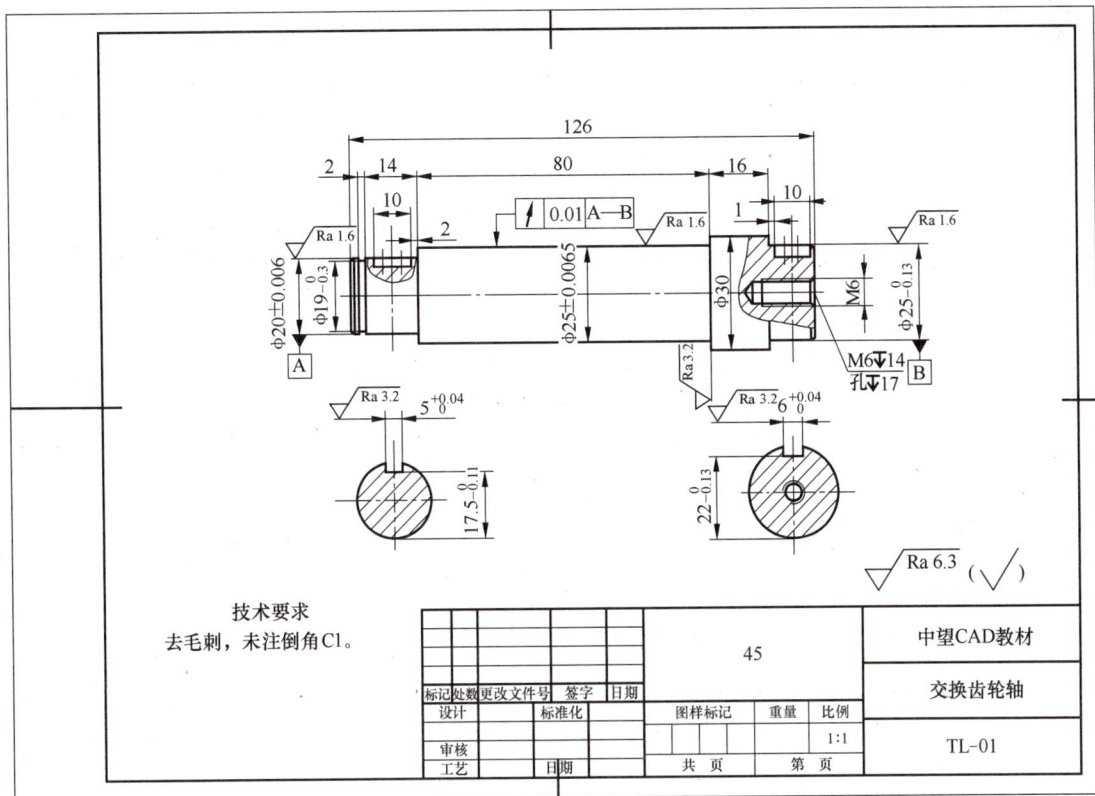

图 6-11　打印效果预览

知识拓展

一、PDF 文件格式

PDF（Portable Document Format 的简称，意为"便携式文档格式"），是由 Adobe Systems 用于与应用程序、操作系统、硬件无关的方式进行文件交换所发展出的文件格式。PDF 文件以 PostScript 语言模型为基础，无论在哪种打印机上都可保证精确的颜色和准确的打印效果，即 PDF 会忠实再现原稿的每一个字符、颜色以及图像。PDF 文件的输出，就是把其他格式的文件转换为 PDF 格式的文件。

PDF 阅读器（Adobe Acrobat Reader）是 Adobe 公司开发的一种电子文档阅读软件，专门用于打开后缀为".PDF"格式的文件，Adobe 公司免费提供 PDF 阅读器下载。

二、安装 PDF 阅读器 Adobe Acrobat Reader 软件

1）先在官网上下载 Adobe Acrobat Reader 软件至某硬盘或桌面。

2）安装 Adobe Acrobat Reader 软件，根据提示步骤，完成 Adobe Acrobat Reader 的安装，并在桌面上创建"Adobe Acrobat Reader"图标，如图 6-12 所示。

图 6-12　Adobe Acrobat Reader 软件的图标

任务拓展

图 6-13 所示为一花键套零件图，文件为".dwg"格式，要求将其转换成 PDF 文件格式（即 PDF 文件输出）。

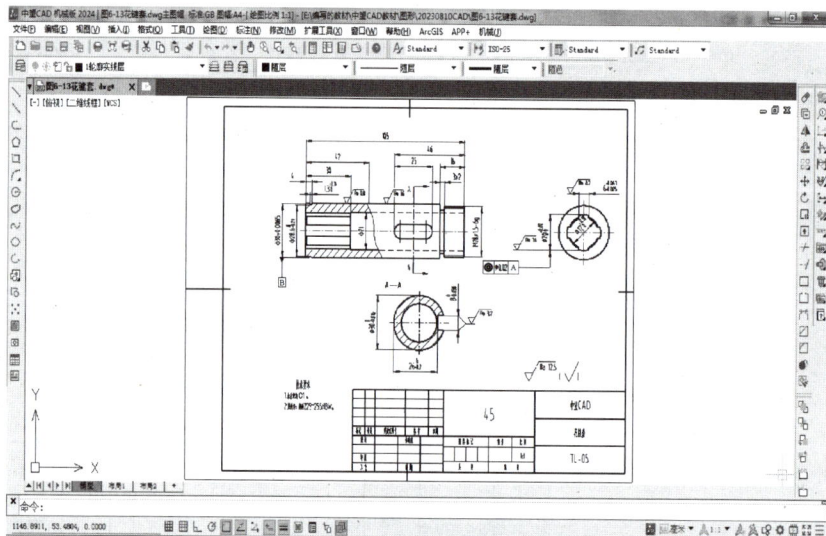

图 6-13 "花键套.dwg"文件

任务二 打印压盖图样

任务要求

将图 6-14 所示压盖零件图打印在 A4 图纸上。

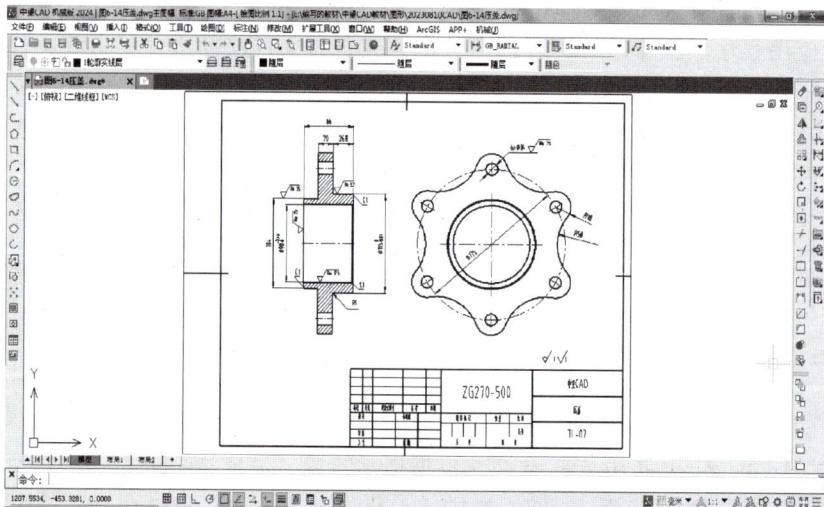

图 6-14 "压盖.dwg"文件

任务分析

要将"压盖.dwg"图形文件打印在 A4 图纸上，首先要确保计算机与打印机相连，打印机能正常使用。再使用"打印"命令，通过打印设置，选择与计算机相连接的打印机的名称以及合适的参数和打印选项，最终将电子档文件输出为纸质版的图样。

任务实施

步骤 1： 启动中望 CAD 机械版 2024，并在文档中打开"压盖.dwg"文件，打开后如图 6-14 所示。

步骤 2： 单击菜单栏中的"文件"→"打印"命令或按快捷键〈Ctrl+P〉，弹出"打印-模型"对话框，在对话框中设置打印参数，如图 6-15 所示。

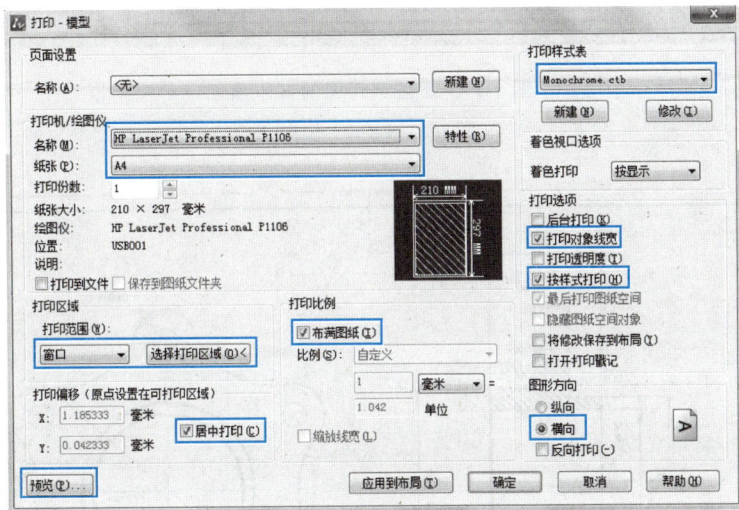

图 6-15 "打印-模型"对话框设置打印参数

1）"打印机/绘图仪"选项组：单击"名称"下拉列表框，选择与计算机相连接的打印机，如选择"HP LaserJet Professional P1106"，单击"纸张"下拉列表框选择合适的纸张，如选择"A4"。

2）"打印样式表""打印选项"选项组：单击"打印样式表"下拉列表框，选择"Monochrome.ctb"，在"打印选项"选项组中的"打印对象线宽"和"按样式打印"复选框内单击打上"√"。

3）"打印区域""打印偏移""打印比例"选项组：单击"打印区域"选项组的"打印范围"下拉列表框，选择"窗口"选项；在"打印偏移"选项组中的"居中打印"复选框内单击打上"√"；在"打印比例"选项组中的"布满图纸"复选框内单击打上"√"。

4）"图形方向"选项组：根据零件图图幅设置的不同，选择不同的图形方向，因为压盖零件图的图样为横向，故应在"图形方向"选项组中单击"横向"选项。

5）预览：设置完成后，单击"预览"按钮，弹出页面如图 6-16 所示；退出预览后，单击"确定"按钮，完成压盖零件图的打印，效果如图 6-17 所示。

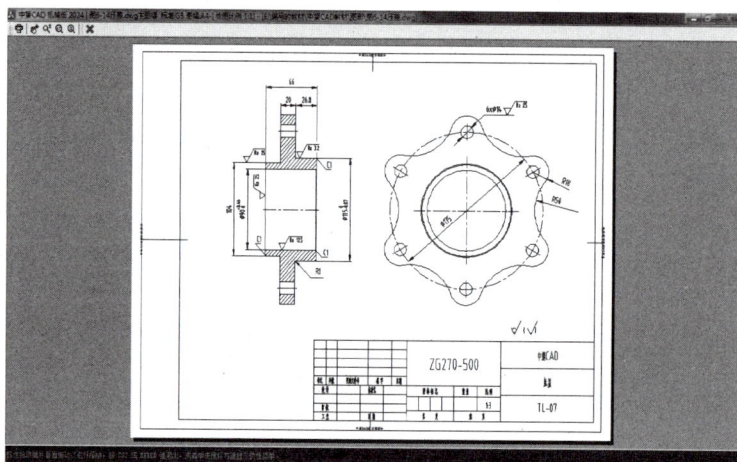

图 6-16　压盖零件图的打印预览

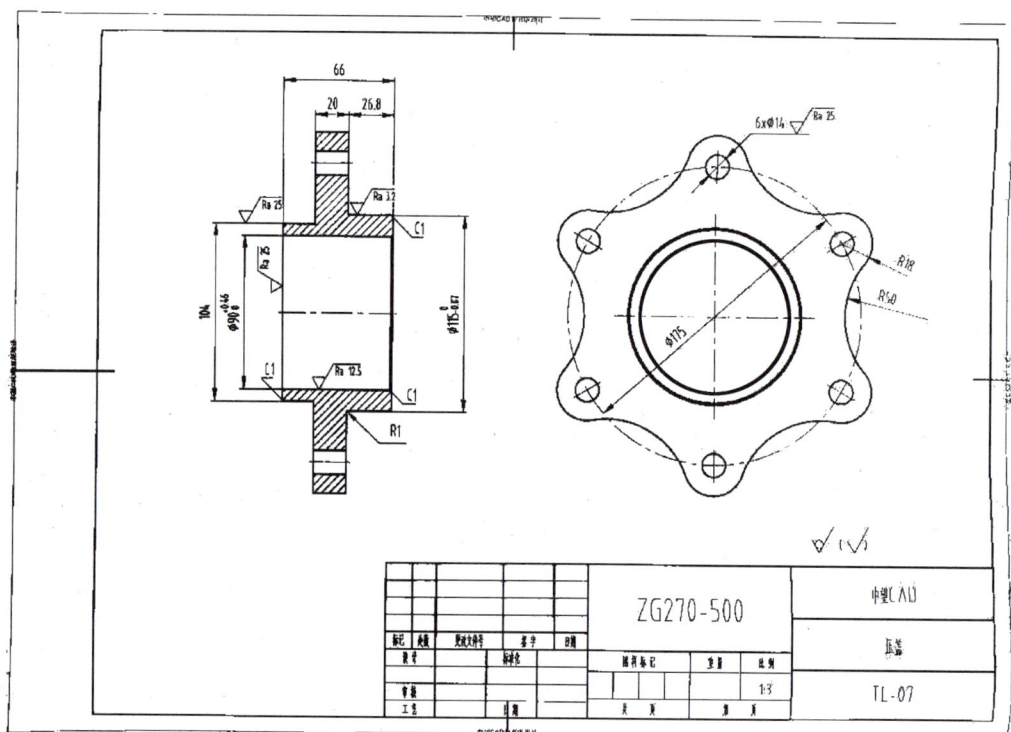

图 6-17　打印机打印出的压盖零件图图样

知识拓展

安装打印机步骤如下：

1）打印机与计算机的连接。如果是安装 USB 接口的打印机，安装时在不关闭计算机主机和打印机的情况下，直接把打印机的 USB 数据线一头连接打印机，另一头连接到计算机的 USB 接口即可。

2）安装打印机的驱动程序。按照上面的步骤把打印机跟计算机连接好之后，系统会提示发现一台打印机，此时需要安装打印机的驱动程序才可以使用打印机。操作系统自己带有许多打印机的驱动程序，可以自动安装好大部分常见的打印机驱动程序。如果操作系统没有这款打印机的驱动程序，需要把打印机附带的驱动盘（U 盘或光盘）放到计算机里面，再根据系统提示进行安装，完成安装后即可使用该款打印机。

任务拓展

图 6-18 所示为一丝杠支座零件图，文件为 ".dwg" 格式，要求将其打印在 A4 图纸上。

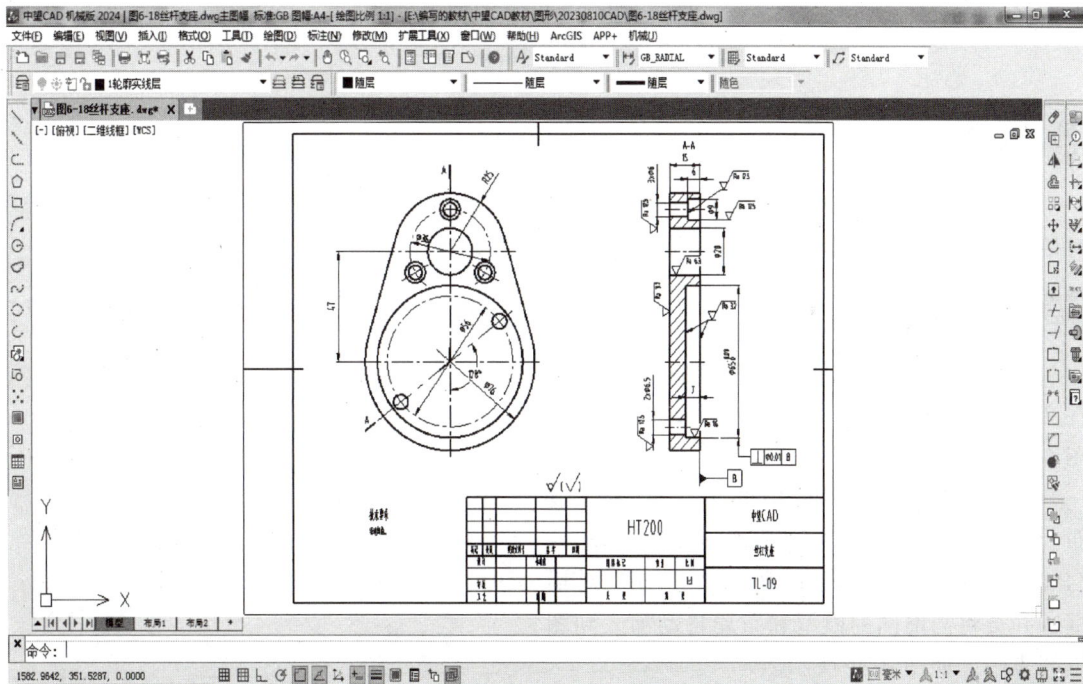

图 6-18　"丝杠支座.dwg"文件

任务三　设置拨叉图形为其他打印格式

任务要求

图 6-19 所示为一拨叉零件图，文件为 ".dwg" 格式，要求将其发布为 DWF 格式。

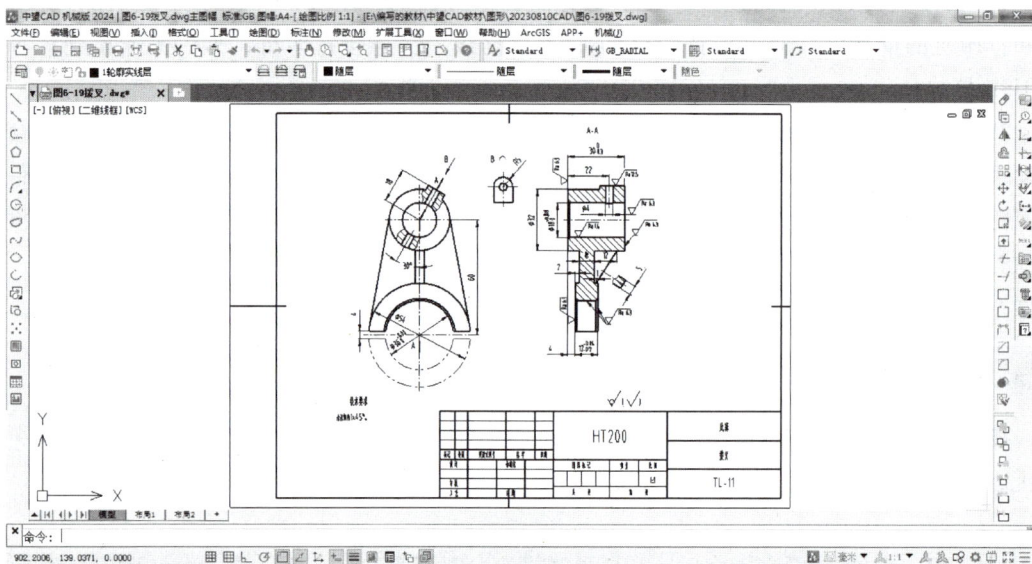

图 6-19 "拨叉.dwg"文件

📄 任务分析

将"拨叉.dwg"文件发布为 DWF 格式文件需要用到"发布"命令,通过在"发布"对话框中选择合适的参数选项,最终将文件发布为 DWF 格式文件并输出到指定位置。

📑 任务实施

步骤 1:启动中望 CAD 机械版 2024,并在文档中打开"拨叉.dwg"文件,打开后如图 6-19 所示。

步骤 2:单击菜单栏中的"文件"→"发布"命令(图 6-20),或在命令行输入"Pub",如图 6-20 所示;弹出"发布"对话框,并会将当前图的模型和布局自动加入到图纸列表中,如图 6-21 所示。

步骤 3:单击左上方的"添加图纸"按钮,可以添加其他图纸。添加图纸的模型和布局空间都将被加入到图纸列表中,在"添加图纸时包含"选项组中可以选择是否添加模型选项卡或布局选项卡。也可以在添加完毕后,选中多余的布局,单击"删除图纸"按钮将其删除。确认每个模型和布局后面的状态是"无错误"后,之后在"发布到"选项组中选择"DWF"。

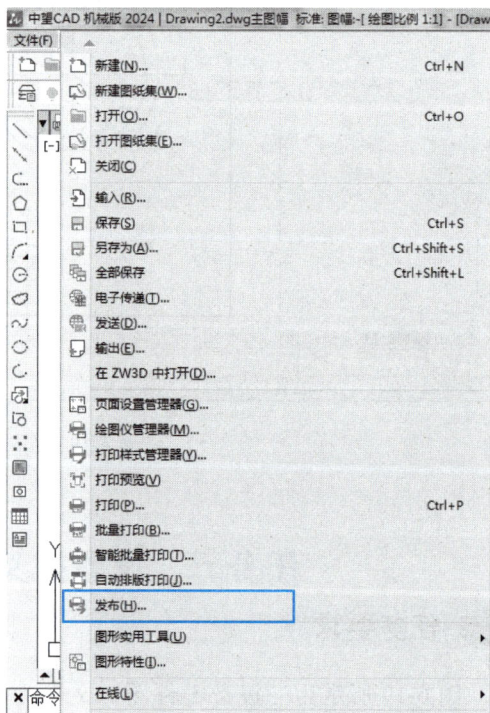

图 6-20 单击"文件"→"发布"命令

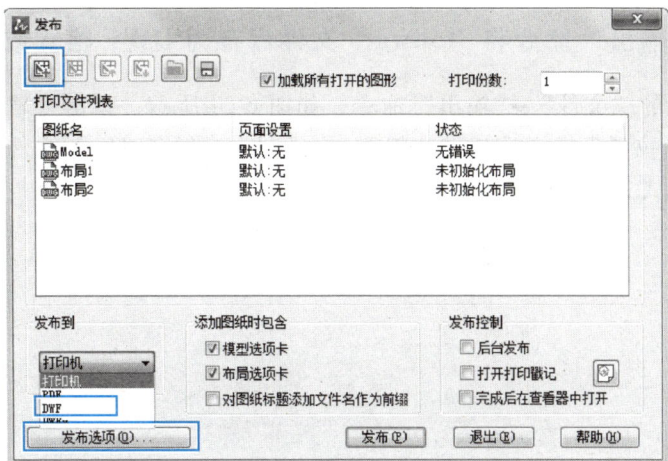

图 6-21　"发布"对话框

步骤 4：单击"发布选项"按钮，打开"发布选项"对话框。按要求设置输出位置，默认输出位置为打印到文件，单击"确定"按钮。

步骤 5：返回"发布"对话框后，单击"发布"按钮。

步骤 6：发布后的图标如图 6-22 所示。

图 6-22　"拨叉.dwf"文件图标

知识拓展

一、通过"打印"命令将".dwg"文件保存为 DWF 格式或其他图形格式

单击菜单栏中的"文件"→"打印"命令或按快捷键〈Ctrl+P〉，弹出"打印-模型"对话框，将"打印机/绘图仪"选项组中的"名称"设置为"DWF6 ePlot. pc5"；其他参数参照本项目的任务一设置，将".dwg"文件保存为 DWF 格式文件或其他图形格式文件，如图 6-23 所示。

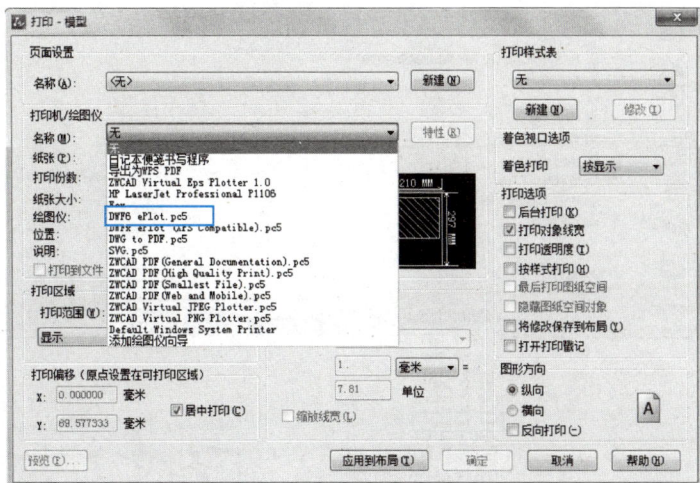

图 6-23　通过设置"打印-模型"对话框将".dwg"文件保存为 DWF 格式文件或其他图形格式文件

二、通过"输出"命令将".dwg"文件保存为 DWF 格式或其他图形格式

单击菜单栏中的"文件"→"输出"命令，如图 6-24 所示，弹出"输出数据"对话框，在"文件类型"下拉列表框中选择"DWF（＊.dwf)"，将".dwg"文件保存为 DWF 格式文件或其他图形格式文件，如图 6-25 所示。

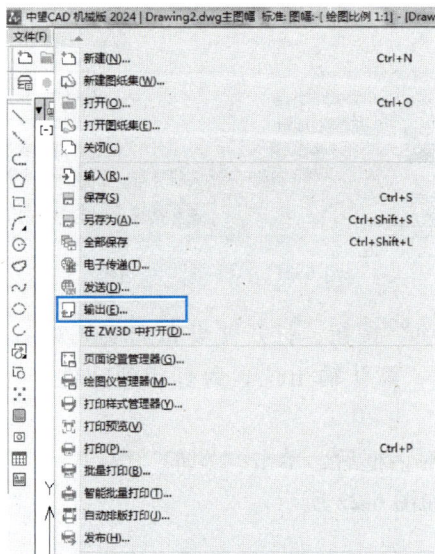

图 6-24 "文件"→"输出"命令

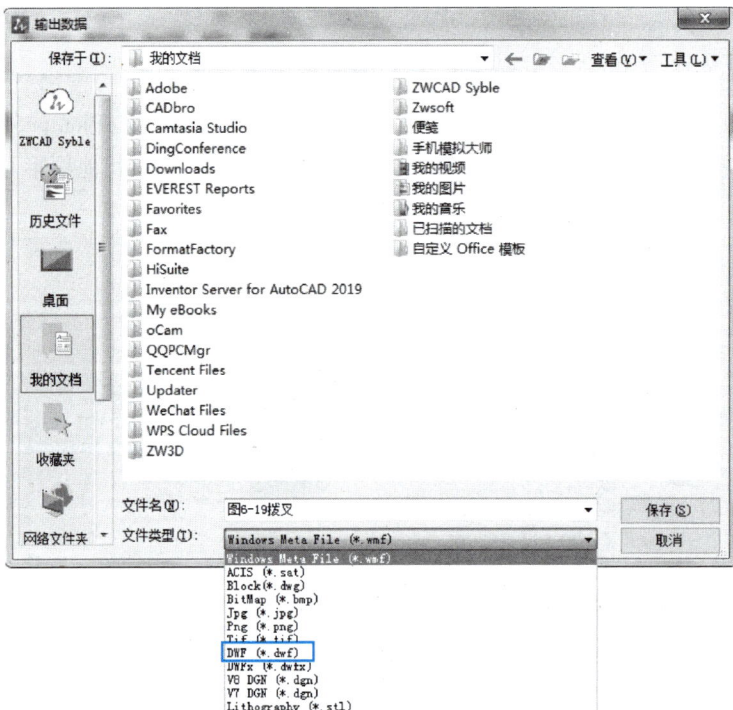

图 6-25 通过"输出"命令将".dwg"文件输出并保存为 DWF 格式文件或其他图形格式文件

任务拓展

图 6-26 所示为一活动钳口零件图，文件为 ".dwg" 格式，要求将其发布到打印机，再打印出 A4 图纸。

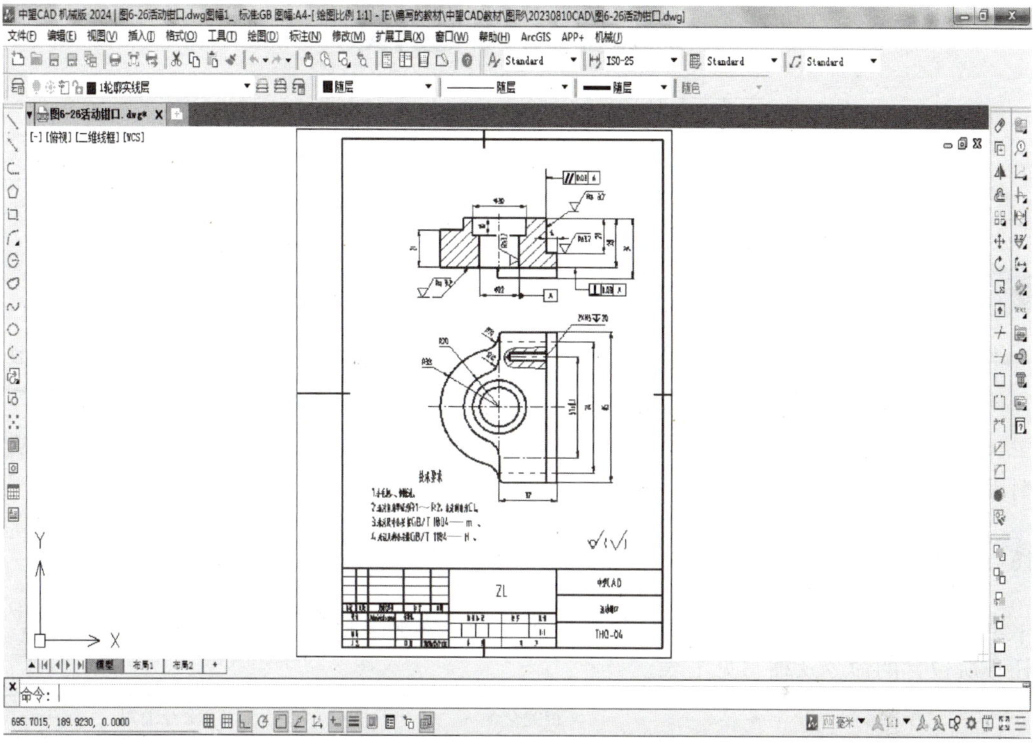

图 6-26　"活动钳口.dwg" 文件

项目七

三维实体建模

项目描述

本项目主要学习三维实体建模。三维实体建模建立在二维设计的基础上，是让设计目标更立体化、形象化的一种设计方法。通过本项目的学习，掌握中望 CAD 机械版 2024 的三维造型模块的基础知识，通过创建手轮、无刷电机前端外转体、航空杯，掌握简单的三维模型绘制方法。

项目简介

本项目由 3 个任务组成，分别为创建手轮、创建无刷电机前端外转体和创建航空杯，这些任务所包含的命令及缩写见下表。

任务名称	相关命令	命令缩写
任务一　创建手轮	圆柱体	CYL
	圆环体	TOR
	并集	UNI
	差集	SU
任务二　创建无刷电机前端外转体	拉伸	EXT
	旋转	REV
	面域	REG
	圆角	F
任务三　创建航空杯	扫掠	SWEEP
	抽壳	SOLIDEDIT

任务一　创 建 手 轮

任务要求

按照图 7-1 所示的手轮图样，完成手轮的三维建模。

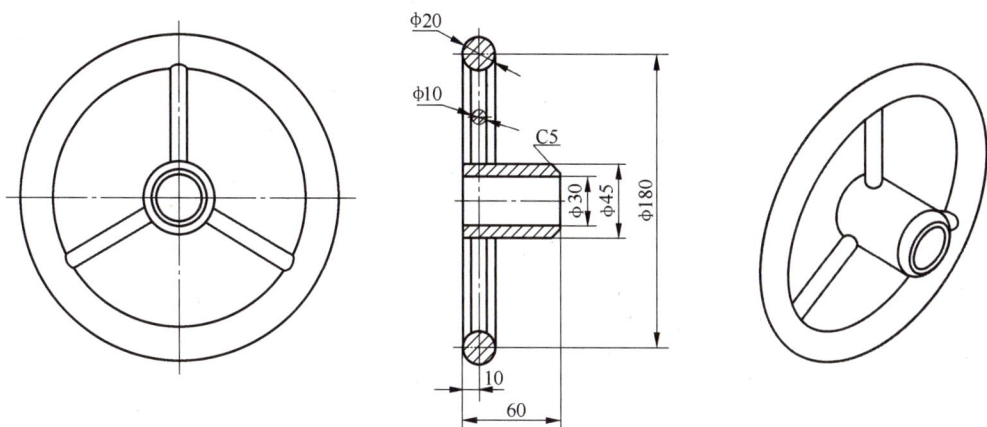

图 7-1 手轮图样

任务分析

手轮由圆柱体、圆环体组成，需要用到"圆柱体""圆环体"实体图元命令绘制三维模型，并通过"环形阵列""分解""并集""差集"等编辑命令完成手轮的三维建模。

任务实施

步骤 1：启动中望 CAD 机械版 2024。

步骤 2：单击中望 CAD 机械版 2024 工作界面右下角的工作空间切换按钮 ，选择"二维草图与注释"，如图 7-2 所示，切换工作空间，如图 7-3 所示。

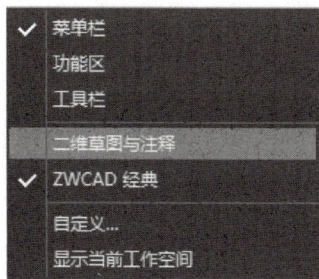

图 7-2 选择"二维草图与注释"   图 7-3 "二维草图与注释"工作空间

步骤 3：设置绘图环境：设置视图，单击菜单栏中的"视图"面板→"西南等轴测"命令，工作空间如图 7-4 所示。

步骤 4：单击菜单栏中的"实体"→"图元"面板→"圆柱体"，在绘图区域中任意单击

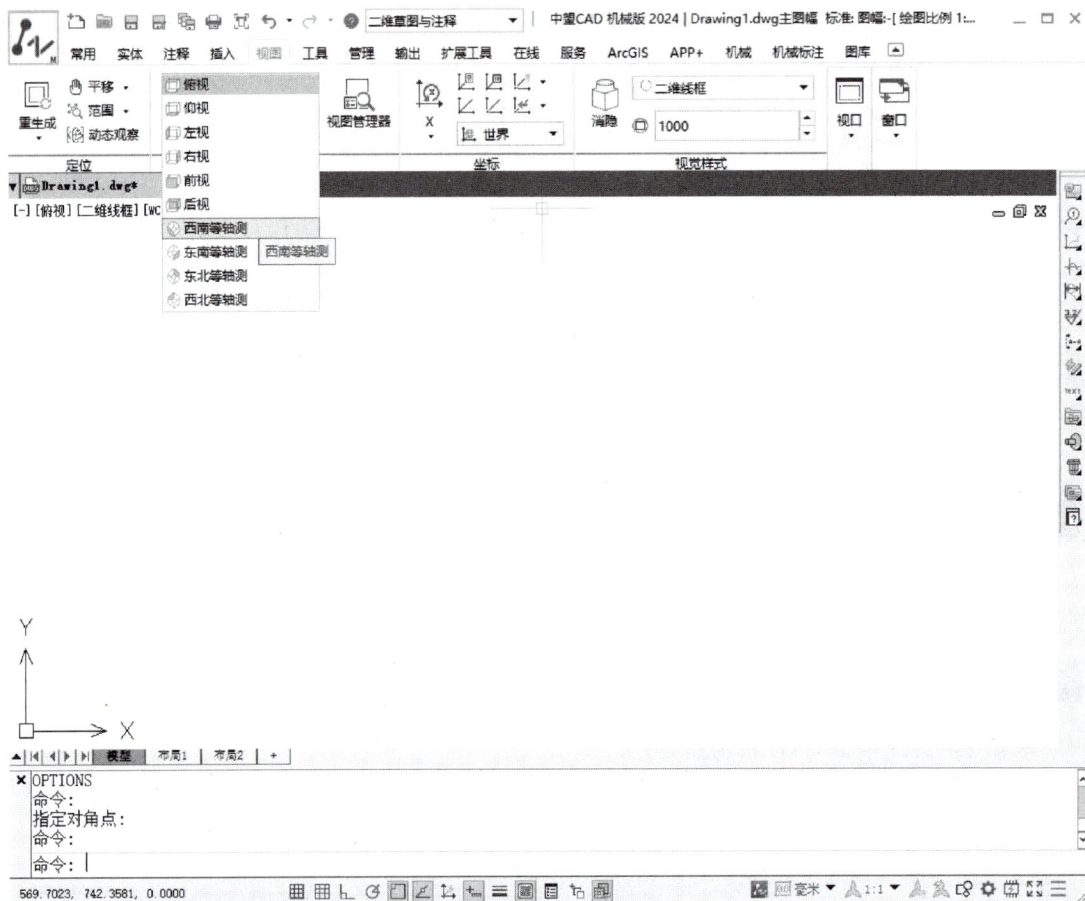

图 7-4 设置西南等轴测视图

确定圆柱体底面中心点的位置，指定圆柱体直径为 45mm，高度为 60mm，绘制圆柱体如图 7-5 所示。

步骤 5：单击菜单栏中的"常用"→"绘图"面板 →"直线"，使用直线命令，以圆柱体底面的中心点为起点，绘制竖直直线，高度为 50mm，如图 7-6 所示。

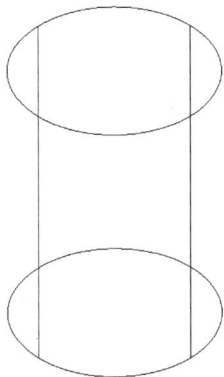

图 7-5 圆柱体二维线框视觉样式效果图

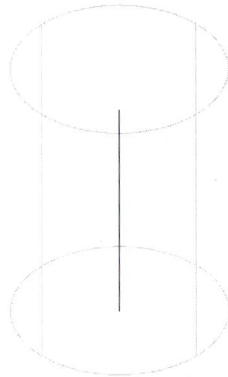

图 7-6 绘制竖直直线

命令行文本参考：

```
命令:_cylinder
指定底面的中心点或[三点(3P)/两点(2P)/切点、切点、半径(T)/椭圆(E)]:
指定圆的半径或[直径(D)]〈45.0000〉:d                  //切换输入直径
指定圆的直径〈90.0000〉:45                            //输入圆柱体直径
指定高度或[两点(2P)/中心轴(A)]〈60.0000〉:60          //输入圆柱体高度
```

步骤6：单击菜单栏中的"实体"→"图元"面板→"圆环体"，选择步骤5中绘制的竖直线上端点为圆环体的绘图中心，圆环体圆的半径为90mm，圆环直径为20mm，绘制圆环体如图7-7所示。

命令行文本参考：

```
命令:_torus
指定中心点或[三点(3P)/两点(2P)/切点、切点、半径(T)]:
指定圆的半径或[直径(D)]〈10.0000〉:90               //输入圆环体圆的半径
指定圆环半径或[两点(2P)/直径(D)]〈10.0000〉:D        //切换到圆环直径输入
指定圆环直径〈20.0000〉:20                           //输入圆环直径
```

步骤7：单击菜单栏中的"实体"→"图元"面板→"圆柱体"，选择步骤5中绘制的竖直线上端点为圆柱体的绘图中心，指定圆柱体半径为5mm，高度为90mm，并且指定"中心轴"方式绘制圆柱体，如图7-8所示。

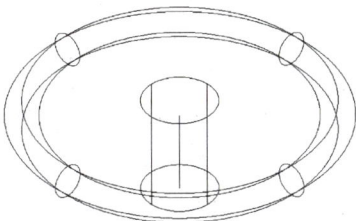

图7-7 绘制圆环体

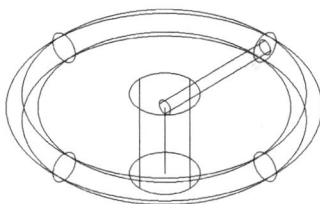

图7-8 绘制圆柱体

命令行文本参考：

```
命令:_cylinder
指定底面的中心点或[三点(3P)/两点(2P)/切点、切点、半径(T)/椭圆(E)]:
指定圆的半径或[直径(D)]〈90.0000〉:5                 //输入圆柱体半径
指定高度或[两点(2P)/中心轴(A)]〈90.0000〉:A          //指定"中心轴(A)"方式
轴的终点:90                                        //输入圆柱体高度
```

步骤8：单击菜单栏中的"视图"→"视觉样式"面板→"体着色"，将绘制的圆柱体视觉样式调整到"体着色"，如图7-9所示。

步骤9：单击菜单栏中的"常用"→"修改"面板→"环形阵列"图标，或在命令行输入"AR"，执行阵列命令。环形阵列对象为步骤7中绘制的圆柱体，环形阵列中心点选取步骤4中绘制的圆柱体上端面中心点，阵列数量为3，阵列结果如图7-10所示。

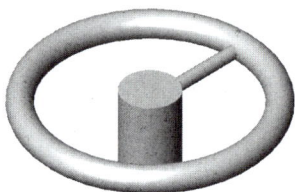

图7-9 "体着色"视觉样式效果图

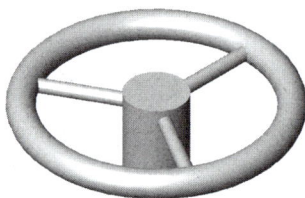

图7-10 环形阵列结果

命令行文本参考：

命令：_arraypolar

选择对象： //单击选择环形阵列对象

找到 1 个

选择对象：

类型＝环形　关联＝是

指定阵列的中心点或［基点（B）/旋转轴（A）］： //单击选取环形阵列中心点

选择夹点以编辑阵列或［关联（AS）/基点（B）/项目（I）/项目间角度（A）/填充角度（F）/行（ROW）/层（L）/旋转项目（ROT）/退出（X）］〈退出〉：I //指定项目

输入项目数〈6〉：3 //输入项目数量

选择夹点以编辑阵列或［关联（AS）/基点（B）/项目（I）/项目间角度（A）/填充角度（F）/行（ROW）/层（L）/旋转项目（ROT）/退出（X）］〈退出〉：

步骤10：单击菜单栏中的"常用"→"修改"面板→"分解"图标，或在命令行输入快捷键"X"执行"分解"命令，分解对象为步骤9中环形阵列的3个圆柱体。

命令行文本参考：

命令：X

EXPLODE

找到 1 个 //单击选择步骤9中的阵列结果为对象进行分解

步骤11：单击菜单栏中的"实体"→"布尔运算"面板→"并集"图标，并集对象为步骤1~步骤10绘制的所有圆柱体和圆环体，将5个单独的实体求和成一个实体，并集运算结果如图7-11所示。

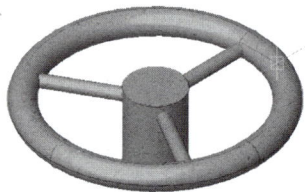

图7-11 并集运算结果

命令行文本参考：

命令：_union

选择对象求和： //单击选取并集对象

找到 1 个

选择对象求和：

找到 1 个,总计 2 个

选择对象求和：

找到 1 个,总计 3 个

选择对象求和：

找到 1 个,总计 4 个

选择对象求和:

找到 1 个,总计 5 个

选择对象求和:

步骤 12:单击菜单栏中的"实体"→"图元"面板→"圆柱体",选择步骤 4 中绘制圆柱体上端面圆心为定位点,再次绘制圆柱体,圆柱体的半径为 15mm,高度为 100mm,方向竖直向下,如图 7-12 所示。

步骤 13:单击菜单栏中的"实体"→"布尔运算"面板→"差集"图标，差集对象为步骤 11 和步骤 12 绘制的图形,指定要从中减去的实体为步骤 11 中并集得到的实体,指定要减去的实体为步骤 12 中绘制的圆柱体,差集运算结果如图 7-13 所示。

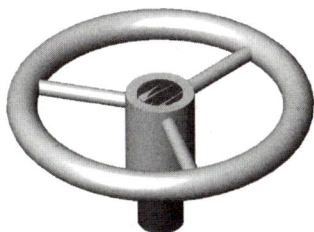

图 7-12 绘制圆柱体 　　　　　　　　　　　　图 7-13 差集运算结果

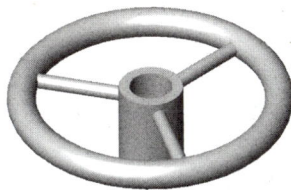

命令行文本参考:

命令:_subtract

选择要从中减去的实体、曲面和面域:

找到 1 个 　　　　　　　　　　　　　　//指定要从中减去的实体

选择要从中减去的实体、曲面和面域:

选择要减去的实体、曲面和面域:

找到 1 个 　　　　　　　　　　　　　　//指定需要减去的实体

选择要减去的实体、曲面和面域:

知识拓展

一、长方体

1. 功能

创建三维长方体对象,通过指定长方体角点、中心点等方式创建三维长方体对象。

2. 命令调用

命令行:BOX

图标:"实体"→"图元"面板→"长方体"图标

3. 格式

命令:_box

指定长方体的第一个角点或[中心(C)]: 　　　　　　　　//指定长方体第一个角点

指定另一个角点或[立方体(C)/长度(L)]:L 　　　　　　//指定长方体长度

指定长度〈100.0000〉：　　　　　　　　　　　　//输入长方体长度

指定宽度〈50.0000〉：　　　　　　　　　　　　//输入长方体宽度

指定高度或[两点(2P)]〈150.0000〉:60　　　　　//输入长方体高度

4. 说明

命令提示中各项含义如下：

1）指定长方体的第一个角点：指定长方体的第一个角点。

2）中心（C）：通过指定长方体的中心点绘制长方体。

二、圆柱体

1. 功能

创建底面和顶面为圆或椭圆的三维圆柱体对象。

2. 命令调用

命令行：CYLINDER（缩写：CYL）

图标："实体"→"图元"面板→"圆柱体"

3. 格式

命令:CYL

CYLINDER

指定底面的中心点或[三点(3P)/两点(2P)/切点、切点、半径(T)/椭圆(E)]：

指定圆的半径或[直径(D)]〈45.0000〉:D　　　　//切换输入直径

指定圆的直径〈90.0000〉:45　　　　　　　　　//输入圆柱体直径

指定高度或[两点(2P)/中心轴(A)]〈60.0000〉:60　//输入圆柱体高度

4. 说明

命令提示中各项含义如下：

1）指定底面的中心点：指定圆柱体底面圆的圆心来创建圆柱体对象。

2）三点（3P）：指定三个点来定义圆柱体的圆周。

3）两点（2P）：指定两个点来定义圆柱体的圆周。

4）切点、切点、半径（T）：指定圆柱体半径以及与圆柱体相切的两个对象，切点将投影到当前 UCS。

5）椭圆（E）：创建一个底面为椭圆的三维圆柱体对象。

三、圆环体

1. 功能

创建三维圆环体对象。

2. 命令调用

命令行：TORUS（缩写：TOR）

图标："实体"→"图元"面板→"圆环体"图标

3. 格式

命令:TOR

TORUS

指定中心点或[三点(3P)/两点(2P)/切点、切点、半径(T)]：

指定圆的半径或[直径(D)]〈10.0000〉:90　　　　// 输入圆环体圆的半径

指定圆环半径或[两点(2P)/直径(D)]〈10.0000〉:D	// 切换到圆环直径输入
指定圆环直径〈20.0000〉:20	// 输入圆环体直径

4. 说明

圆环体由两个半径定义：一个是圆管的半径，另一个是圆环体中心到圆管中心之间的距离。

命令提示中各项含义如下：

1）指定中心点：指定圆环体中心。

2）指定圆的半径：指定圆环体的半径，即圆环体中心到圆管中心之间的距离。

3）指定圆环半径、直径：指定圆环体的圆管半径、直径。

4）三点（3P）：指定三个点来定义圆环体的圆管圆周。

5）两点（2P）：指定两个点来定义圆环体的圆管圆周。

6）切点、切点、半径（T）：指定圆环体圆管的半径以及与圆环体相切的两个对象，切点将投影到当前 UCS。

四、球体

1. 功能

绘制三维球体对象。

2. 命令调用

命令行：SPHERE

图标："实体"→"图元" 面板→"球体" 图标

3. 格式

命令:SPHERE	
指定中心点或[三点(3P)/两点(2P)/切点、切点、半径(T)]:	//指定球体中心点
指定圆的半径或[直径(D)]〈15.0000〉:	//输入球体半径

4. 说明

命令提示中各项含义如下：

1）指定中心点：指定球体中心。

2）指定圆的半径：指定球体的半径。

3）指定圆的直径：指定球体的直径。

4）三点（3P）：指定三维空间中的三个点来定义球体的圆周。

5）两点（2P）：指定两个点来定义球体圆周的直径。

6）切点、切点、半径（T）：指定球体半径以及与球体相切的两个对象，切点将投影到当前 UCS。

五、楔体

1. 功能

创建三维楔体对象，通过指定楔体的角点或中心点创建三维楔体对象。

2. 命令调用

命令行：WEDGE

图标："实体"→"图元"面板→"楔体"图标

3. 格式

命令：WEDGE

指定长方体的第一个角点或[中心(C)]：	//指定长方体第一个焦点
指定另一个角点或[立方体(C)/长度(L)]：L	//切换指定长度
指定长度〈287.8761〉：100	//输入长度
指定宽度〈118.9488〉：50	//输入宽度
指定高度或[两点(2P)]〈100.0000〉：150	//输入高度

4. 说明

命令提示中各项含义如下：

1）指定长方体的第一个角点：指定楔体的第一个角点。

2）中心（C）：指定楔体的中心点。

六、圆锥体

1. 功能

创建三维圆锥体对象，通过指定楔体的角点或中心点创建三维楔体对象。

2. 命令调用

命令行：CONE

图标："实体"→"图元"面板→"圆锥体"图标

3. 格式

命令：CONE

指定底面的中心点或[三点(3P)/两点(2P)/切点、切点、半径(T)/椭圆(E)]：	//指定底面中心点
指定圆的半径或[直径(D)]：25	//输入半径
指定高度或[两点(2P)/中心轴(A)/顶面半径(T)]：50	//输入高度

4. 说明

命令提示中各项含义如下：

1）指定底面的中心点：指定圆锥体底面的中心点来创建三维圆锥体。

2）指定圆的半径、直径：指定圆锥体的底面半径、直径。

3）指定高度：指定圆锥体的高度。

4）三点（3P）：指定三个点来定义圆锥体的圆周。

5）两点（2P）：指定两个点来定义圆锥体的圆周。

6）切点、切点、半径（T）：指定圆锥体半径以及与圆锥体相切的两个对象，切点将投影到当前 UCS。

7）椭圆（E）：创建一个底面为椭圆的三维圆锥体对象。

七、并集

1. 功能

将两个或多个三维实体、面域或曲面合并为一个整体，形成一个组合三维实体、二维面域或曲面。

2. 命令调用

命令行：UNION（缩写：UNI）

图标："实体"→"布尔运算"面板→"并集"图标

3. 格式

命令:UNI
UNION
选择对象求和：　　　　　　　　　　　　　　　　　　//单击选择对象
找到 1 个
选择对象求和：　　　　　　　　　　　　　　　　　　//单击选择对象
找到 1 个,总计 2 个
选择对象求和：　　　　　　　　　　　　　　　　　　//布尔并集求和

4. 说明

命令提示中"选择对象求和"的含义：选择三维实体、面域或曲面对象。注意：至少要选择两个三维实体、面域或曲面对象。得到的组合实体由选择集中所有三维实体所封闭的空间组成，并集示例如图 7-14 所示。

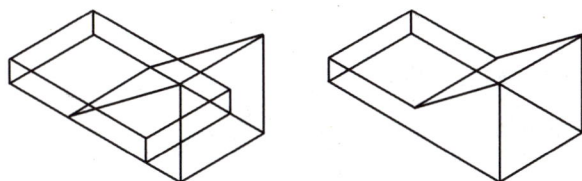

图 7-14　并集示例

八、布尔差集

1. 功能

将两个或多个三维实体、曲面或面域通过"减"操作合并为一个整体对象。

2. 命令调用

命令行：SUBTRACT（缩写：SU）

图标："实体"→"布尔运算"面板→"差集"图标

3. 格式

命令:SU
SUBTRACT
选择要从中减去的实体、曲面和面域：
找到 1 个　　　　　　　　　　　　　　　　　　　//单击选择对象
选择要从中减去的实体、曲面和面域：
选择要减去的实体、曲面和面域：
找到 1 个，总计 2 个　　　　　　　　　　　　　　//单击选择对象
选择要减去的实体、曲面和面域：

4. 说明

命令提示中各项含义如下：

1）选择要从中减去的实体、曲面和面域：选择要进行"减"操作的三维实体、曲面和面域对象。

2）选择要减去的实体、曲面和面域：选择要减去的三维实体、曲面和面域对象。

差集示例如图 7-15 所示。

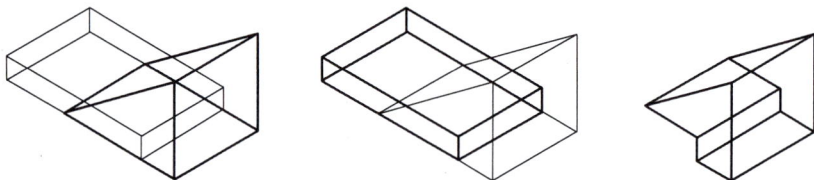

图 7-15　差集示例

九、布尔交集

1. 功能

在两个或多个三维实体、曲面或面域间获取交集，将相交的公共部分创建为一个组合三维实体、面或面域，并删除交集以外的部分。

2. 命令调用

命令行：INTERSECT（缩写：IN）

图标："实体"→"布尔运算"面板→"交集"

3. 格式

```
命令:IN
INTERSECT
选取要相交的对象：                                    //选取对象
找到 1 个
选取要相交的对象：                                    //选取对象
找到 1 个,总计 2 个
选取要相交的对象：                                    //布尔交集
```

4. 说明

命令提示中"选取要相交的对象"的含义：选择要相交的三维实体、曲面和面域对象。注意：至少要选择两个三维实体、曲面或面域对象。"INTERSECT"命令仅支持在一个曲面与一个三维实体间获取交集。如果选择集中包含多个曲面或多个实体，则将在曲面与曲面，实体与实体间求取交集，如图 7-16 所示。

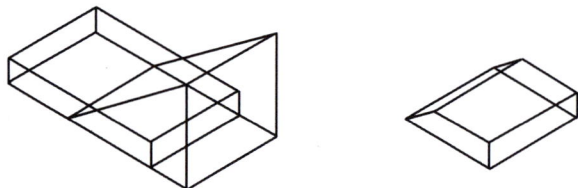

图 7-16　交集示例

任务拓展

创建图 7-17~图 7-19 所示的实体。

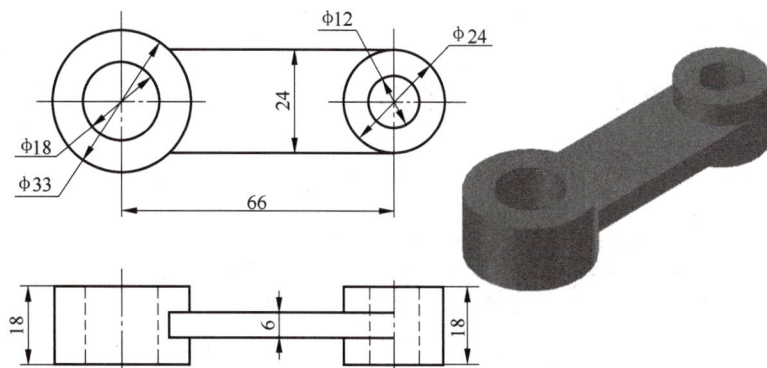

图 7-17　任务拓展图 1

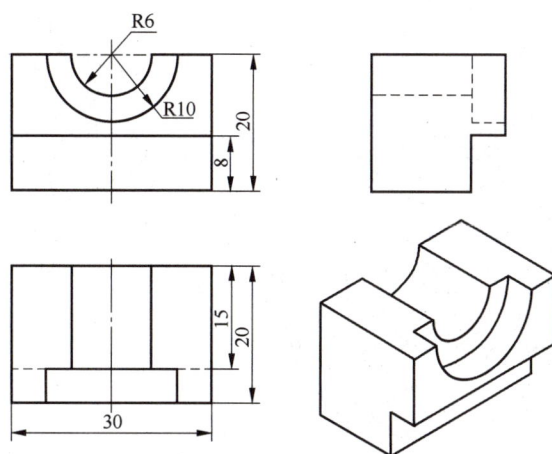

图 7-18　任务拓展图 2

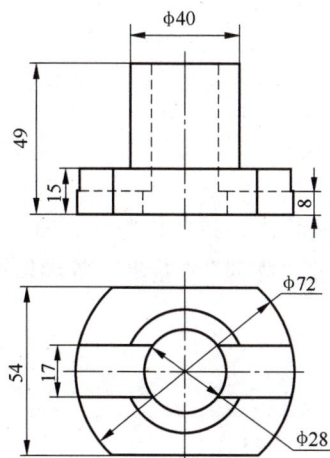

图 7-19　任务拓展图 3

任务二　创建无刷电机前端外转体

任务要求

根据图 7-20 所示的无刷电机前端外转体图样，完成无刷电机前端外转体的三维建模。

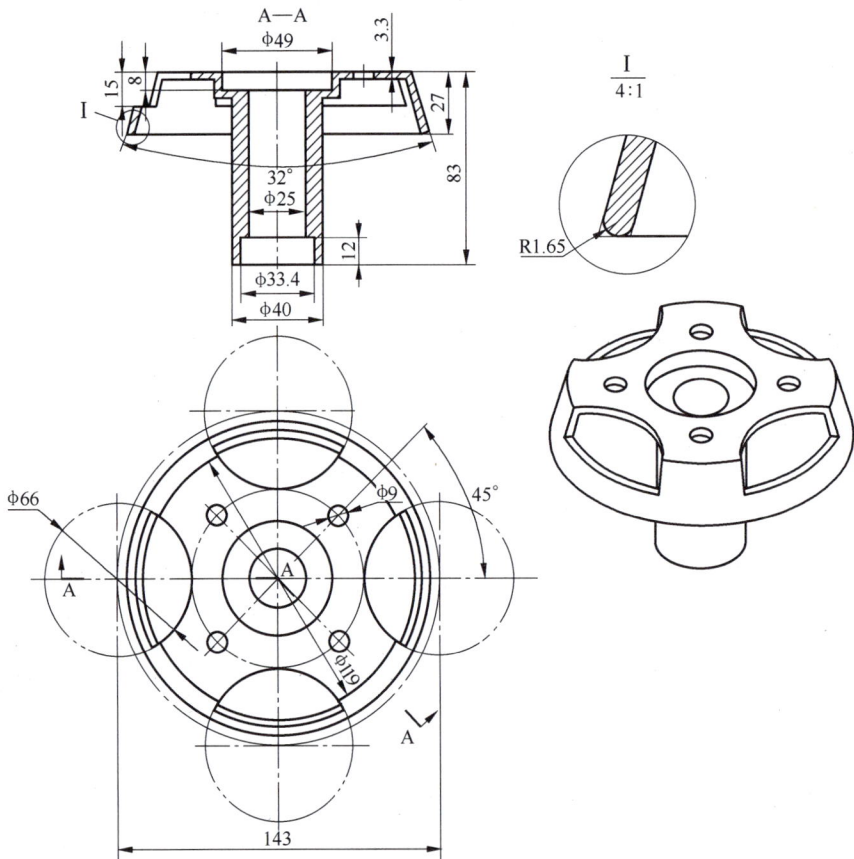

图 7-20　无刷电机前端外转体图样

任务分析

无刷电机前端外转体模型由回转体、圆柱体组成，需要用到"旋转""拉伸""圆角"等实体命令绘制三维模型，并通过"阵列""差集"等编辑命令完成无刷电机前端外转体的三维建模。

任务实施

步骤1： 启动中望 CAD 机械版 2024。

步骤2： 单击中望 CAD 机械版 2024 工作界面右下角的工作空间切换按钮，选择"二维草图与注释"，切换工作空间。

步骤 3：设置绘图环境：设置视图，单击菜单栏中的"视图"面板→"前视"命令，如图 7-21 所示，并将坐标系切换到"世界坐标系" ![世界] ，调整视图方向。

步骤 4：使用绘图命令和修剪命令绘制无刷电机前端外转体截面形状，如图 7-22 所示。

步骤 5：单击菜单栏中的"常用"→"绘图"面板→"面域"图标 ⬤ ，选择对象为步骤 4 中绘制的所有直线，将无刷电机前端外转体截面形状定义成面域。

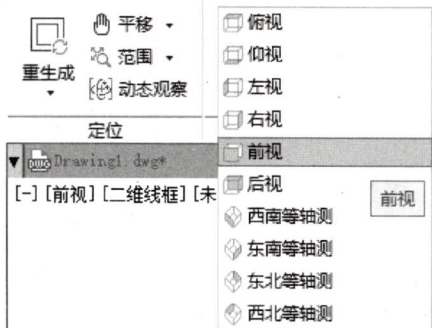

图 7-21 设置前视视图

命令行文本参考：

命令：_region
选择对象： //框选步骤 4 中绘制的截面形状
指定对角点：
找到 14 个
选择对象：
提取了 1 个环。
创建了 1 个面域。 //将该截面形状定义成一个面域

步骤 6：单击菜单栏中的"实体"→"实体"面板→"旋转"图标 ⬡ ，选择对象为步骤 5 中定义的面域，创建实体，如图 7-23 所示。

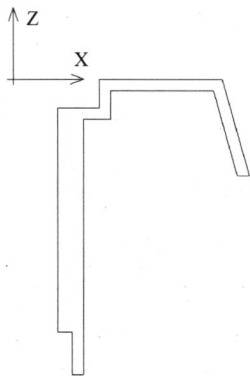

图 7-22 无刷电机前端外转体截面形状

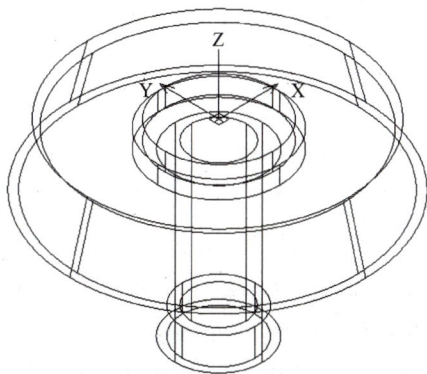

图 7-23 旋转实体

命令行文本参考：

命令：_revolve
当前线框密度：ISOLINES＝4,闭合轮廓创建模式＝实体
选择对象或[模式(MO)]： //选择旋转对象
找到 1 个
选择对象或[模式(MO)]：

> 指定旋转轴的起始点或通过选项定义轴[对象(O)/X轴(X)/Y轴(Y)/Z轴(Z)]〈对象〉:Z
> //选择旋转轴
> 指定旋转角度或[起始角度(ST)]〈360.0000〉:360   //指定旋转角度

步骤 7：设置视图，单击菜单栏中的"视图"面板→"俯视"命令，调整视图方向。使用绘图命令和编辑命令绘制多个圆，如图 7-24 所示。

步骤 8：设置视图，鼠标单击菜单栏中的"视图"面板→"西南等轴测"命令，调整视图方向。单击"实体"菜单栏→"实体"面板→"拉伸"图标![图标]，选择对象为步骤 7 中绘制的 φ9mm 的 4 个小圆，拉伸高度 100mm，方向竖直向下，创建 4 个小圆柱体，如图 7-25 所示。

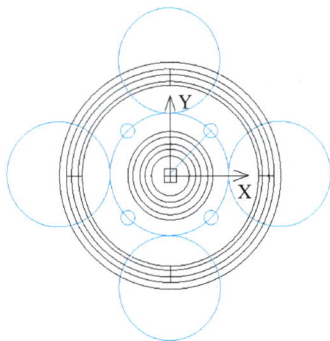

图 7-24　绘制多个圆

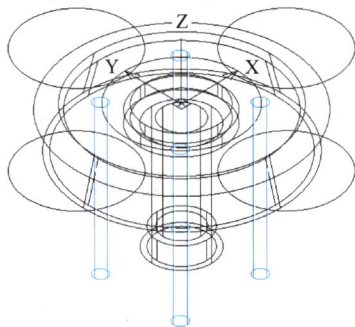

图 7-25　拉伸小圆柱体

命令行文本参考：

> 命令:_extrude
> 当前线框密度:ISOLINES=4,闭合轮廓创建模式=实体
> 选择对象或[模式(MO)]:
> 找到 4 个   //选择拉伸对象
> 选择对象或[模式(MO)]:
> 指定拉伸高度或[方向(D)/路径(P)/倾斜角(T)]〈-86.5332〉:-100   //输入拉伸高度

步骤 9：继续拉伸实体，单击菜单栏中的"实体"→"实体"面板 →"拉伸"图标![图标]，选择对象为步骤 7 中绘制的 φ66mm 的 4 个大圆，拉伸高度为 15mm，方向竖直向下，创建 4 个大圆柱体，如图 7-26 所示。

步骤 10：单击菜单栏中的"视图"→"视觉样式"面板→"体着色"，将绘制的模型的视觉样式调整到"体着色"，如图 7-27 所示。

步骤 11：单击菜单栏中的"实体"→"布尔运算"面板→"差集"![图标]图标，指定要从中减去的实体为图 7-28 中灰色的实体，指定要减去的实体为图 7-28 中淡蓝色的 8 个圆柱体，差集运算结果如图 7-29 所示。

步骤 12：单击"常用"菜单栏中的→"修改"面板→"圆角"图标![图标]，选择圆角对象为图 7-30 中蓝色的两个圆形实体边，圆角半径为 1.65mm，完成两条边的实体圆角处理，圆角处理结果如图 7-31 所示。

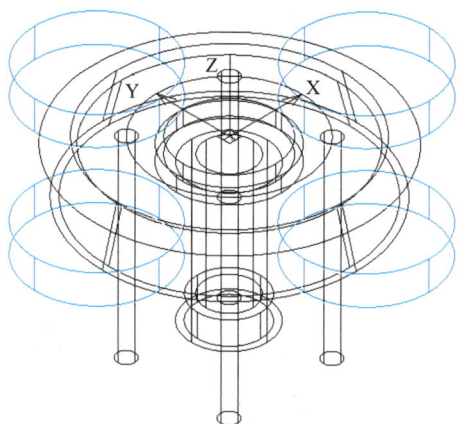

图7-26　拉伸大圆柱体

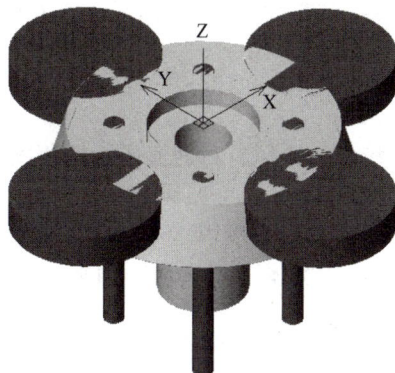

图7-27　"体着色"视觉样式效果图

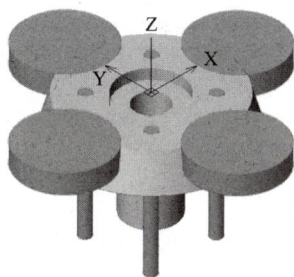

图7-28　选择差集运算对象

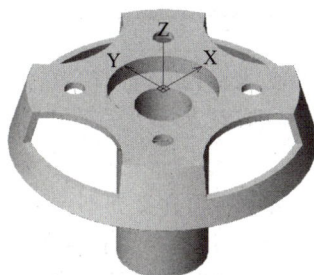

图7-29　差集运算结果

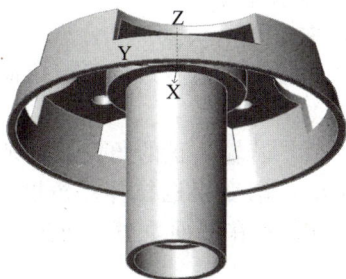

图7-30　选取圆角对象

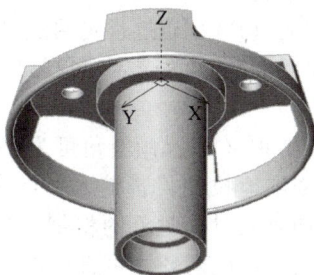

图7-31　圆角处理结果

命令行文本参考：

命令：
FILLET
当前设置：模式＝TRIM，半径＝1.6500
选取第一个对象或［多段线（P）/半径（R）/修剪（T）/多个（M）/放弃（U）］：R　　//指定半径
圆角半径〈1.6500〉：1.65　　　　　　　　　　　　　　　　　　　　//输入半径值
选择边或［链（C）/半径（R）］：　　　　　　　　　　　　　　　　//选取要倒圆角的边
选择边或［链（C）/半径（R）］：　　　　　　　　　　　　　　　　//继续选取要倒圆角的边
选择边或［链（C）/半径（R）］：　　　　　　　　　　　　　　　　//按空格键结束选择

知识拓展

一、拉伸

1. 功能

以指定的路径、高度值或倾斜角度拉伸选定的对象来创建三维实体或曲面。

2. 命令调用

命令行：EXTRUDE（缩写：EXT）

图标："实体"→"实体"面板→"拉伸"图标

3. 格式

命令:EXT

EXTRUDE

当前线框密度:ISOLINES=4,闭合轮廓创建模式=实体

选择对象或[模式(MO)]:

找到 4 个   //选择拉伸对象

选择对象或[模式(MO)]:

指定拉伸高度或[方向(D)/路径(P)/倾斜角(T)]〈-86.5332〉:-100   //输入拉伸高度

4. 说明

命令提示中各项含义如下：

1）选择对象：选择要拉伸的对象。可拉伸的对象有平面三维面、圆、多段线、椭圆、面域、圆环、多边形、样条曲线、实体。

2）指定拉伸高度：为选定对象指定拉伸的高度。若输入的高度值为正数，则以当前UCS的Z轴正方向拉伸对象；若为负数，则以Z轴负方向拉伸对象。

3）方向（D）：通过指定两点来确认拉伸的长度和方向。

4）路径（P）：为选定对象指定拉伸的路径。在指定路径后，沿着选定路径拉伸对象来创建实体。

5）倾斜角（T）：倾斜角可为-90°～+90°的任何角度值。若输入正的角度值，则从基准对象逐渐变细地拉伸；若输入负的角度值，则从基准对象逐渐变粗地拉伸；角度为0°时，表示在拉伸对象时，对象的粗细不发生变化，而且是在与其所在平面垂直的方向上进行拉伸。只有顶部连续的环才可进行锥状拉伸。

二、旋转

1. 功能

将选取的对象以指定的旋转轴旋转，形成三维实体或曲面。

2. 命令调用

命令行：REVOLVE（缩写：REV）

图标："实体"→"实体"面板→"旋转"图标

3. 格式

命令:REV

REVOLVE

当前线框密度:ISOLINES=4,闭合轮廓创建模式=实体

选择对象或[模式(MO)]:　　　　　　　　　　　　　　　//选择旋转对象

找到 1 个

选择对象或[模式(MO)]:

指定旋转轴的起始点或通过选项定义轴[对象(O)/X 轴(X)/Y 轴(Y)/Z 轴(Z)]〈对象〉:Z

　　　　　　　　　　　　　　　　　　　　　　　　　　//选择旋转轴

指定旋转角度或[起始角度(ST)]〈360.0000〉:360　　　　//指定旋转角度

4. 说明

命令提示中各项含义如下:

1)选择对象:选择要旋转的对象。可旋转的对象有直线、圆、圆弧、椭圆、椭圆弧、二维多段线、三维多段线、面域、样条曲线、三维面、实体。包含在块中的对象或旋转后要自交的对象,不能选为旋转对象。

2)指定旋转轴的起始点:通过指定起始点和端点来确定旋转轴。起始点指向端点的方向为旋转轴的正方向。

3)指定旋转角度:指定选取对象绕旋转轴旋转的角度。输入正值沿逆时针方向旋转,输入负值沿顺时针方向旋转。

4)起始角度(ST):以选取对象所在平面为起始位置绕旋转轴旋转指定偏移角度。

5)X 轴(X):以当前用户坐标系统 UCS 的 X 轴为旋转轴,旋转轴的正方向与 X 轴正方向一致。

6)Y 轴(Y):以当前用户坐标系统 UCS 的 Y 轴为旋转轴,旋转轴的正方向与 Y 轴正方向一致。

7)Z 轴(Z):以当前用户坐标系统 UCS 的 Z 轴为旋转轴,旋转轴的正方向与 Z 轴正方向一致。

三、面域

1. 功能

将选取对象中的封闭区域转换为面域对象。面域是一个具有物理特性的二维封闭区域。可以转换为面域的闭环对象是封闭某个区域的多段线、直线、圆弧、椭圆、椭圆弧以及样条曲线的组合,但不包括交叉交点和自交曲线。每个闭合环都将转换为独立的面域对象。通过并集、交集以及差集操作可以将多个面域合并为单一复杂面域对象。

2. 命令调用

命令行:REGION（缩写:REG)

图标:"常用"→"绘图"面板→"面域"

3. 格式

命令:REG

REGION

选择对象:　　　　　　　　　　　　　　　//框选闭合环

指定对角点:

找到 14 个

选择对象:

提取了 1 个环。

创建了 1 个面域。　　　　　　　　　　　　//定义成一个面域

4. 说明

命令提示行中"选择对象"的含义：选择要转换为面域的封闭对象，可以选择多个对象，并按〈Enter〉键结束选择。在命令行提示选择集中包含的闭合环的数目，以及转换为面域的数目。在转换选取的对象为面域对象之前，若 DELOBJ（系统变量，控制保留还是删除）的值为1，在转换为面域后，原始对象将从当前图形中删除。

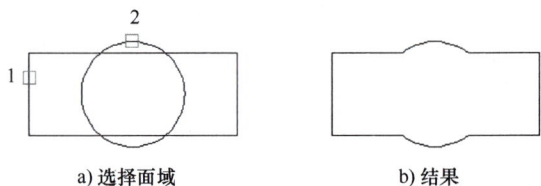

a) 选择面域　　　　　b) 结果

图 7-32　使用"并集"命令创建面域

布尔运算创建面域的方法如下：

1）使用"并集（UNION）"命令创建组合面域，如图 7-32 所示。

2）使用"差集（SUBTRACT）"命令创建组合面域，如图 7-33 所示。

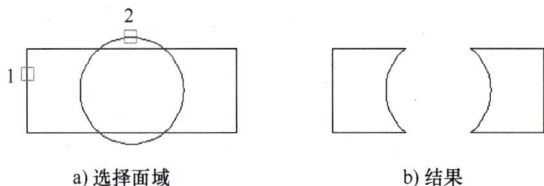

a) 选择面域　　　　　b) 结果

图 7-33　使用"差集"命令创建面域

3）使用"交集（INTERSECT）"命令创建组合面域，如图 7-34 所示。

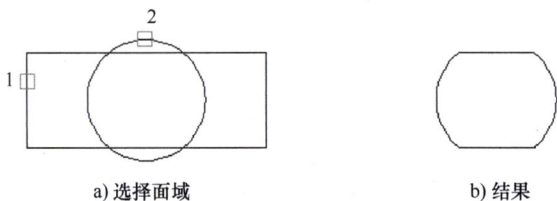

a) 选择面域　　　　　b) 结果

图 7-34　使用"交集"命令创建面域

四、圆角

1. 功能

选择三维实体的边创建圆角。

2. 命令调用

命令行：FILLET（缩写 F）

图标："常用"→"修改"面板→"圆角"

3. 格式

```
命令:F
FILLET
当前设置:模式 = TRIM,半径 = 0.0000
选取第一个对象或[多段线(P)/半径(R)/修剪(T)/多个(M)/放弃(U)]:R    //切换到指定半径方式
```

圆角半径〈0.0000〉:8　　　　　　　　　　　　　　　　　　//输入半径数值

当前设置:模式=TRIM,半径=8.0000

选取第一个对象或[多段线(P)/半径(R)/修剪(T)/多个(M)/放弃(U)]:

圆角半径〈8.0000〉:

选择边或[链(C)/半径(R)]:　　　　　　　　　　　　　　//选择需要圆角的对象边

选择边或[链(C)/半径(R)]:

4. 说明

命令提示中各项含义如下:

1）选择边:选择三维实体的一条边。系统会不断提示用户选择边,直至按<Enter>键结束命令。

2）链（C）:在选择一条边后,系统自动选择连续相切的边。

3）半径（R）:设置圆角弧的半径大小。

五、倒角

1. 功能

选择三维实体的边创建倒角。

2. 命令调用

命令行:CHAMFER（缩写:CHA）

图标:"常用"→"修改"面板→"倒角"图标

3. 格式

命令:CHA

CHAMFER

当前设置:模式=TRIM,距离1=4.0000,距离2=4.0000

选择第一条直线或[多段线(P)/距离(D)/角度(A)/方式(E)/修剪(T)/多个(M)/放弃(U)]:

输入曲面选择选项[下一个(N)/当前(OK)]〈当前〉:N　　　　//选择倒角边所在基面

输入曲面选择选项[下一个(N)/当前(OK)]〈当前〉:

指定基准对象的倒角距离〈4.0000〉:　　　　　　　　　//选择倒角距离

指定另一个对象的倒角距离〈4.0000〉:　　　　　　　　//选择倒角距离

选择边或[环(L)]:　　　　　　　　　　　　　　　　　//在基面上选取要创建倒角的边

选择边或[环(L)]:

4. 说明

命令提示中各项含义如下:

1）输入曲面选择选项:指定一个与选取边相邻的面作为基面。

2）指定基准对象的倒角距离:指定要创建倒角的两个对象的倒角距离。

3）选择边:选择要创建倒角的基面的边。

4）环（L）:选择基面上的所有边来创建倒角。

任务拓展

创建图7-35~图7-37所示的实体。

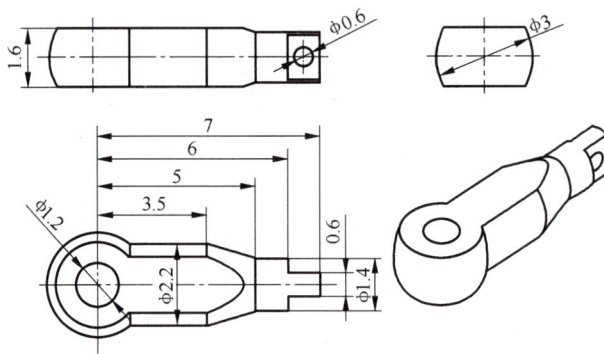

图 7-35　任务拓展图 1

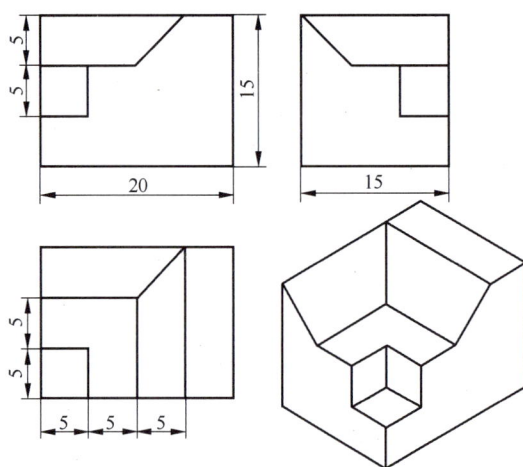

图 7-36　任务拓展图 2

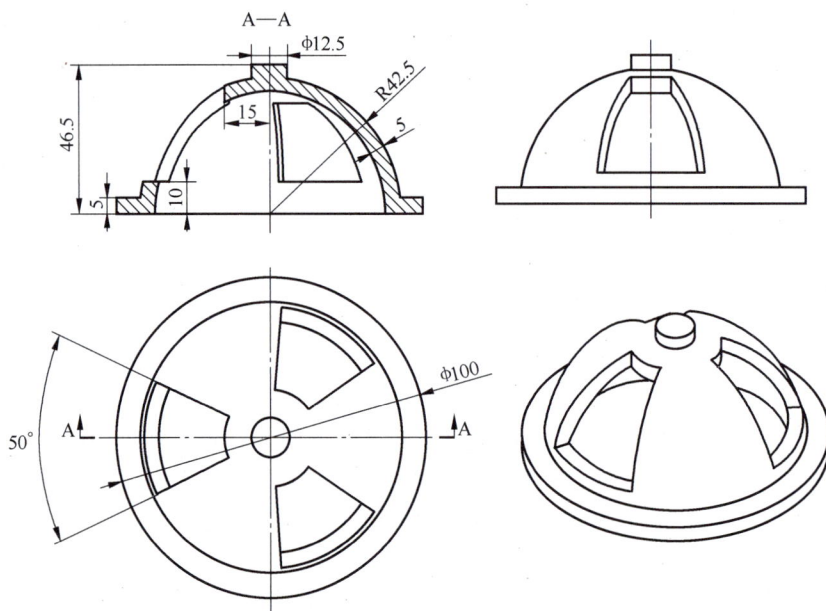

图 7-37　任务拓展图 3

任务三　创建航空杯

任务要求

根据图 7-38 所示的航空杯图样，完成航空杯的三维建模。

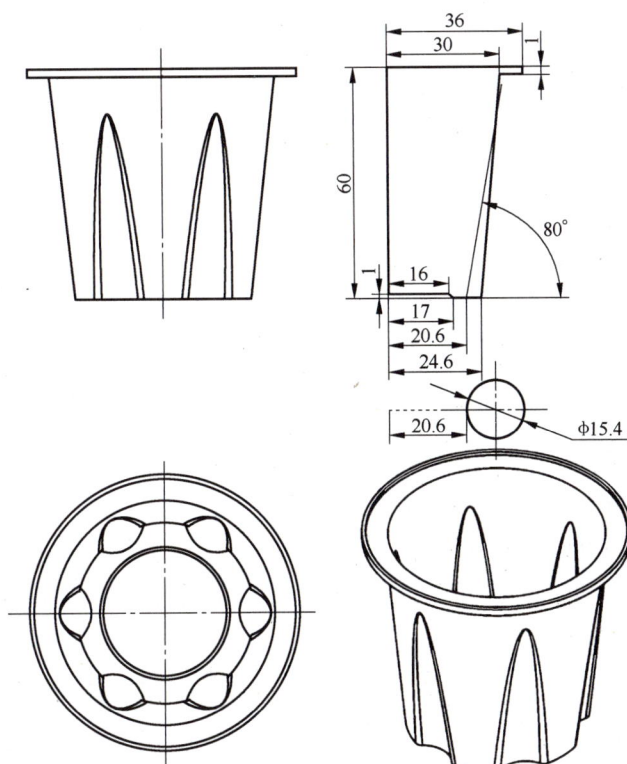

技术要求
未注圆角R3，抽壳厚度1。

图 7-38　航空杯图样

任务分析

航空杯由回转体组成，需要用到"旋转""扫掠""圆角"等实体命令绘制三维模型，并通过"环形阵列""分解""差集"等编辑命令完成航空杯的三维建模。

任务实施

步骤 1：启动中望 CAD 机械版 2024。

步骤 2：单击中望 CAD 机械版 2024 工作界面右下角的工作空间切换按钮，选择"二维草图与注释"，切换工作空间。

步骤 3：设置绘图环境。设置视图，单击菜单栏中的"视图"面板→"前视"命令，调整视图方向，如图 7-21 所示。

步骤 4：使用绘图命令和修剪命令绘制航空杯截面形状，如图 7-39 所示。

步骤 5：单击菜单栏中的"常用"→"绘图"面板→"面域"图标 ，选择对象为步骤 4 中绘制的所有直线，将航空杯截面形状定义成面域。

步骤 6：单击菜单栏中的"实体"→"实体"面板→"旋转"图标 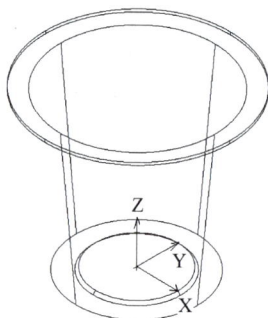，选择对象为步骤 5 中定义的面域，旋转轴选择 Z 轴，创建实体。单击"视图"面板→"西南等轴测"命令，调整视图方向，如图 7-40 所示。

图 7-39　航空杯截面形状

图 7-40　旋转实体

步骤 7：设置视图方向，单击菜单栏中的"视图"面板→"前视"命令，绘制一条斜线，长度为 57mm，角度为 80°，如图 7-41 所示。

步骤 8：设置视图方向，单击菜单栏中的"视图"→"俯视"命令，使用两点画圆命令 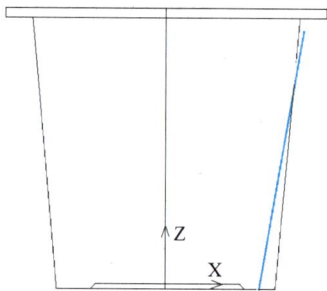，以步骤 7 绘制的斜线左下点为第一个点，然后输入直径 15.4mm，水平向右绘制一个圆，如图 7-42 所示。

图 7-41　绘制斜线

图 7-42　绘制圆

步骤 9：设置视图方向，单击菜单栏中的"视图"面板→"西南等轴测"命令，如图 7-43 所示。

步骤 10：单击菜单栏中的"实体"→"实体"面板→"扫掠"图标 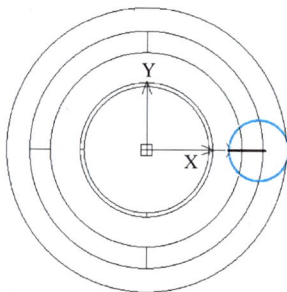，选择要扫掠的对象为步骤 8 中绘制的圆，选择扫掠路径为步骤 7 中绘制的斜线，扫掠结果如图 7-44 所示。

命令行文本参考：

```
命令:_sweep
当前线框密度:ISOLINES=4,闭合轮廓创建模式=实体
```

选择要扫掠的对象或[模式(MO)]:	//选择扫掠对象找到1个
选择要扫掠的对象或[模式(MO)]:	
选择扫掠路径或[对齐(A)/基点(B)/比例(S)/扭曲(T)]:	//选择扫掠路径

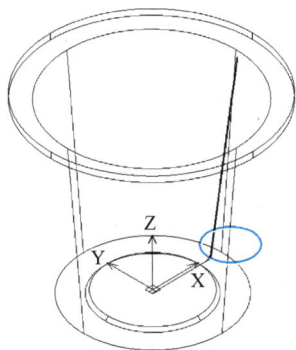

图 7-43 设置西南等轴测视图

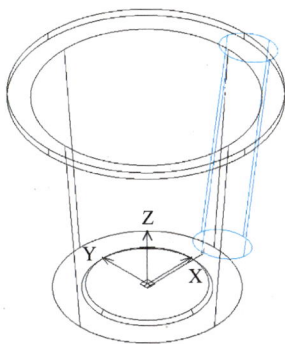

图 7-44 扫掠结果

步骤 11：使用"直线"命令过坐标原点绘制一条竖直直线，绘图结果如图 7-45 所示。

步骤 12：单击菜单栏中的"常用"→"修改"面板→"环形阵列"图标，或在命令行输入"AR"执行阵列命令。环形阵列对象为步骤 10 中绘制的扫掠实体，环形阵列旋转轴选取步骤 11 中绘制的竖直直线，阵列数量为 6，阵列结果如图 7-46 所示。

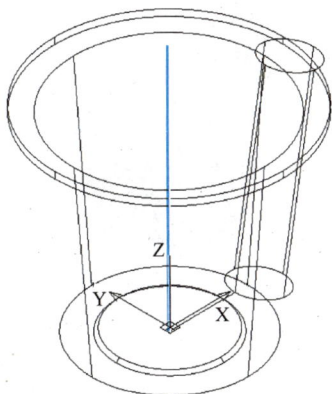

图 7-45 绘制直线

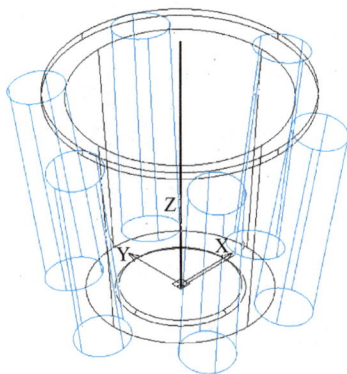

图 7-46 环形阵列结果

步骤 13：单击菜单栏中的"视图"→"视觉样式"面板→"体着色"，将绘制的模型的视觉样式调整到"体着色"，如图 7-47 所示。

步骤 14：单击菜单栏中的"常用"→"修改"面板→"分解"图标，或在命令行输入"X"执行"分解"命令，分解对象为步骤 12 中环形阵列的 6 个蓝色扫掠体。

步骤 15：单击菜单栏中的"实体"→"布尔运算"面板→"差集"图标，指定要从中减去的实体为图 7-47 中蓝色的实体，指定要减去的实体为图 7-47 中蓝色的 6 个扫掠体，差集运算结果如图 7-48 所示。

步骤 16：单击菜单栏中的"常用"→"修改"面板→"圆角"图标 ⌒，选择圆角对象为步骤 15 中差集运算结果中的 6 条空间曲线，圆角半径为 3mm，完成 6 条边的实体圆角处理，圆角处理结果如图 7-49 所示。

步骤 17：单击菜单栏中的"实体"→"实体编辑"面板→"抽壳"图标 ⬚，选择图 7-49 中整个三维实体为抽壳对象，抽壳开放面选择图 7-49 中三维实体的上表面，抽壳厚度为"-1"，向内抽壳，抽壳结果如图 7-50 所示。

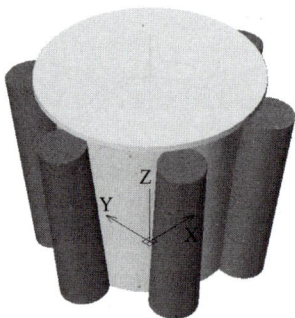

图 7-47 "体着色"视觉样式效果图

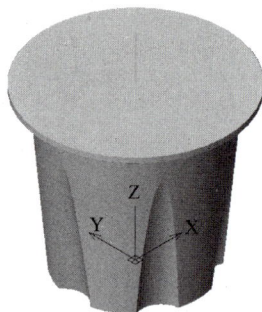

图 7-48 差集运算结果

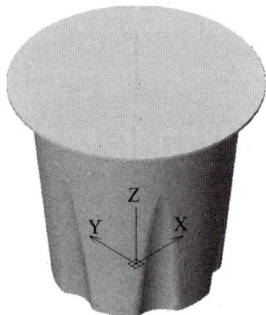

图 7-49 圆角处理结果

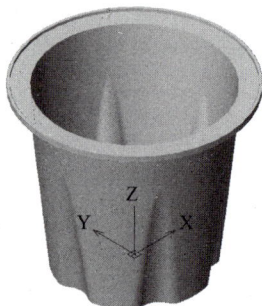

图 7-50 抽壳结果

命令行文本参考：

```
命令：_solidedit
输入实体编辑选项[面(F)/边(E)/体(B)/放弃(U)/退出(X)]〈退出〉：_body
输入体编辑选项[压印(I)/分割实体(P)/抽壳(S)/清除(L)/检查(C)/放弃(U)/退出(X)]〈退出〉：
_shell
    选择三维实体：                                    //选择抽壳实体
    删除面或[放弃(U)/添加(A)/全部(ALL)]：找到 1 个面，已删除 1 个。  //选择抽壳的开放面
    删除面或[放弃(U)/添加(A)/全部(ALL)]：
    输入外偏移距离：-1                                //输入抽壳厚度
    输入体编辑选项[压印(I)/分割实体(P)/抽壳(S)/清除(L)/检查(C)/放弃(U)/退出(X)]〈退出〉：
*取消*
```

知识拓展

一、扫掠

1. 功能

沿路径扫掠平面曲线，创建三维实体或曲面。开放对象扫掠可以生成三维曲面，闭合对象扫掠可以生成三维平面或实体。

2. 命令调用

命令行：SWEEP

图标："实体"→"实体" 面板→"扫掠" 🗔

3. 格式

```
命令:SWEEP
当前线框密度:ISOLINES＝4,闭合轮廓创建模式＝实体
选择要扫掠的对象或[模式(MO)]:                          //选择扫掠对象
找到 1 个
选择要扫掠的对象或[模式(MO)]:
选择扫掠路径或[对齐(A)/基点(B)/比例(S)/扭曲(T)]:       //选择扫掠路径
```

4. 说明

命令提示中各项含义如下：

1）选择要扫掠的对象：指定要扫掠的二维对象。创建扫掠实体时，可选择的扫掠对象：圆、圆弧、椭圆、椭圆弧、样条曲线、多段线、三维多段线、面域、实体。

2）模式（MO）：设置扫掠后创建的对象为实体或是曲面。该设置仅对闭合对象有效，开放对象扫掠后生成三维曲面。

3）选择扫掠路径：指定作为扫掠路径的对象。创建扫掠实体时，可选择的扫掠路径：圆、圆弧、椭圆、椭圆弧、样条曲线、多段线、三维多段线。

4）对齐（A）：指定是否将轮廓线所在平面的法线方向调整为与扫掠路径的切线方向一致。当要扫掠对象（截面轮廓）与扫掠路径相交时，以交点作为对齐点；若不相交，则以截面轮廓中心点作为对齐点。

5）基点（B）：在扫掠对象上指定一个点作为扫掠基点。

6）比例（S）：指定扫掠对象沿路径从扫掠开始到扫掠结束其大小更改的比例。一般通过指定起点和端点的参照长度来确定比例因子。

7）扭曲（T）：指定扫掠对象的扭曲角度。

二、放样

1. 功能

沿选取的两个或多个横截面进行放样，创建三维实体或曲面。

2. 命令调用

命令行：LOFT

图标："实体"→"实体" 面板→"放样" 图标

3. 格式

命令：LOFT
当前线框密度：ISOLINES＝4,闭合轮廓创建模式＝实体

按放样次序选择横截面或[模式(MO)]：	//选择横截面
找到 1 个	
按放样次序选择横截面或[模式(MO)]：	//选择横截面
找到 1 个,总计 2 个	
按放样次序选择横截面或[模式(MO)]：	
输入选项[导向(G)/路径(P)/仅横截面(C)/设置(S)]〈仅横截面〉:C	//选择放样类型

4. 说明

1）按放样次序选择横截面：按照放样次序选择可作为放样的横截面。横截面可以是闭合或非闭合的。可以通过系统变量 DELOBJ 来控制在创建实体后是否自动删除原来横截面。创建放样实体时，可作为放样横截面的对象：直线、圆、圆弧、椭圆、椭圆弧、多段线、实体、二维样条曲线。

2）模式（MO）：设置放样对象为实体或是曲面。

3）导向（G）：指定放样实体的导向曲线，放样实体会沿着指定的导向曲线生成三维实体。创建放样实体时，可作为导向的对象：直线、圆、圆弧、椭圆、椭圆弧、多段线、螺旋线。

4）路径（P）：指定放样实体放样路径，和导向比较相似，但区别是路径必须是唯一的。放样路径必须与横截面的所有平面相交。创建放样实体时，可作为放样路径的对象：直线、圆、圆弧、椭圆、椭圆弧、多段线、二维样条曲线。

5）仅横截面（C）：不使用导向或路径创建放样对象。

6）设置（S）：打开"放样设置"对话框。通过该对话框可以设置不同的三维实体生成方式。

三、抽壳

1. 功能

以指定的厚度创建一个空的薄层，可以为三维实体的所有面或部分面创建抽壳。

2. 命令调用

命令行：SOLIDEDIT

图标："实体"→"实体编辑" 面板→"抽壳" 图标

3. 格式

命令：SOLIDEDIT
输入实体编辑选项[面(F)/边(E)/体(B)/放弃(U)/退出(X)]〈退出〉:_body
输入体编辑选项[压印(I)/分割实体(P)/抽壳(S)/清除(L)/检查(C)/放弃(U)/退出(X)]〈退出〉:
_shell

选择三维实体：   //选择抽壳实体

删除面或［放弃(U)/添加(A)/全部(ALL)］:找到 1 个面,已删除 1 个。   //选择抽壳的开放面

删除面或［放弃(U)/添加(A)/全部(ALL)］:

输入外偏移距离:1   //输入抽壳厚度

输入体编辑选项［压印(I)/分割实体(P)/抽壳(S)/清除(L)/检查(C)/放弃(U)/退出(X)］〈退出〉:

＊取消＊

4. 说明

选中三维实体即选定所有面,如果仅为部分面创建抽壳,可以将不需要创建抽壳的面从选择集中删除。指定面的偏移距离,偏移距离即薄层的厚度。

如图 7-51 所示为长方体的所有面或部分面进行抽壳,指定偏移距离为"10"和"−10",偏移距离为正值时,将在三维实体内部创建抽壳,偏移距离为负值时,将在三维实体外部创建抽壳。

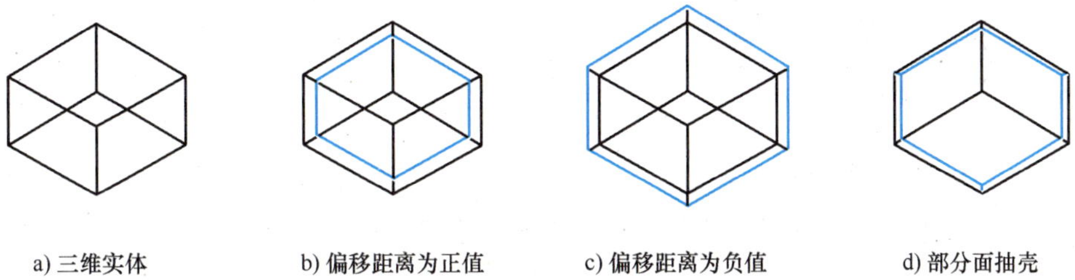

a) 三维实体   b) 偏移距离为正值   c) 偏移距离为负值   d) 部分面抽壳

图 7-51　抽壳说明

一个三维实体只能创建一个抽壳。

任务拓展

创建图 7-52~图 7-54 所示的实体。

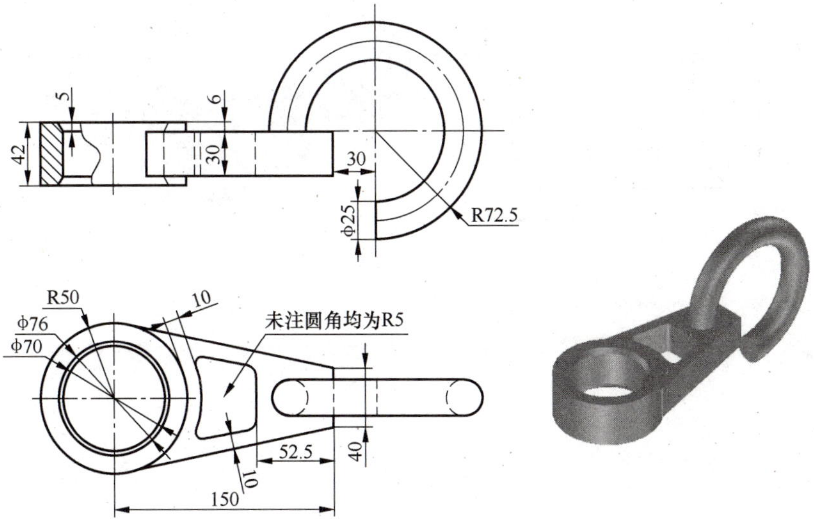

图 7-52　任务拓展图 1

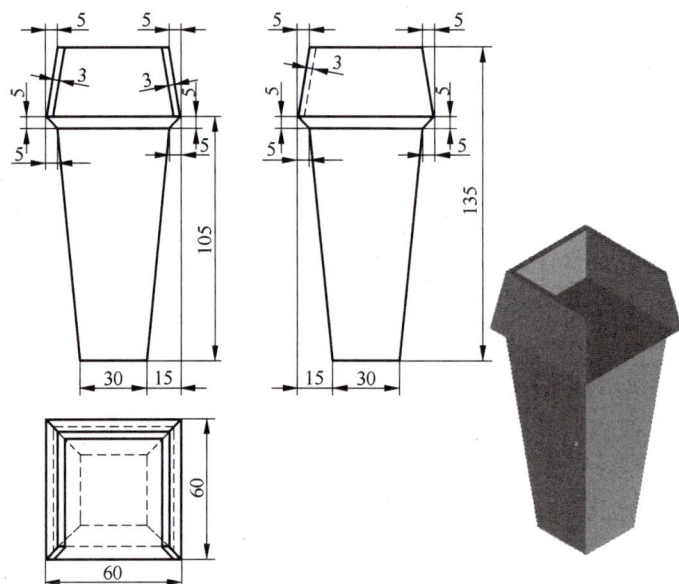

图 7-53　任务拓展图 2

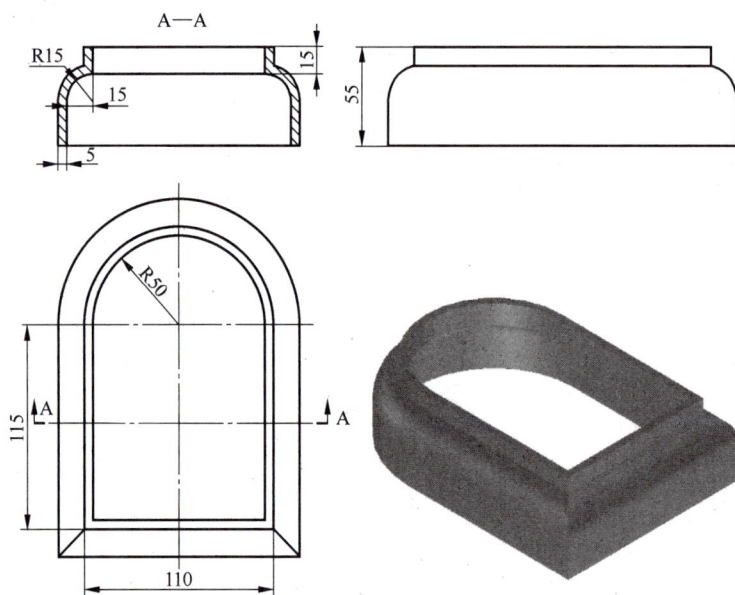

图 7-54　任务拓展图 3

附录 A　绘制平面图形

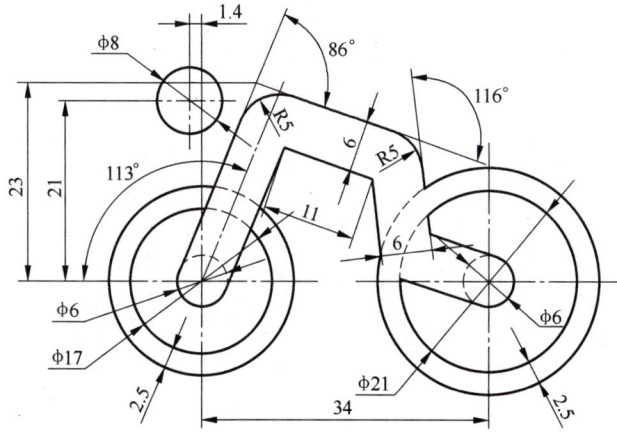

图　A-1

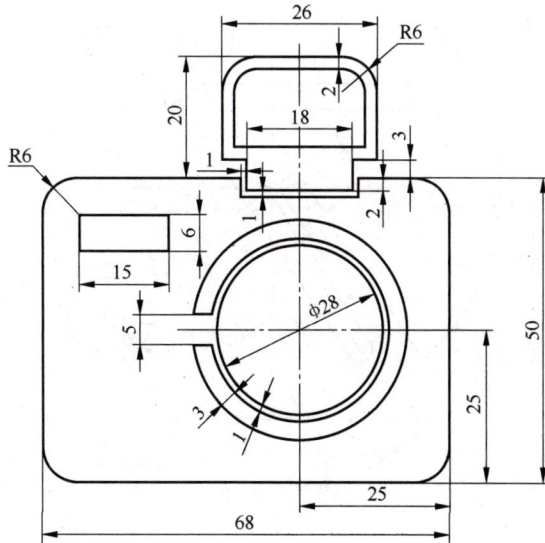

图　A-2

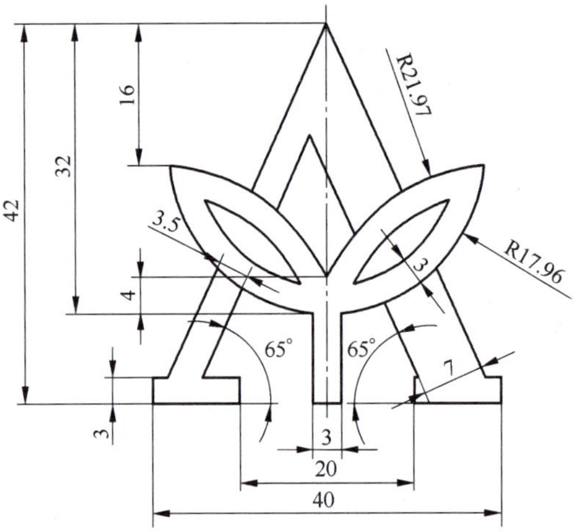

图　A-3

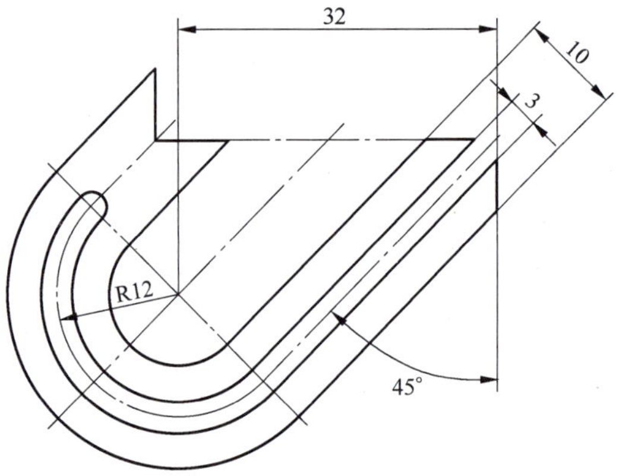

图　A-4

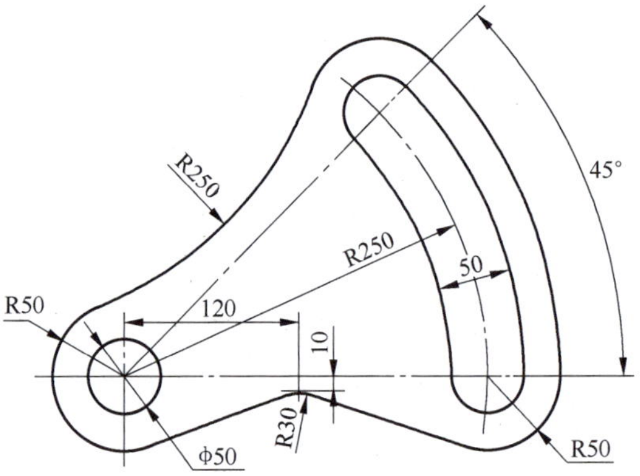

图　A-5

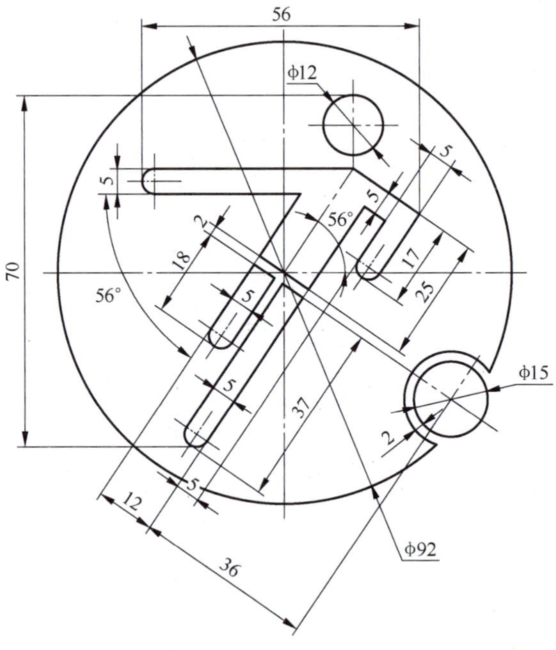

图　A-6

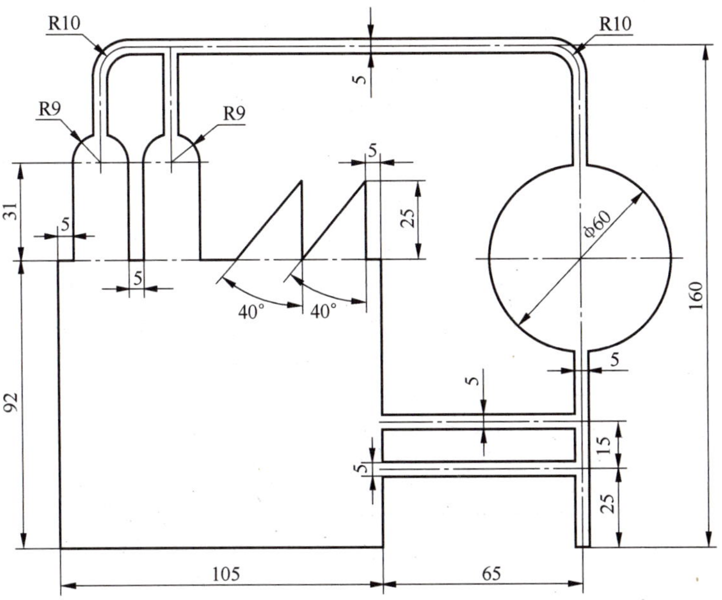

图 A-7

图 A-8

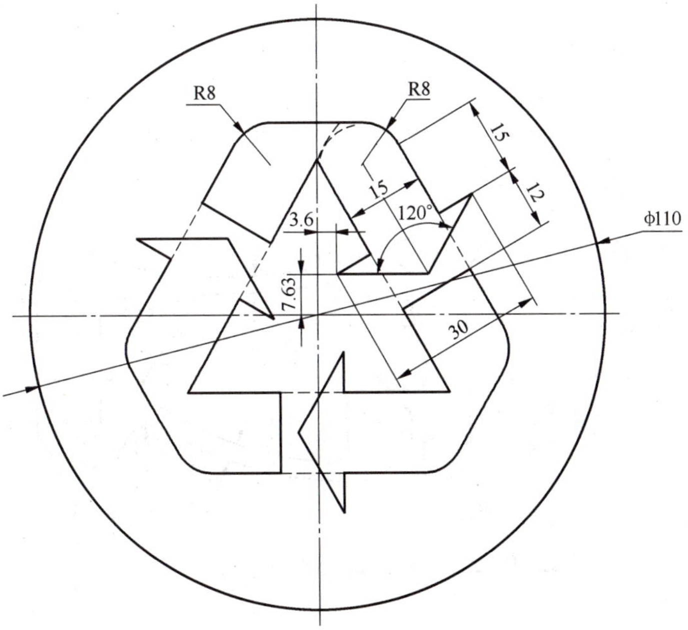

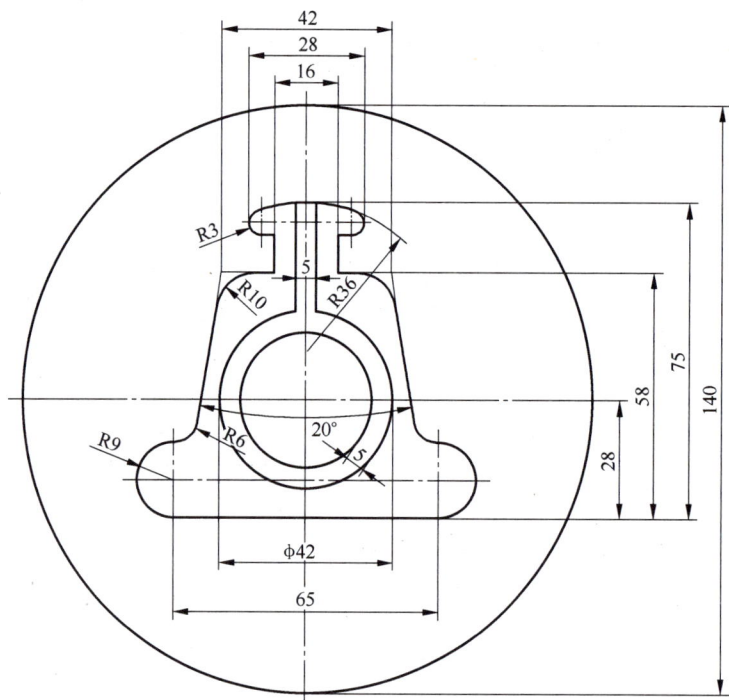

图 A-9

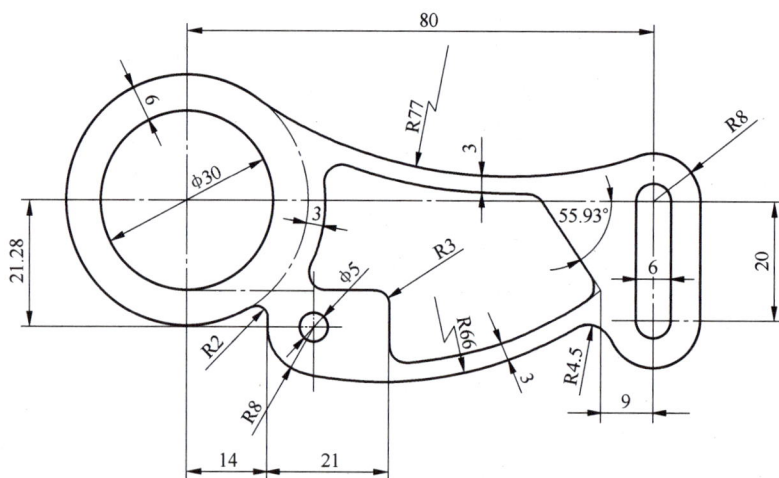

图 A-10

附录 B　绘制零件图

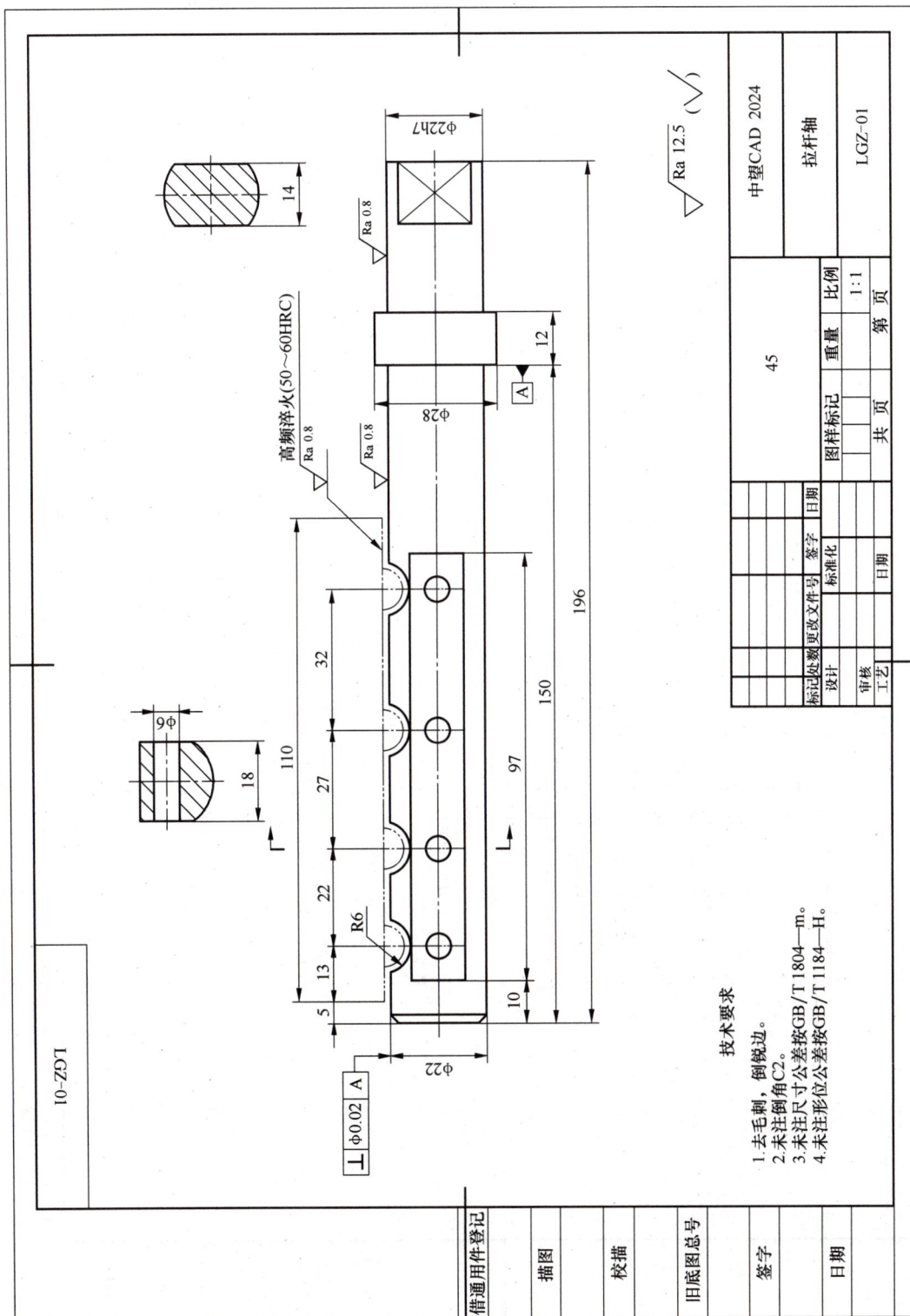

图 B-1

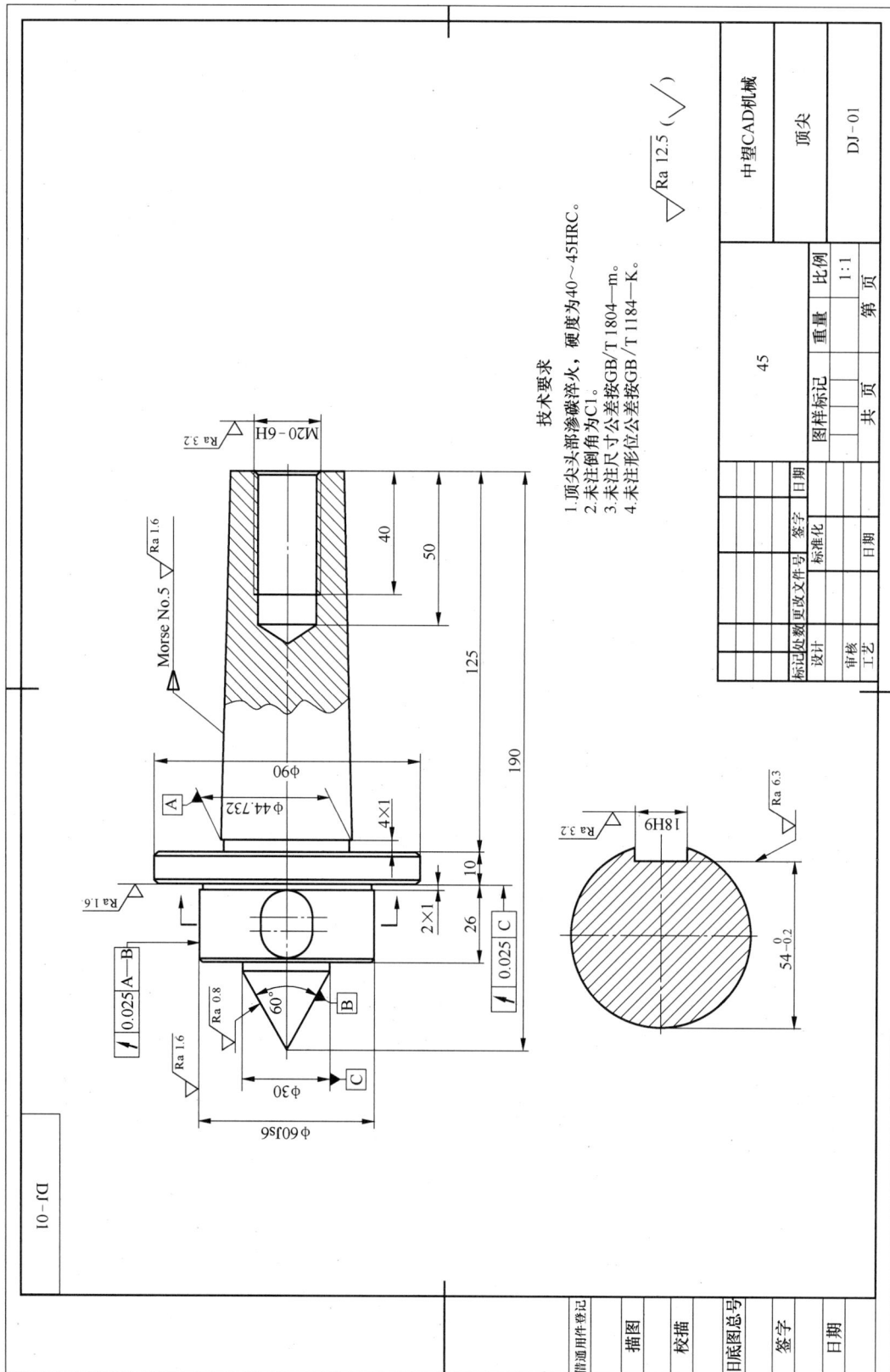

技术要求
1. 顶头头部部渗碳淬火，硬度为40~45HRC。
2. 未注倒角为C1。
3. 未注尺寸公差按GB/T 1804—m。
4. 未注形位公差按GB/T 1184—K。

Morse No.5

M20-6H

Ra 3.2
Ra 1.6

40
50
125
190

φ90
φ44.732
4×1
10
2×1
26

A
B
C

0.025 A—B
0.025 C

Ra 1.6
Ra 0.8
60°
φ30
φ60Js6

Ra 3.2
18H9
Ra 6.3
$54_{-0.2}^{0}$

Ra 12.5

中望CAD机械
顶尖
DJ-01

45
1:1

图样标记
重量
比例
第 页
共 页

标记 处数 更改文件号 签字 日期
设计
审核
工艺
标准化
日期

图 B-2

DJ-01

借（通）用件登记
描图
校描
旧底图总号
签字
日期

208

IO-ZZS

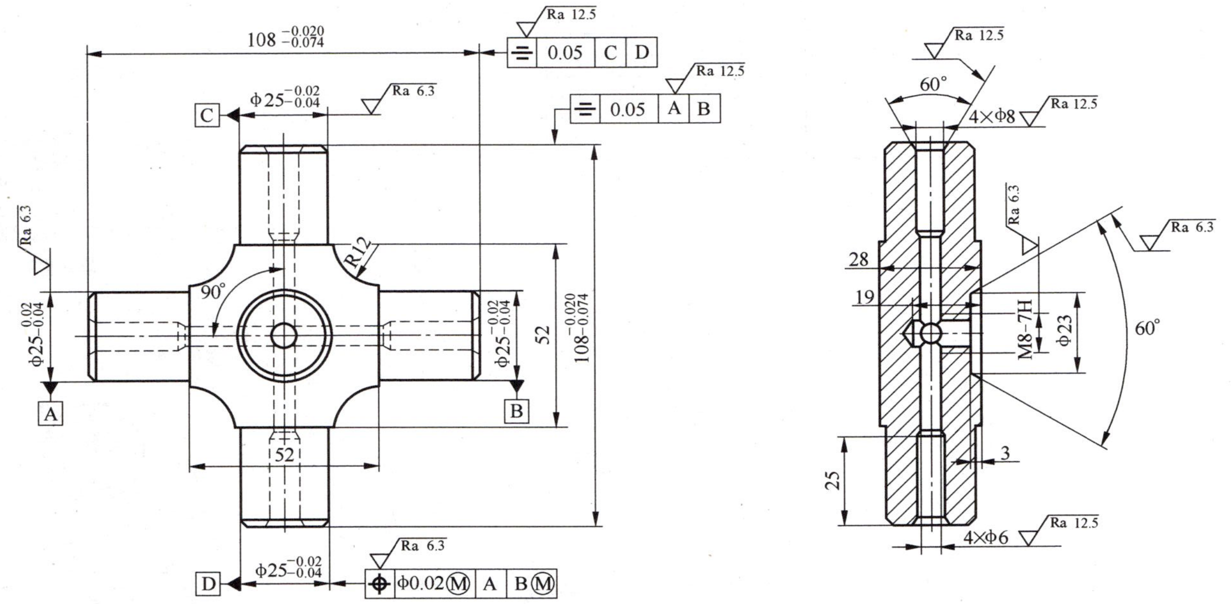

技术要求

1.渗碳处理，渗碳层深度0.8～1.3。
2.四个轴颈的淬火硬度为58～63HRC。
3.未注倒角为C2。
4.未注圆角为R2。
5.未注尺寸公差按GB/T 1804—m。
6.未注形位公差按GB/T 1184—K。

标记	处数	更改文件号	签字	日期	20CrMnTi		中望CAD机械
设计		标准化			图样标记 重量 比例		十字轴
审核					1:1		SZZ-01
工艺		日期			共 页	第 页	

借通用件登记

描图

校描

旧底图总号

签字

日期

图 B-3

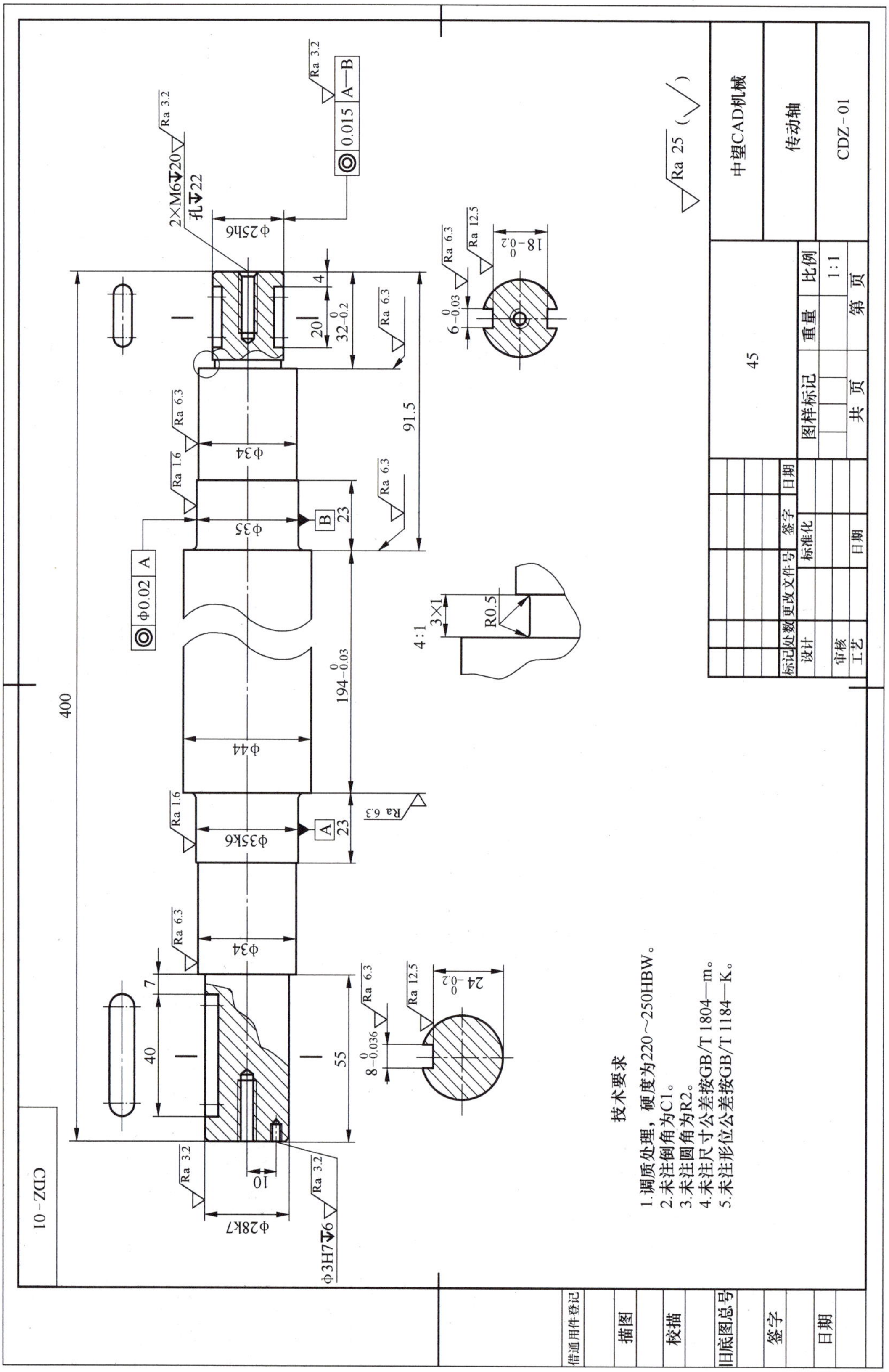
技术要求
1.调质处理，硬度为220～250HBW。
2.未注倒角为C1。
3.未注圆角为R2。
4.未注尺寸公差按GB/T 1804—m。
5.未注形位公差按GB/T 1184—K。
Ra 25 (√)
中望CAD机械
传动轴
CDZ-01
45
图样标记
重量
比例
1:1
共 页
第 页
标记
处数
更改文件号
签字
日期
设计
标准化
审核
工艺
借通用件登记
描图
校描
旧底图总号
签字
日期
2×M6↧20
孔↧22
φ25h6
0.015 A—B
φ0.02 A
φ34
φ35
φ44
φ35k6
φ28k7
φ3H7↧6
400
91.5
194 0/-0.03
32 0/-0.2
23
55
40
7
10
4
20
18 0/-0.2
24 0/-0.2
6 0/-0.03
8 0/-0.036
4:1
3×1
R0.5
Ra 1.6
Ra 3.2
Ra 6.3
Ra 12.5

图 B-4

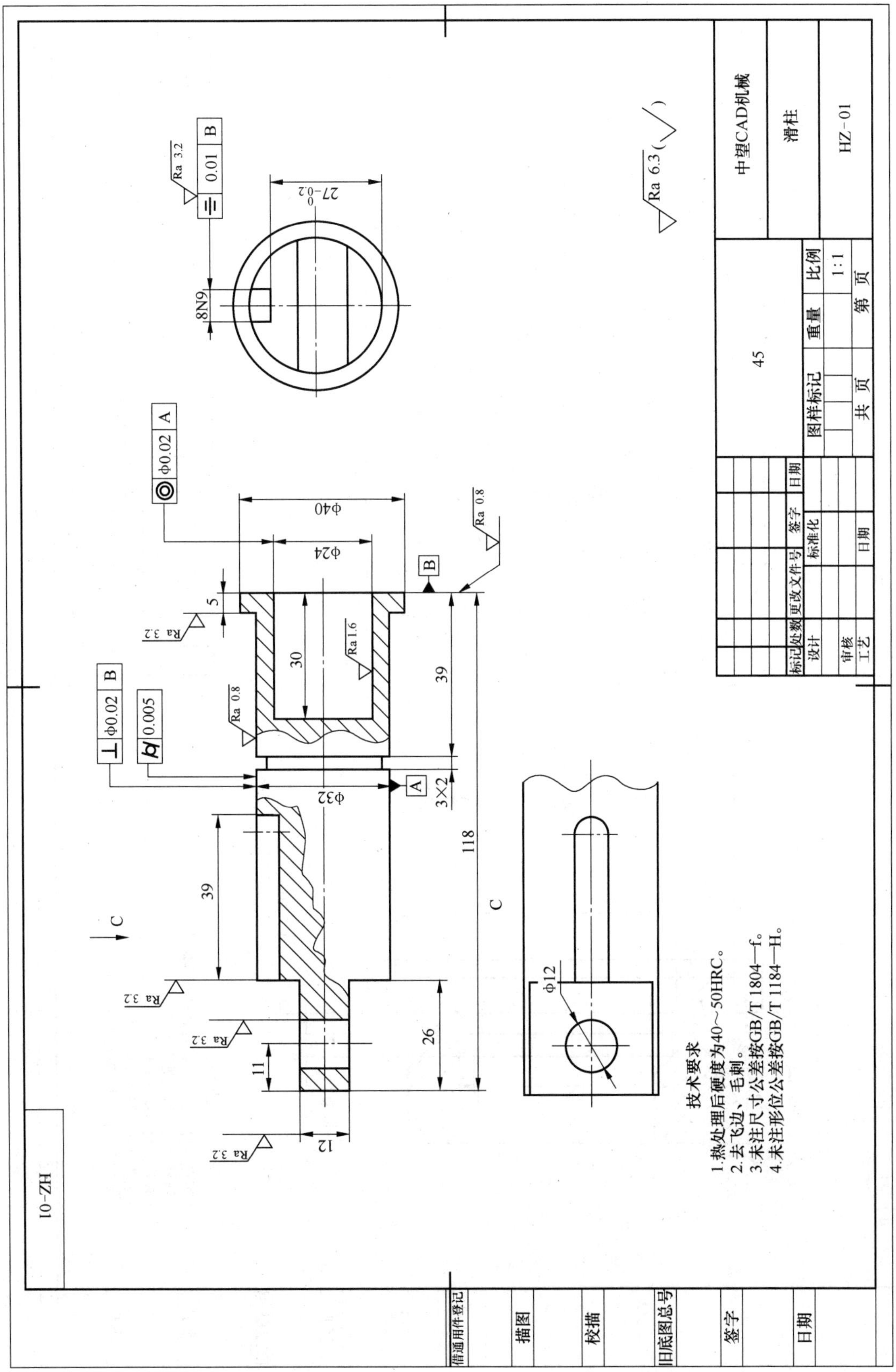
中望CAD机械
滑柱
HZ-01
45
图样标记
重量
比例
1:1
共 页
第 页
标记
处数
更改文件号
签字
日期
设计
标准化
审核
工艺
Ra 6.3 (√)
技术要求
1.热处理后硬度为40～50HRC。
2.去飞边、毛刺。
3.未注尺寸公差按GB/T 1804—f。
4.未注形位公差按GB/T 1184—H。
Φ0.02 A
Φ0.02 B
0.005
0.01 B
Φ40
Φ24
Φ32
Φ12
8N9
27-0.2
118
39
30
26
12
11
5
3×2
Ra 3.2
Ra 1.6
Ra 0.8
A
B
C
HZ-01
借通用件登记
描图
校描
旧底图总号
签字
日期

图 B-5

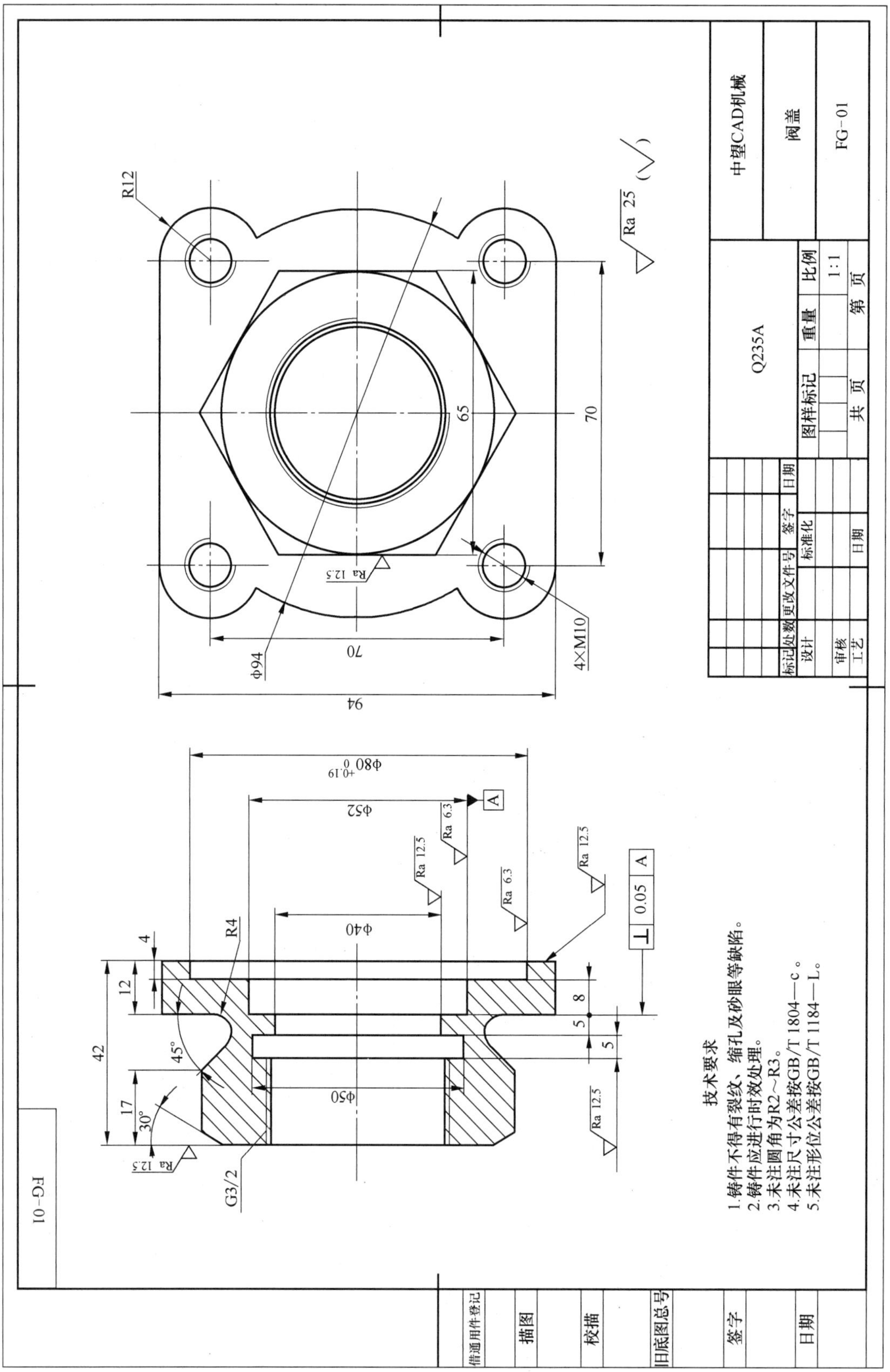
技术要求
1.铸件不得有裂纹、缩孔及砂眼等缺陷。
2.铸件应进行时效处理。
3.未注圆角为R2~R3。
4.未注尺寸公差按GB/T 1804—c 。
5.未注形位公差按GB/T 1184—L。
中望CAD机械
阀盖
FG-01
Q235A
图样标记
重量
比例
1:1
共 页
第 页
标记
处数
更改文件号
签字
日期
设计
标准化
审核
工艺
日期
借通用件登记
描图
校描
旧底图总号
签字
日期
FG-01
R12
Ra 25
Ra 12.5
Ra 6.3
4×M10
Φ94
70
94
65
Φ80
Φ52
Φ40
Φ50
G3/2
R4
45°
30°
42
17
12
4
8
5
0.05
A

图 B-6

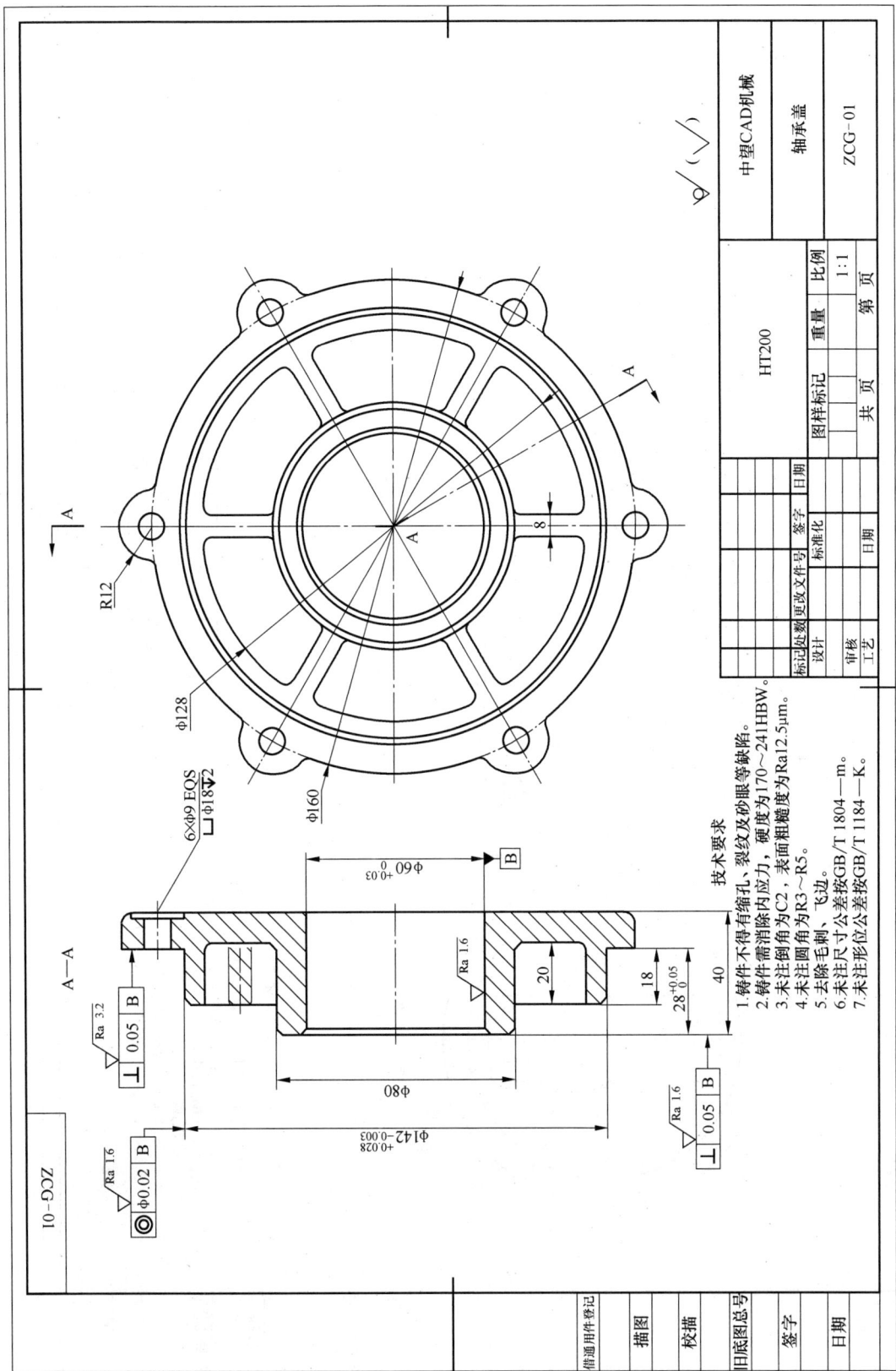

技术要求

1. 铸件不得有缩孔、裂纹及砂眼等缺陷。
2. 铸件需消除内应力，硬度为170～241HBW。
3. 未注倒角为C2，表面粗糙度为Ra12.5μm。
4. 未注圆角为R3～R5。
5. 去除毛刺、飞边。
6. 未注尺寸公差按GB/T 1804—m。
7. 未注形位公差按GB/T 1184—K。

图 B-7

中望CAD机械

轴承盖

ZCG-01

HT200

比例 1:1

213

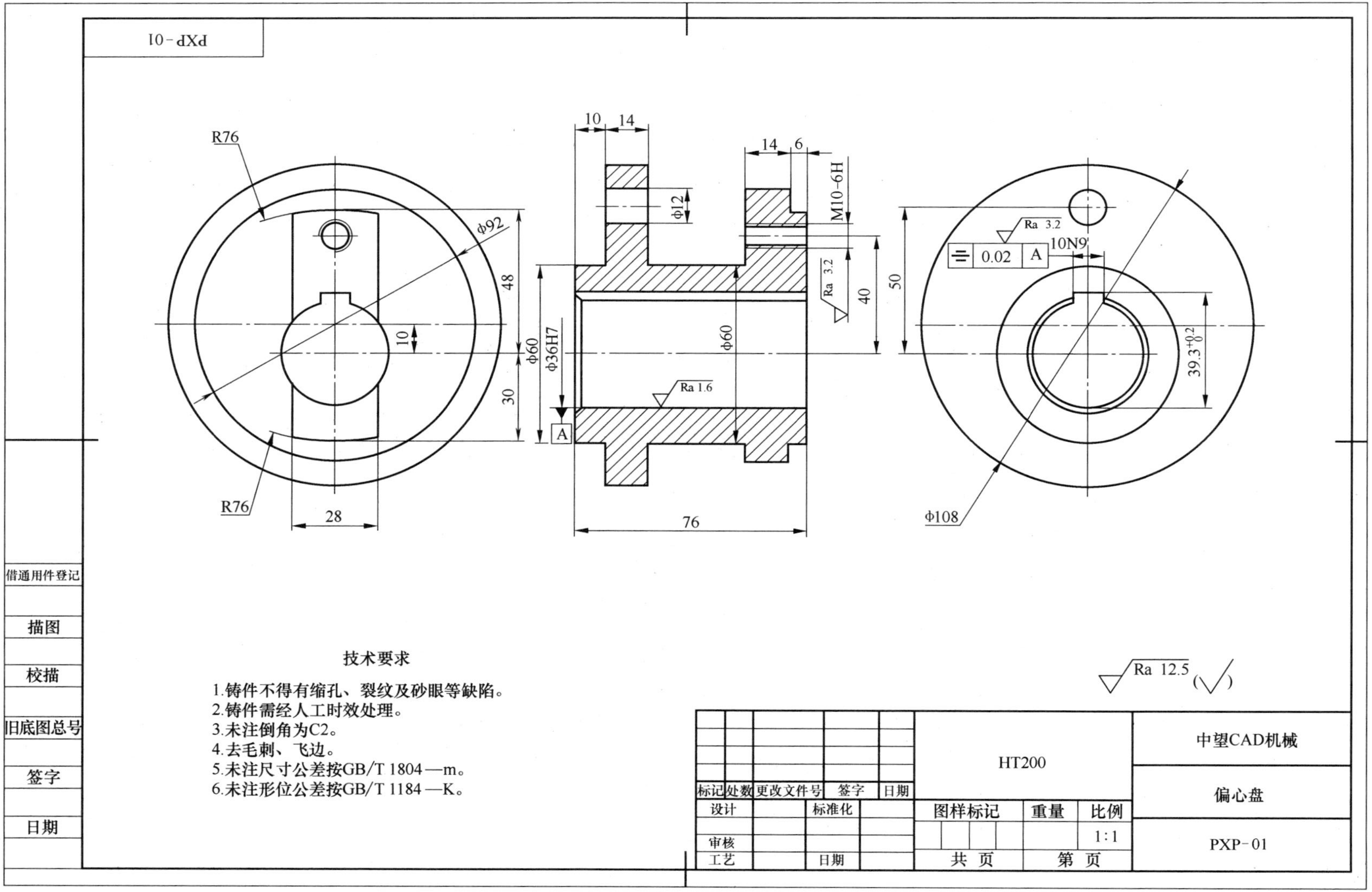

技术要求

1. 铸件不得有缩孔、裂纹及砂眼等缺陷。
2. 铸件需经人工时效处理。
3. 未注倒角为C2。
4. 去毛刺、飞边。
5. 未注尺寸公差按GB/T 1804—m。
6. 未注形位公差按GB/T 1184—K。

$\sqrt{Ra\ 12.5}$ ($\sqrt{\ }$)

		中望CAD机械		
		偏心盘		
		PXP-01		

HT200

	重量	比例
		1:1

图样标记

| 第 页 |
| 共 页 |

标记	处数	更改文件号	签字	日期
设计			标准化	
审核				日期
工艺				

图 B-8

39.3$^{+0.2}_{0}$

Φ108

50

10N9

$\sqrt{Ra\ 3.2}$

| A | 0.02 | A |

M10-6H

$\sqrt{Ra\ 3.2}$

40

6

14

Φ12

10

14

Φ60

$\sqrt{Ra\ 1.6}$

76

Φ60

Φ36H7

| A |

Φ92

48

30

10

28

R76

R76

PXP-01

借通用件登记
描图
校描
旧底图总号
签字
日期

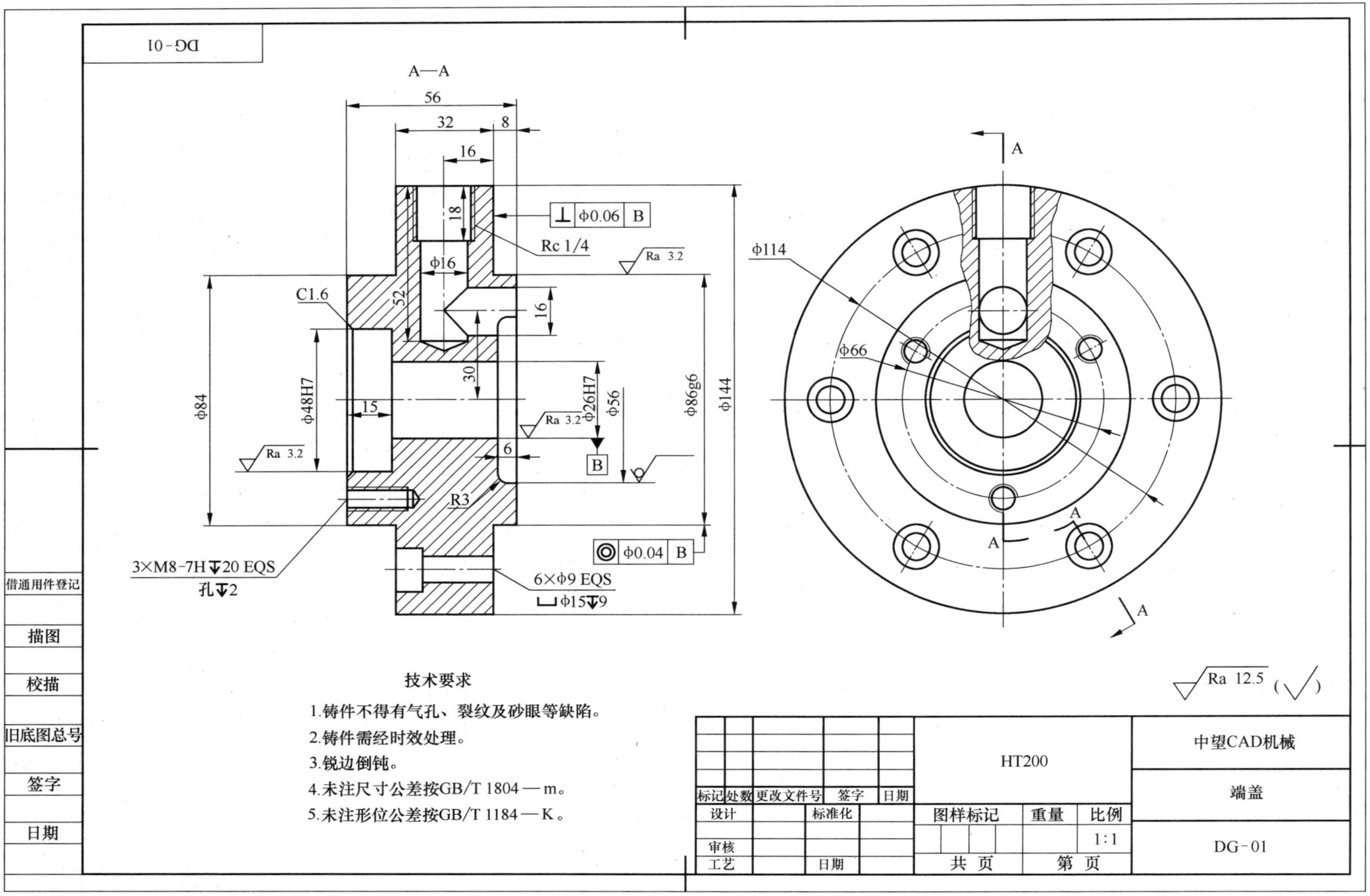

技术要求

1. 铸件不得有气孔、裂纹及砂眼等缺陷。
2. 铸件需经时效处理。
3. 锐边倒钝。
4. 未注尺寸公差按GB/T 1804—m。
5. 未注形位公差按GB/T 1184—K。

图 B-9

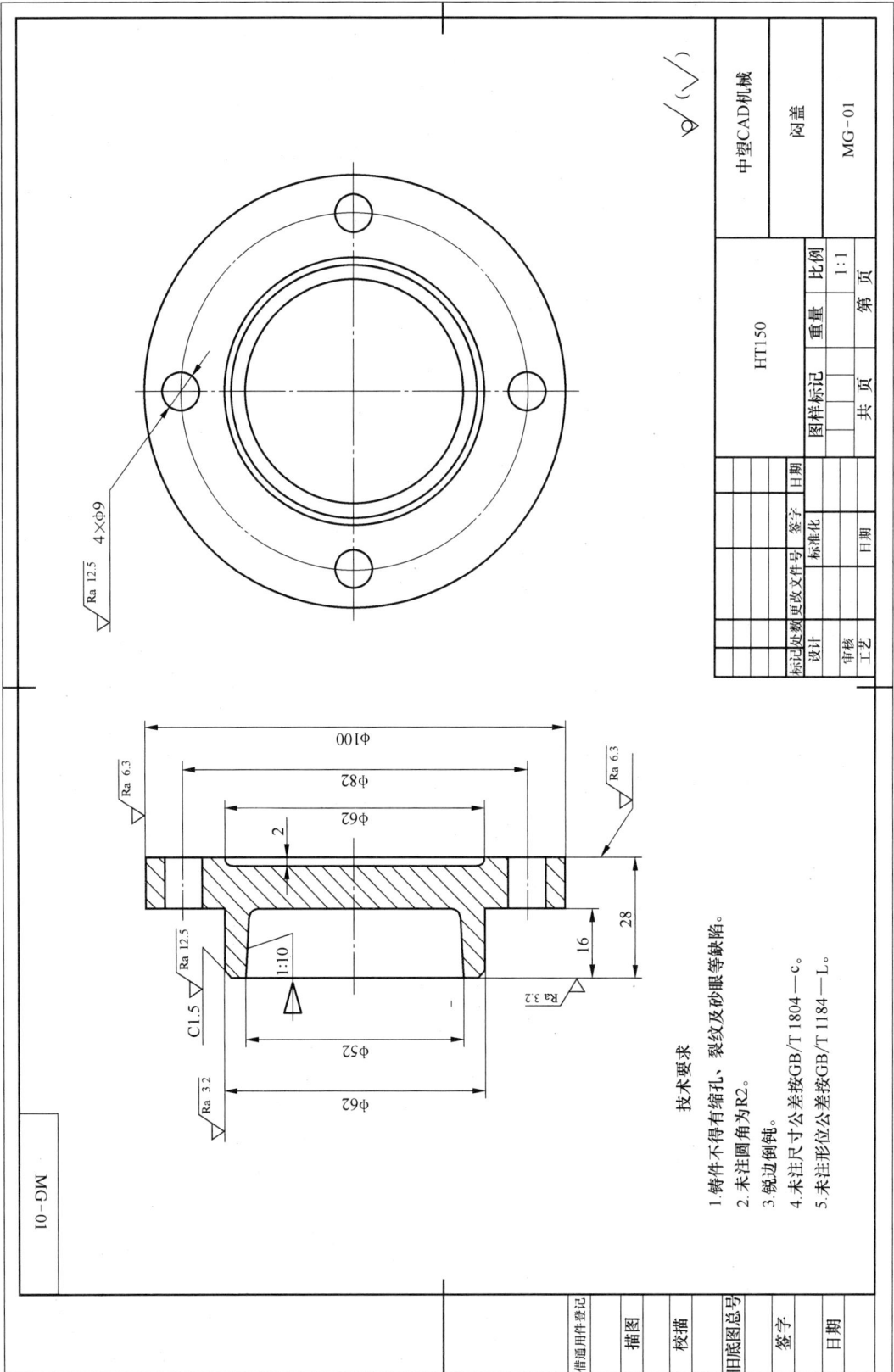

技术要求

1. 铸件不得有缩孔、裂纹及砂眼等缺陷。
2. 未注圆角为R2。
3. 锐边倒钝。
4. 未注尺寸公差按GB/T 1804—c。
5. 未注形位公差按GB/T 1184—L。

中望CAD机械
闷盖
MG-01
HT150
比例 1:1

图 B-10

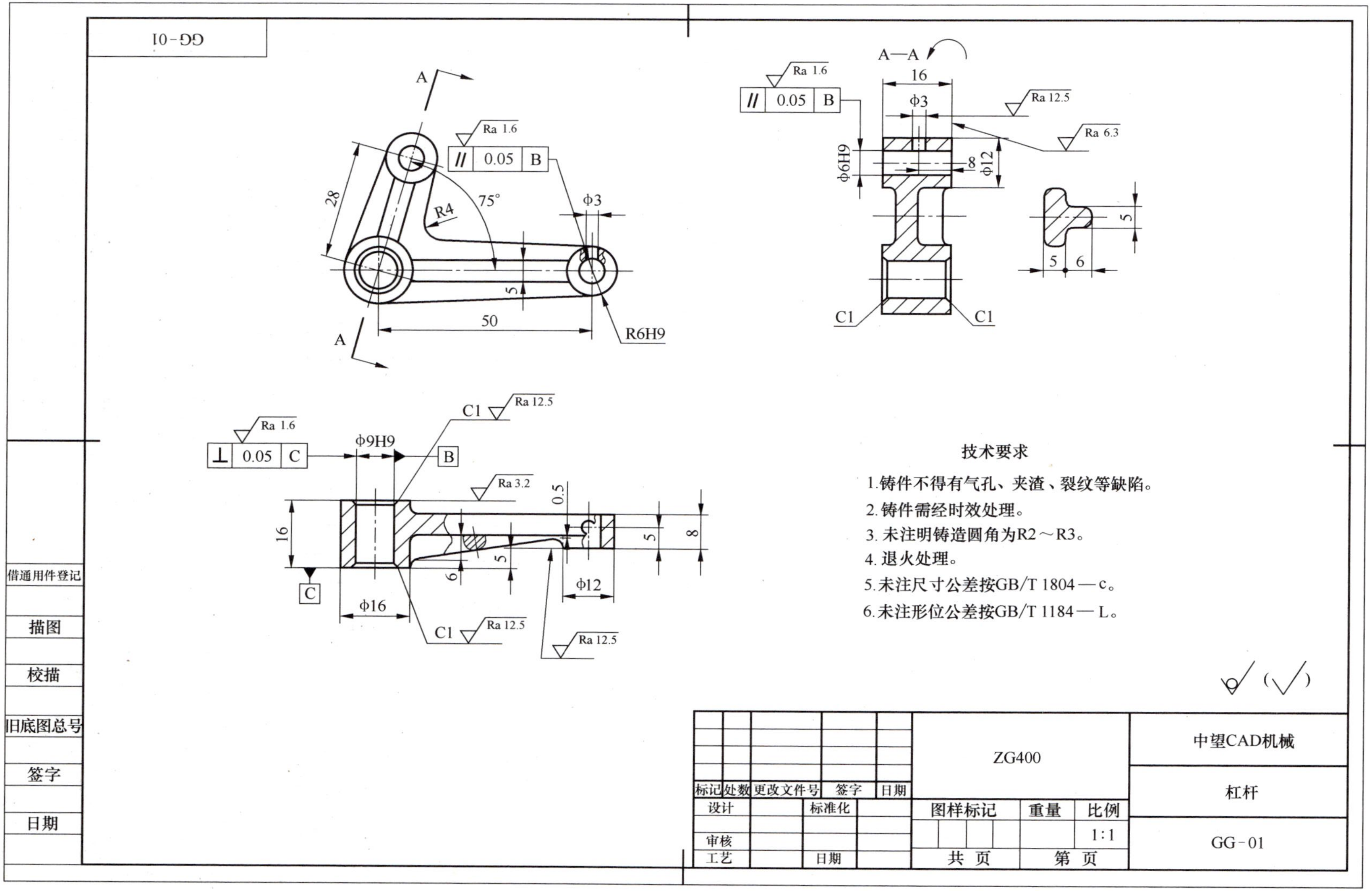
GG-01
A
A
Ra 1.6
// 0.05 B
75°
R4
28
φ3
5
50
R6H9
A—A
16
φ3
Ra 12.5
Ra 6.3
φ6H9
8
φ12
5
5
6
C1
C1
Ra 1.6
⊥ 0.05 C
φ9H9
B
C1
Ra 12.5
Ra 3.2
0.5
16
5
8
5
6
φ12
C
φ16
C1
Ra 12.5
Ra 12.5
技术要求
1.铸件不得有气孔、夹渣、裂纹等缺陷。
2. 铸件需经时效处理。
3. 未注明铸造圆角为R2～R3。
4. 退火处理。
5. 未注尺寸公差按GB/T 1804—c。
6. 未注形位公差按GB/T 1184—L。
借通用件登记
描图
校描
旧底图总号
签字
日期
标记 处数 更改文件号 签字 日期
设计 标准化
审核
工艺 日期
ZG400
图样标记 重量 比例
1:1
共 页 第 页
中望CAD机械
杠杆
GG-01

图 B-11

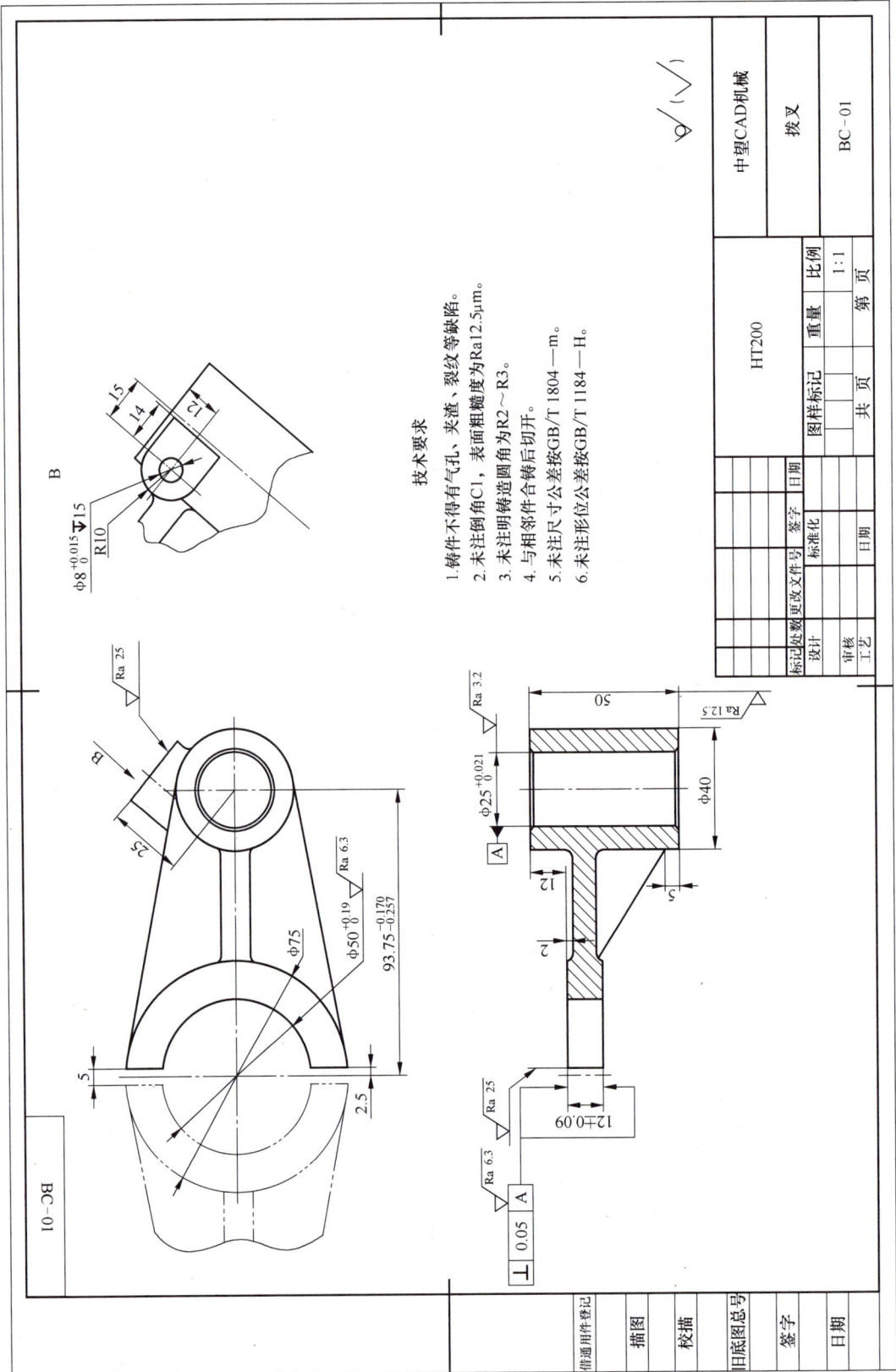

图 **B-12**

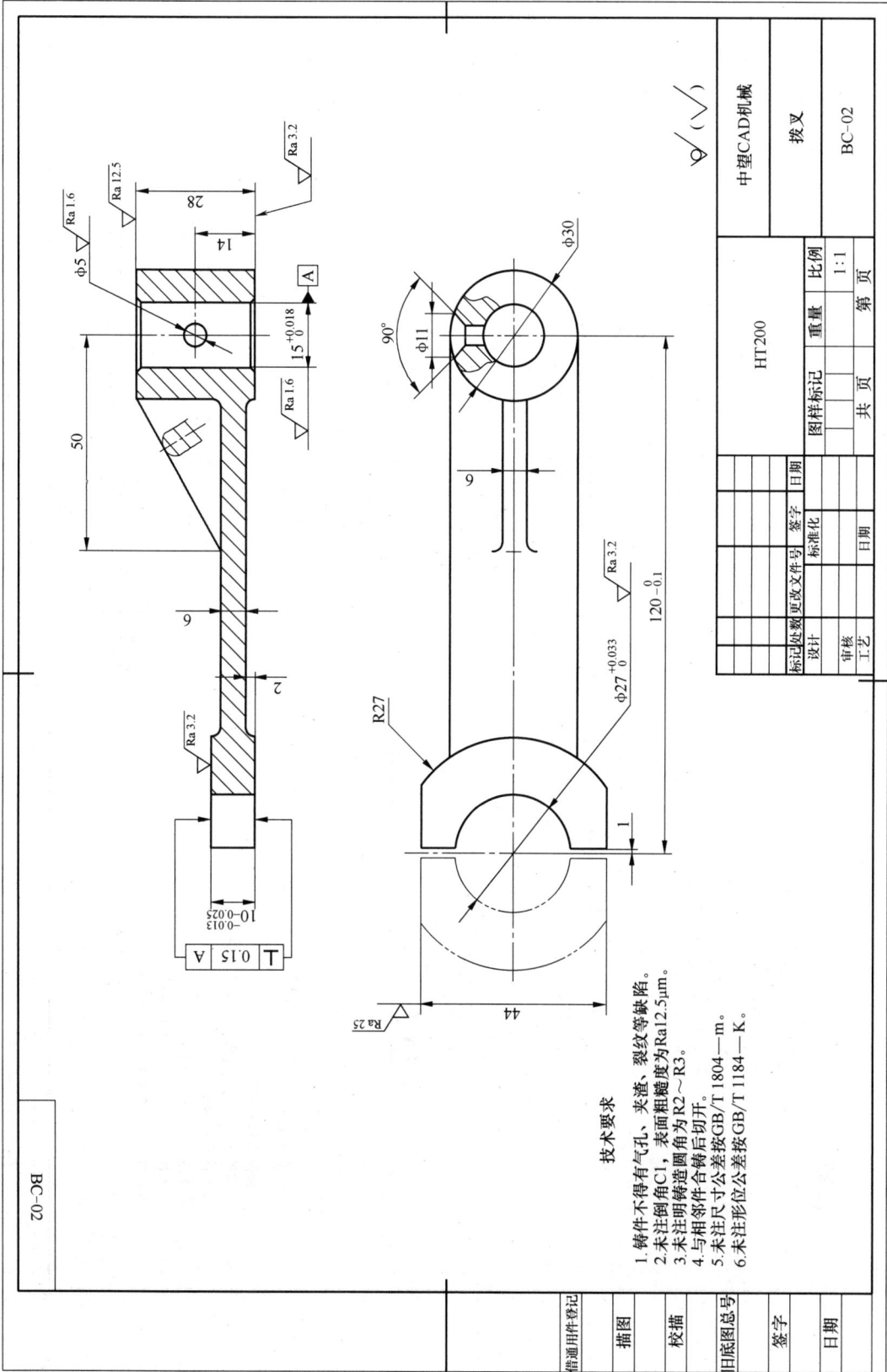

技术要求
1. 铸件不得有气孔、夹渣、裂纹等缺陷。
2. 未注倒角C1，表面粗糙度为Ra12.5μm。
3. 未注铸造圆角为R2～R3。
4. 与相邻件合铸后切开。
5. 未注尺寸公差按GB/T 1804—m。
6. 未注形位公差按GB/T 1184—K。

φ5 √Ra1.6   √Ra12.5

28
14

φ11
90°

φ30

15 $^{+0.018}_{0}$

A

50

6

2

√Ra3.2

√Ra3.2
120 $^{0}_{-0.1}$

φ27 $^{+0.033}_{0}$

R27

9

√Ra25
44

1

10 $^{-0.013}_{-0.025}$

⊥ 0.15 A

中望CAD机械

拨叉

BC-02

HT200

图样标记   重量   比例
                    1:1
共 页   第 页

标记 处数 更改文件号 签字 日期
设计   标准化
审核
工艺   日期

图 B-13

BC-02

借用件登记
描图
校描
旧底图总号
签字
日期

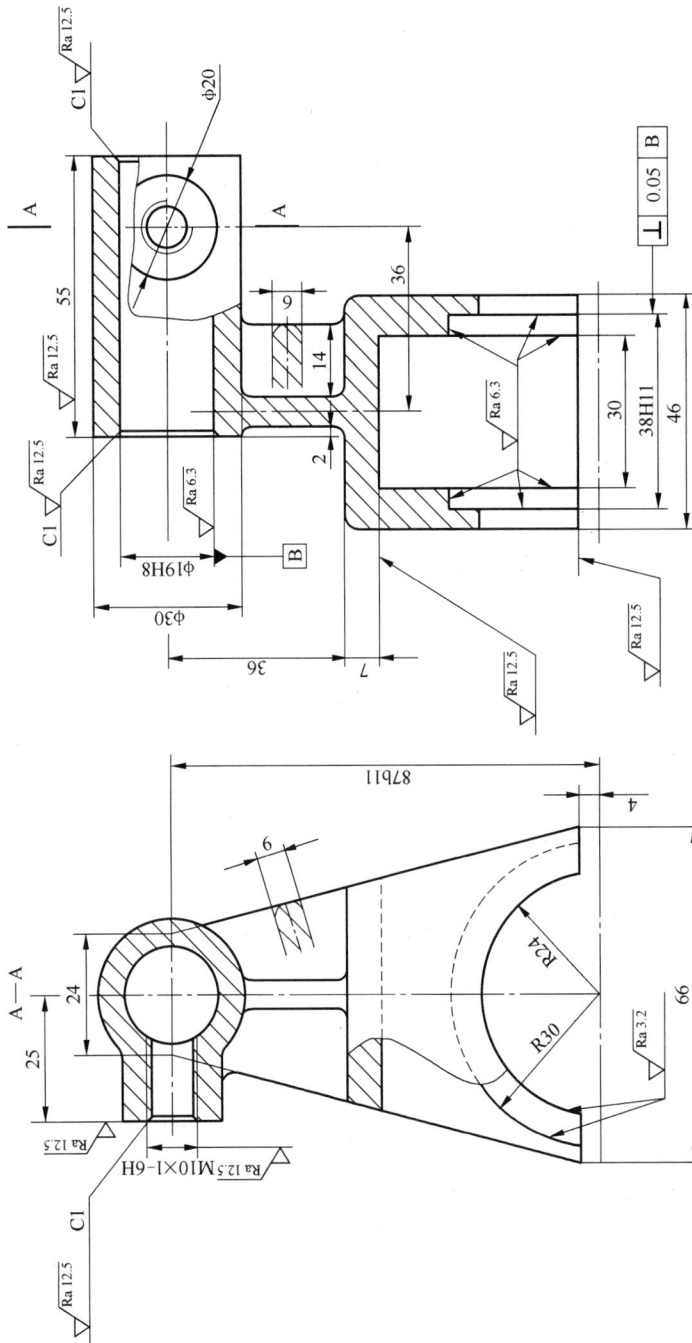

技术要求

1. 铸件不得有气孔。
2. 铸件需经过退火处理，以消除内应力。
3. 未注圆角为R3~R5。
4. 未加工面应涂防锈漆。
5. 未注尺寸公差按GB/T 1804—m。
6. 未注几何公差按GB/T 1184—K。

图 B-14

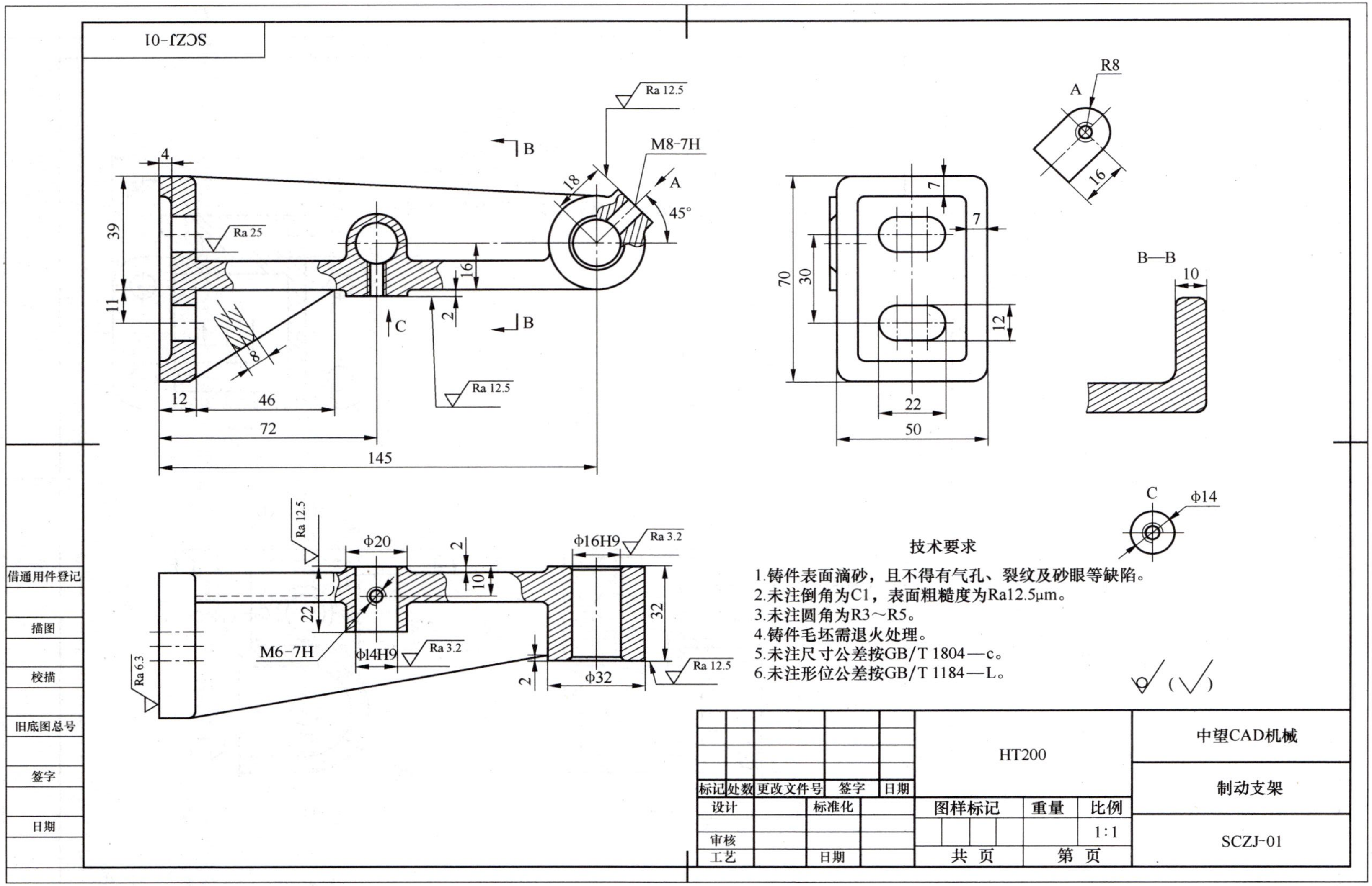
SCZJ-01
Ra 12.5
M8-7H
A
45°
18
B
Ra 25
39
11
4
16
2
C
8
12
46
72
145
Ra 12.5
R8
A
16
7
7
70
30
12
22
50
B—B
10
Ra 12.5
ϕ20
2
10
22
M6-7H
ϕ14H9
Ra 3.2
ϕ16H9
Ra 3.2
32
ϕ32
Ra 12.5
2
Ra 6.3
C
ϕ14
技术要求
1.铸件表面滴砂，且不得有气孔、裂纹及砂眼等缺陷。
2.未注倒角为C1，表面粗糙度为Ra12.5μm。
3.未注圆角为R3～R5。
4.铸件毛坯需退火处理。
5.未注尺寸公差按GB/T 1804—c。
6.未注形位公差按GB/T 1184—L。
借通用件登记
描图
校描
旧底图总号
签字
日期
标记 处数 更改文件号 签字 日期
设计
标准化
审核
工艺
日期
HT200
图样标记
重量
比例
1:1
共 页
第 页
中望CAD机械
制动支架
SCZJ-01

图 B-15

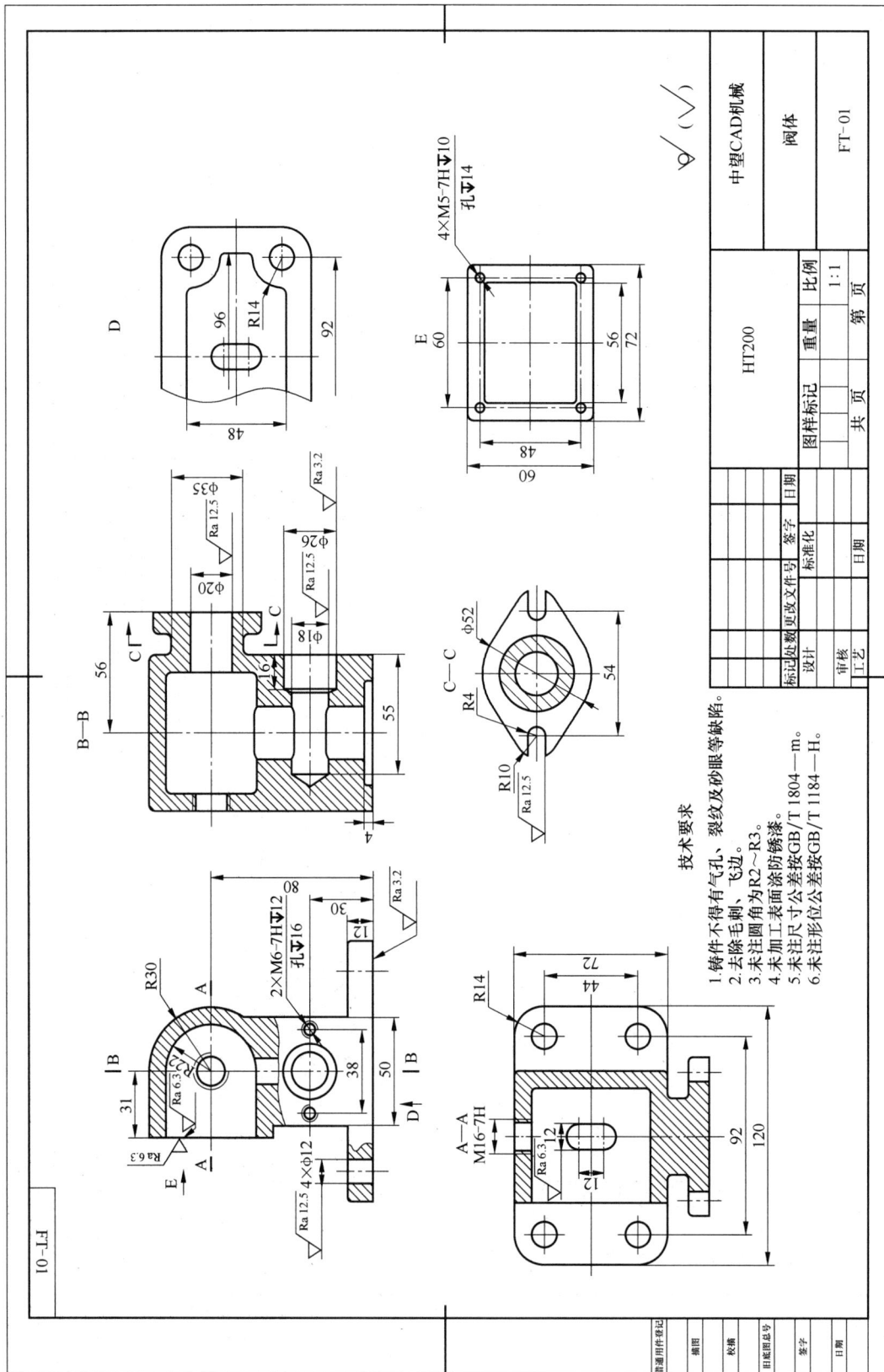

技术要求

1. 铸件不得有气孔、裂纹及砂眼等缺陷。
2. 去除毛刺、飞边。
3. 未注圆角为R2～R3。
4. 未加工表面涂防锈漆。
5. 未注尺寸公差按GB/T 1804—m。
6. 未注形位公差按GB/T 1184—H。

中望CAD机械		
	阀体	
HT200		FT-01

图 B-16

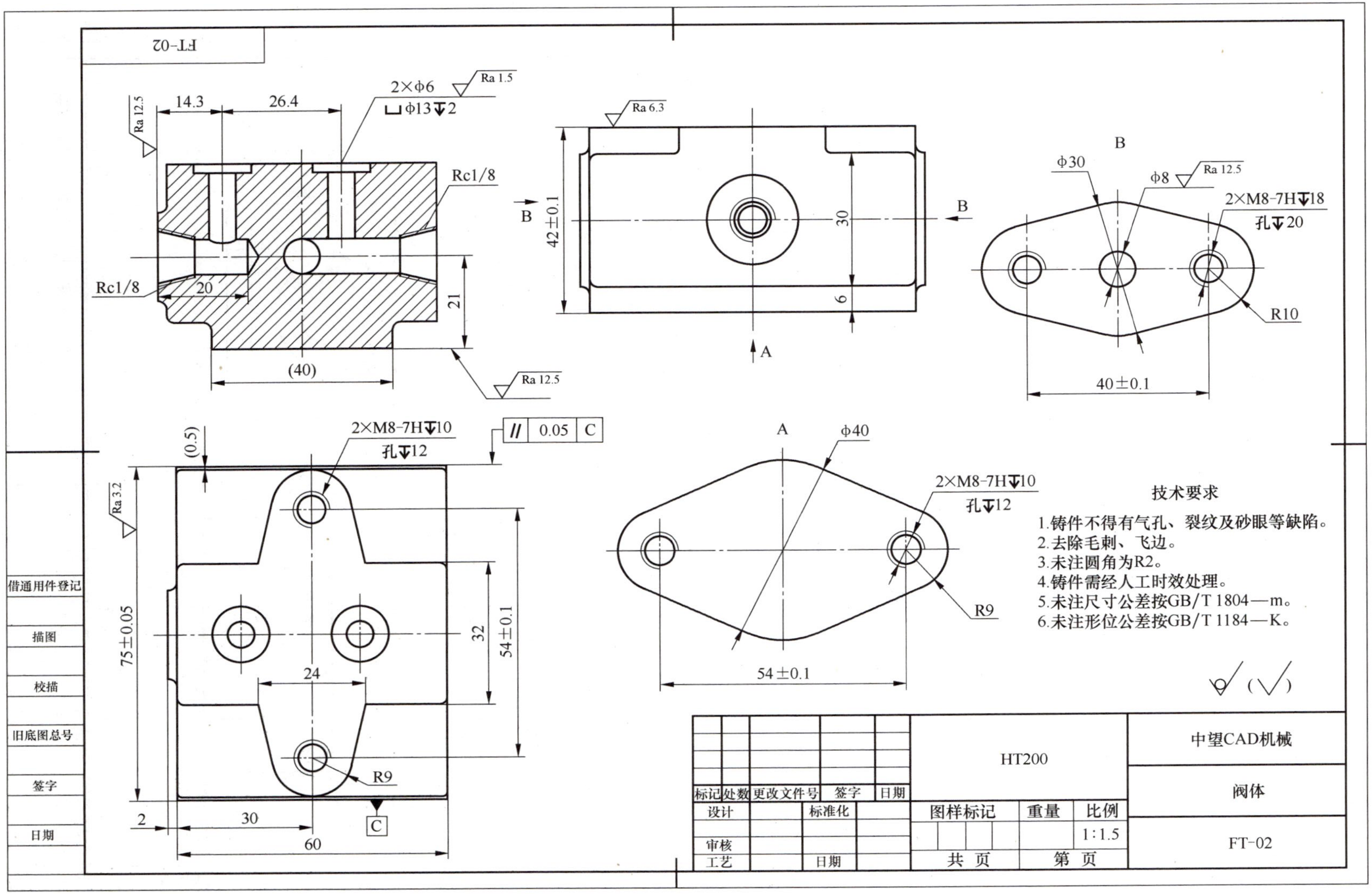
FT-02
2×ϕ6
⌴ϕ13↧2
Ra 1.5
Ra 12.5
14.3
26.4
Rc1/8
Rc1/8
20
21
(40)
Ra 12.5
Ra 6.3
B
B
42±0.1
30
6
A
B
ϕ30
ϕ8
Ra 12.5
2×M8-7H↧18
孔↧20
R10
40±0.1
(0.5)
2×M8-7H↧10
孔↧12
// 0.05 C
Ra 3.2
75±0.05
32
54±0.1
24
R9
2
30
60
C
A
ϕ40
2×M8-7H↧10
孔↧12
R9
54±0.1
技术要求
1.铸件不得有气孔、裂纹及砂眼等缺陷。
2.去除毛刺、飞边。
3.未注圆角为R2。
4.铸件需经人工时效处理。
5.未注尺寸公差按GB/T 1804—m。
6.未注形位公差按GB/T 1184—K。
HT200
中望CAD机械
阀体
FT-02
标记 处数 更改文件号 签字 日期
设计 标准化
审核
工艺 日期
图样标记 重量 比例
1:1.5
共 页 第 页
借通用件登记
描图
校描
旧底图总号
签字
日期

图 B-17

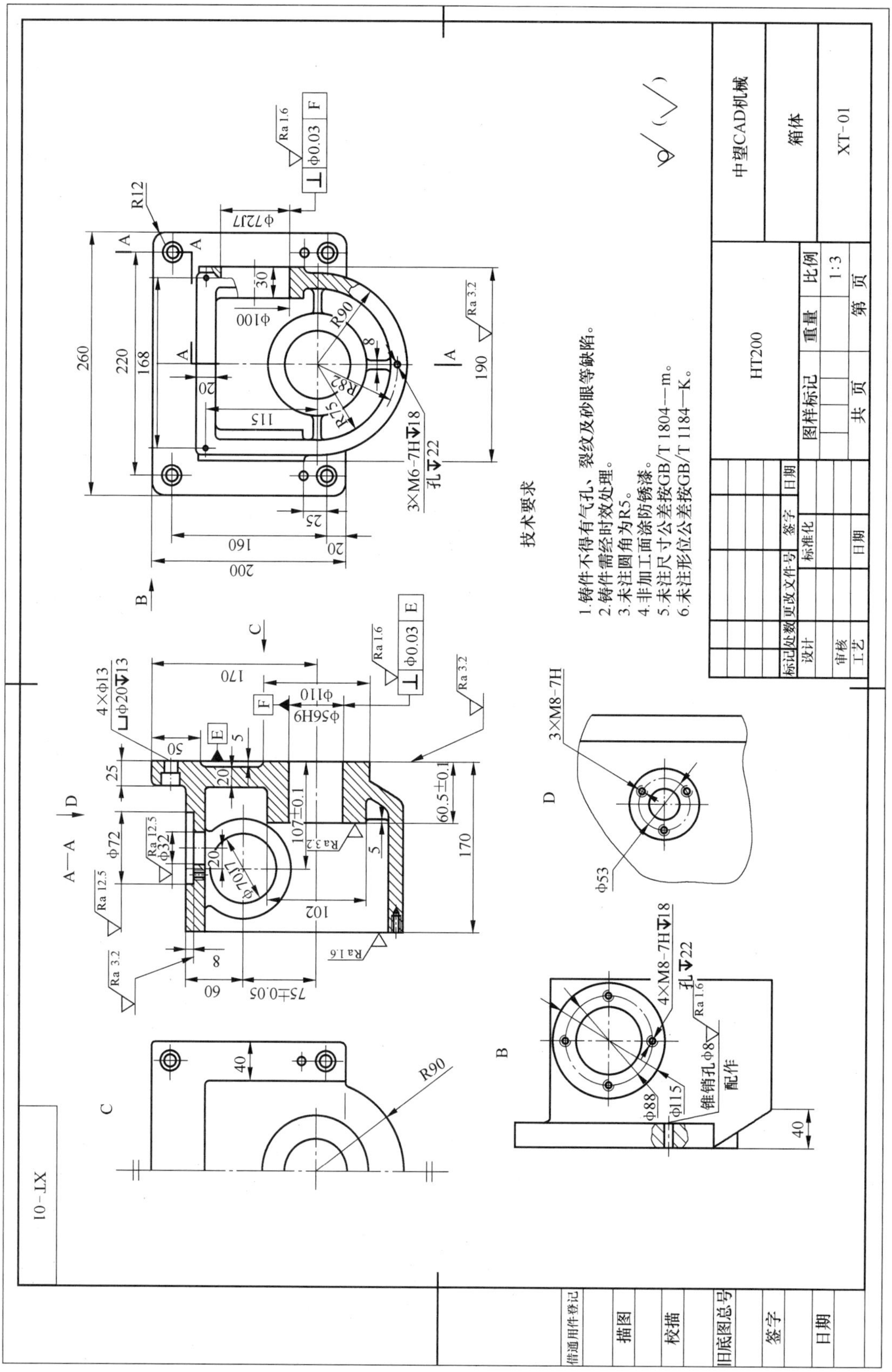
技术要求
1.铸件不得有气孔、裂纹及砂眼等缺陷。
2.铸件需经时效处理。
3.未注圆角为R5。
4.非加工面涂防锈漆。
5.未注尺寸公差按GB/T 1804—m。
6.未注形位公差按GB/T 1184—K。
HT200
中望CAD机械
箱体
XT-01
1:3
A—A
B
C
D
配作
锥销孔Φ8
3×M8-7H
4×M8-7H
3×M6-7H
借通用件登记
描图
校描
旧底图总号
签字
日期

图 B-18

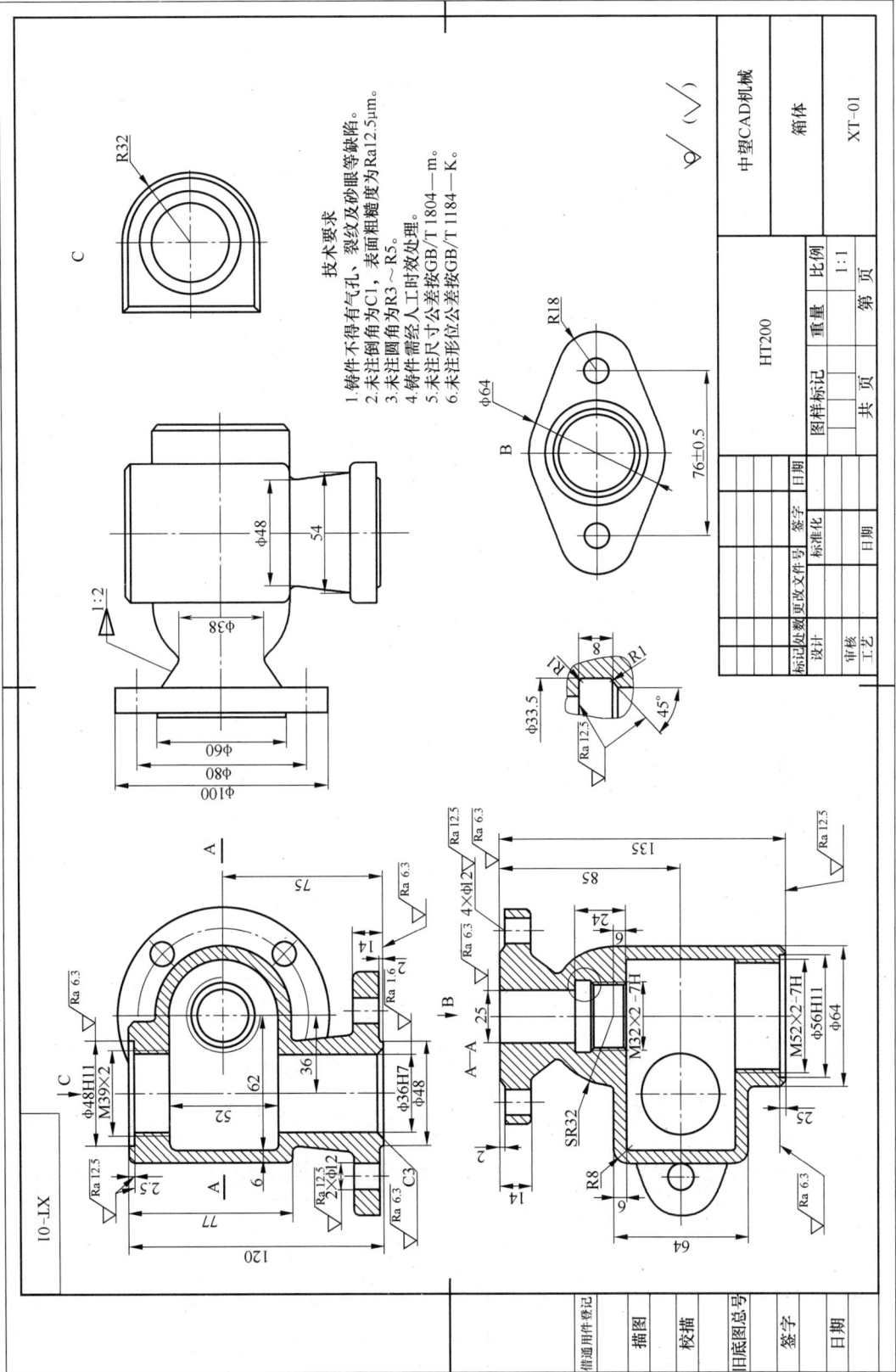

技术要求
1.铸件不得有气孔、裂纹及砂眼等缺陷。
2.未注倒角为C1，表面粗糙度为Ra12.5μm。
3.未注圆角为R3～R5。
4.铸件需经人工时效处理。
5.未注尺寸公差按GB/T 1804—m。
6.未注形位公差按GB/T 1184—K。

R32

C

φ48
54
φ38
1:2

φ60
φ80
φ100

R18
φ64
B
76±0.5

R1
8
R1
φ33.5
45°
Ra12.5

中望CAD机械
箱体
XT-01

HT200

图样标记
重量 比例
1:1
共 页 第 页

标准化
设计
审核
工艺
日期
签字

标记处数 更改文件号 签字 日期

图 B-19

A
75
Ra 6.3

Ra 1.6
14

φ48H11
M39×2
C
36
62
52
φ36H7
φ48

Ra 12.5
2×φ112
Ra 6.3
C3

Ra 12.5
25
6
A
77
120

XT-01

Ra 12.5
Ra 6.3
4×φ12
135
85
24
6
25
Ra 12.5

B
A—A
25
M32×2-7H
SR32
R8
φ64
M52×2-7H
φ56H11
14
6
64
Ra 6.3

225

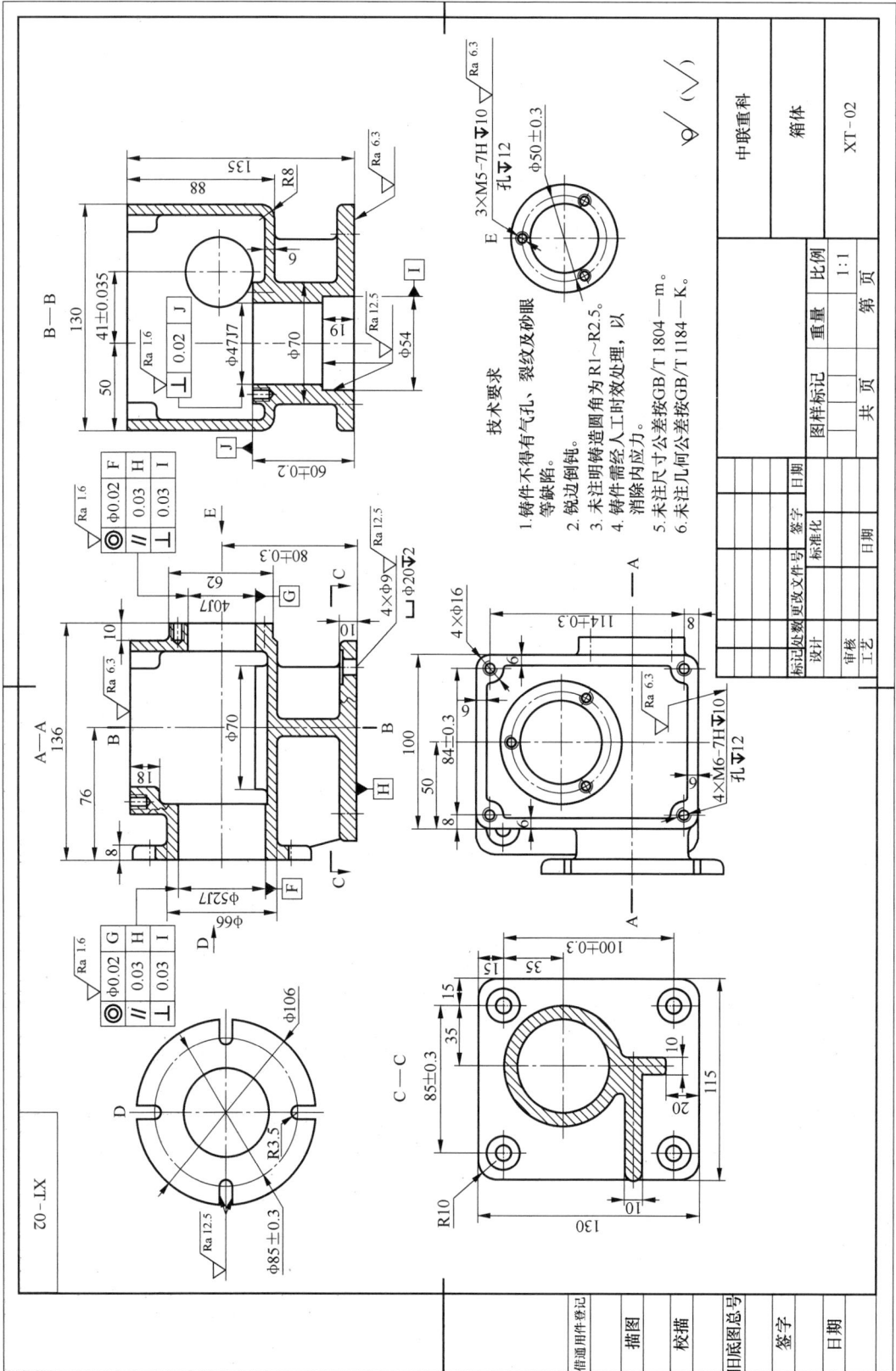

技术要求

1. 铸件不得有气孔、裂纹及砂眼等缺陷。
2. 锐边倒钝。
3. 未注明铸造圆角为R1~R2.5。
4. 铸件需经人工时效处理,以消除内应力。
5. 未注尺寸公差按GB/T 1804—m。
6. 未注几何公差按GB/T 1184—K。

图 B-20

参 考 文 献

［1］ 孙琪，胡胜. 机械制图与中望 CAD ［M］. 北京：机械工业出版社，2020.

［2］ 王姬. AutoCAD 基础教程与实例指导 ［M］. 2 版. 北京：清华大学出版社，2022.

［3］ 方意琦. AutoCAD 2018 中文版机械制图 ［M］. 北京：科学出版社，2018.